田口護の珈琲大全

田口 護
taguchi mamoru

NHK出版

自分でコーヒーを焙煎してみようと思ったのは今から三〇年ほど前のことだ。理由の一つは、焙煎業者の煎った豆を何のためらいもなく使っていることが無性に恥ずかしくなったからだ。それはそうだろう。コーヒー業者がいくら品質管理をしっかりやっても、私たちのような喫茶店にまわってしまえば、もう何の制約もない。極端な話、酸化してしまったコーヒーだって売ることができる。当時の西ドイツなどには煎ったコーヒーは一週間で回収するというルールがあった。私は自分に対しても、お客さまに対しても自信の持てるコーヒーを出したかった。

理由のその二は、旧西ドイツのエドショーのコーヒー豆にぞっこん惚れ込んでしまったからである。エドショーはチボーと並ぶ大手のコーヒー業者で、その深く煎った豆のできばえは格別すばらしかった。欠点豆がなく、粒が揃い、香りが高い。当時の日本は薄っぺらなアメリカンコーヒーの全盛期で、昨今はやりの深煎りコーヒーは一部の自家焙煎店でしかお目にかかれなかった。浅煎りのためか、日本の喫茶店にはコーヒーの香りがなかった。

（エドショーのコーヒー、いやそれ以上のコーヒーを自分で作ってみたい……）

私のすべての出発点はここにあった。

その私が三〇年かけて作り出したコーヒーがエドショーを超えたかどうかは、今はさして問題ではない。ただ一つ言えるとしたら、コーヒー豆に関して、あるいは焙煎や抽出に関して若干の知見を得たことであろう。私は「技術とは誰もが同じように検証できるものでなければならない」と考えている。でなければ、技術を後進に伝えることも、また自ら修得することもできないからである。

私は「奥が深い」といった曖昧な言葉を好まない。コーヒーは昔から職人的なカンの世界といわれ、焙煎もその奥の院は厚いヴェールに覆われているのが常だった。が、こうした神秘主義は何物をも生み出さない。ものづくりに求められるのは冷徹な実証性と論理性であって、それらを欠いた思わせぶりの技術論など何の役にも立たないからだ。

本稿は私が三〇年かけて得たささやかな知見を拾い集め、一冊にまとめたものである。日の下に新しきものはなし、と人はいうが、生豆の選定から抽出までの流れを一つのシステムとしてとらえ、各プロセス上に存在する複数の条件によって、さまざまな味が生み出されるメカニズムに着眼したのは、全《まった》きオリジナルであると確信している。

私はこれを「システム珈琲学」と名づけた。
このシステムにしたがうなら、今まで必要以上に難物と思われていた焙煎にも論理のメスが入り、複雑にからんでいた糸がハラリとほぐれるような思いがするに違いない。抽出に至る各プロセスにはさまざまな「法則」が存在する。その法則を一つ一つつなぎ合わせ、体系化したものがこの「システム珈琲学」なのだ。
コーヒーの世界は今、大きな転換期を迎えている。スペシャルティコーヒーに代表される高品質コーヒー時代の到来が、間近に迫っているのである。私がこの三〇年来、倦まずに続けてきたことは、いかにして高品質のコーヒーを作るかであった。私のささやかな営為が間違っていなかったことを、心から悦《よろこ》ばしく思っている。

田口　護

●田口　護（たぐち・まもる）
１９３８年札幌市生まれ。家業のボイラー整備業を手伝い、その後に好配文子を得て、現在地に「珈琲屋バッハ」を開業。72年より自家焙煎を始め、今日までコーヒー生産国や欧米など60余国を回り、栽培から抽出までを学ぶ。現在、およそ１００店ほどの「バッハコーヒーグループ」を主宰し、後進の指導に当たっている。日本コーヒー文化学会焙煎抽出委員長の他、辻調理師専門学校、辻製菓専門学校などで講師を務める。また、２０００年開催の沖縄サミットでは各国首脳にバッハブレンドを提供、好評を得る。著書に『プロが教えるこだわりの珈琲』（ＮＨＫ出版）や『コーヒー味わいの「こつ」』（柴田書店）などがある。ＮＨＫテレビ「ためしてガッテン」「生活ほっとモーニング」などにも出演。

自家焙煎「珈琲屋バッハ」
〒111 - 0021
東京都台東区日本堤１ - 23 - 9
TEL 03-3875-2669
FAX 03-3876-7588
http://www.bach-kaffee.co.jp
E-mail:cafe@bach-kaffee.co.jp

田口 護の珈琲大全●目次

第5章 珈琲の抽出 122

●コラム

第1章

珈琲豆の基礎知識

ふだん何気なく口にしているコーヒーのルーツを探り、さまざまな品種や栽培法、精製法を学ぶ。そしてコーヒーには「よいコーヒー」と「わるいコーヒー」があることを知ってもらい、その見分け方を身につける。

1-1 コーヒーの三原種

コーヒーの実

コーヒーは大きくアラビカ、ロブスタ、リベリカの三原種に分類されるが、市場に流通しているのはアラビカとロブスタの2種類と思っていい。どちらの品種にも一長一短があり、使う目的と用途が違う。

コーヒーはアカネ科コフィア属に属する多年生の喬木である。アカネ科は熱帯地方を中心に約500属、6000種が分布する多様な植物群で、その多くには昔から薬効があるとされている。薬効とはすなわち健胃、覚醒、止血、解熱強壮といったものだ。日本で知られているアカネ科の植物といえばクチナシなどが代表だが、乾した果実はやはり生薬として古来より用いられている。

さてコーヒー属（Coffea）はおよそ40種におよぶが、商品価値のあるコーヒー豆を産するのは1 アラビカ種、2 ロブスタ種、3 リベリカ種のわずか3種にすぎない。これらをコーヒーの三原種と呼んでいる（三原種の特徴は9頁表1参照）。

1 アラビカ種（学名Coffea arabica）

アラビカ種

アラビカ種はエチオピアのアビシニア高原（現アムハル高原）が原産とされ、はじめは主に薬用（回教の僧侶たちが心身を癒やすための秘薬もしくは眠気覚まし）として食されていたが、13世紀に入ると焙煎したものを飲用するという習慣が生まれ、16世紀にはアラブ世界からヨーロッパへ、さらには広く世界中で愛飲されるようになった。

アラビカ種は全世界で栽培されているコーヒーのうち約75～80％を占め、数ある品種の中でストレートで飲める唯一の品種といわれるほど風味、香りに優れている。ただ乾燥や霜害、病虫害に弱く、とりわけコーヒーにとって最も恐ろしい病気であるサビ病に弱いため、各国で品種改良が盛んにおこなわれてきた。かつてスリランカはコーヒー生産国として名を馳せていたが、19世紀末にサビ病が蔓延し、農園が全滅したという経緯がある。以後、コーヒーから紅茶へと生産を切り替えインドと並ぶ紅茶王国となったことはよく知られている。

アラビカ種は南米（エクアドル、ブラジルの一部を除く）、中米各国、アフリカ（ケニア、エチオピアなど主に東アフリカ諸国）、アジア（イエメン、インド、パプアニューギニアの一部）のコーヒー生産圏全域で生産されている。

2 ロブスタ種（学名Coffea robusta Linden）

ロブスタ種

アフリカのコンゴで発見された耐サビ病種で、アラビカ種に比べ強い耐病性をもっている。通常、ロブスタ種はアラビカ種と同列に論じられているが、本来はカネフォーラ種（学名Coffea canephora）の一変種にすぎず、正確にはアラビカ種にはカネフォーラ種が対する、というべきである。が、すでにロブスタ種の名は一般に普及定着しており、今ではカネホーラ種と同義とみなされている。

アラビカ種が熱帯にありながら比較的冷涼な高地で採れるのに対して、ロブスタ種はアラビカ種の栽培に不向きな高温多湿地帯で生産されている。独特の香り（ロブ臭と呼ばれる異臭）と苦味があり、ほんの2～3割混じるだけで、コーヒーの味全体をロブスタ色に染め上げてしまうくらい強烈な個性をもっている。もちろんストレートで飲むのはためらわれる代物で、主にインスタントコーヒー（抽出液がアラビカ種の約2倍とれるとされている）や缶コーヒー、リキッドコーヒーなどの工業用コーヒーに用いられている。カフェインの含有量はアラビカ種が1・5%前後であるのに対し平均3・2%前後と高いのが特徴だ。

主な生産国はインドネシア、ベトナム、アフリカ（アイボリーコーストやナイジェリア、アンゴラなど主に中央・西アフリカ諸国）などで、近年、特にベトナム（一部アラビカ種も生産）は国策として増産を推し進めており、主要なコーヒー生産国への仲間入りを果たしている。

リベリカ種

3 リベリカ種（Coffea liberica）

西アフリカはリベリアの原産。低・高温、多湿・乾燥といった環境にもしなやかな順応性を示すが、病気（サビ病）に弱く、アラビカ種に比べると味が劣ることから、わずかに西アフリカの一部の国（スリナムや、リベリア、コートジボアールなど）が国内消費用や研究用に栽培している。日本にはまったく流通していない。

■市場に流通するコーヒーの約65%がアラビカ種

ＩＯＣ（国際コーヒー機関）の統計によると、コーヒー生産国の自国内消費分を除けば、世界に流通しているコーヒーのおよそ65%はアラビカ種で、35%がロブスタ種とされている。アラビカ種は粒が細長く平べったいのが特徴。対するロブスタ種は丸くてずんぐりしており、形状からしても両者が混同されることはまずない。

しかし、アラビカ種とロブスタ種の交配種（例＝コロンビアの主要品種であるヴァリエダ・コロンビア亜種はロブスタ種が4分の1交配されており、サビ病にも強く生産性が高い）や突然変異でできた亜種となると、その分類は複雑多岐にわたる。栽培品種が異なれば同じコーヒー名（産地、銘柄名）であってもまったく味わいの異なるものになってしまう。原種に近い純粋なアラビカ種もあれば、限りなくロブスタ種に近いアラビカ種もある。

表1　三原種の特徴

	アラビカ種	ロブスタ種	リベリカ種
味・香り	良好な香りと酸味	炒り麦に似た香り。酸味が少ない	強い苦味
豆の形状	偏平、楕円形	アラビカに比べて丸みをおびる	ひし形
樹高	5～6m	5m前後	10m
木当たり収量	比較的多い	多い	少ない
栽培高度	500～2000m（高地向）	500m以下（低地向）	200m以下
耐病性	弱い	強い	一部の病気には強い
温度適応性	低温、高温ともに弱い	高温に強い	低温、高温ともに強い
雨量適応性	多雨、少雨ともに弱い	多雨に強い	多雨、少雨ともに強い
収穫までの年数	ほぼ3年以内	3年	5年
生産量	全生産量の70～80%	20～30%	微少

ピーベリー

●ピーベリーとフラット

コーヒーの実には中心部に楕円形をした一対の種子が向き合って入っている。この種子を平たい形状からフラットビーン、または平豆という。種子が一つしかないものは、その形から丸豆またはピーベリーという。異常交配などが原因で、遅咲き、早咲きの樹の先端部などにできやすい。丸くて煎りやすいことから珍重されている。

フラット

コーヒーの花

1-2 コーヒーの栽培条件

コーヒーは主に熱帯・亜熱帯地域のコーヒーベルト内で栽培される。一般に欧米では、低地産のコーヒーより高地産のコーヒーのほうが高価で良質とされている。

コーヒーベルトという言葉がある。世界には60余国のコーヒー生産国があるが、その大半は南北両回帰線（北緯23度27分、南緯23度27分）内の熱帯・亜熱帯地域に位置している。この赤道を挟んだコーヒー栽培地帯をコーヒーベルト、またはコーヒーゾーンと呼んでいる（図1参照）。

このコーヒーベルト内では年平均気温が20℃を超える。コーヒーの樹は熱帯性の植物のため、この温度帯の下でないと健全な生育が保てない。日本も沖縄諸島がかろうじてコーヒーベルト内に入っており、小規模ながら今でもコーヒー栽培がおこなわれている。明治期には小笠原諸島でコーヒーが栽培され、さらに沖縄や日本統治下の台湾で試植栽培が試みられたが、そこそこの成果を残したものの定着するには至らなかった。

1 気候条件

アラビカ種は高温多湿をきらい、さらに5℃以下の低温が長時間続いてもダメージを被るため、湿気が少なく霜の降りない標高1000～2000mの高地、それも多くは急峻な山の斜面で栽培されている。一方、環境適応能力が高く場所を選ばないロブスタ種（「頑健な、丈夫な」が原義）は標高1000m以下の低地で栽培されている。

雨は一年を通じて平均して降ることがのぞましく、年間降雨量は1000～2000mm前後。また日照は適度に必要だが、アラビカ種は強い日射しや酷熱に弱いため、どちらかというと日中霧が発生するような地形、日中と夜間との寒暖差が激しい地形がのぞましい。強烈な直射日光を避け、日陰をつくるためにバナナやトウモロコシ、マンゴーなどのシェードツリー（日陰樹）を植える場合もある。

2 土質

コーヒー栽培に適した土壌は、簡単にいうと「有機性に富んだ火山灰土質で、いくぶん湿り気のある水はけのよい肥沃な土壌」ということになろうか。もともとコーヒーの原産地であるエチオピアのアビシニア高原自体が上記のような火成岩の風化により形成された腐植含量の高い土壌であるため、栽培適地は自然とこのような土壌条件が目安になったものと考えられる。

事実、ブラジルの高原地帯（テラロッシャという玄武岩の風化による肥沃な赤土）、中米の高地、南米のアンデス山脈の周辺、アフリカの高原地帯、西インド諸島、スマトラ・ジャワ（いずれの地も火成岩の風化、あるいは火山灰地と腐植土の混成）といったコーヒーの大生産地帯は、エチオピアの高原地帯と同じような、水はけのよい肥沃な土壌に恵まれている。

図1　コーヒーの主な生産地

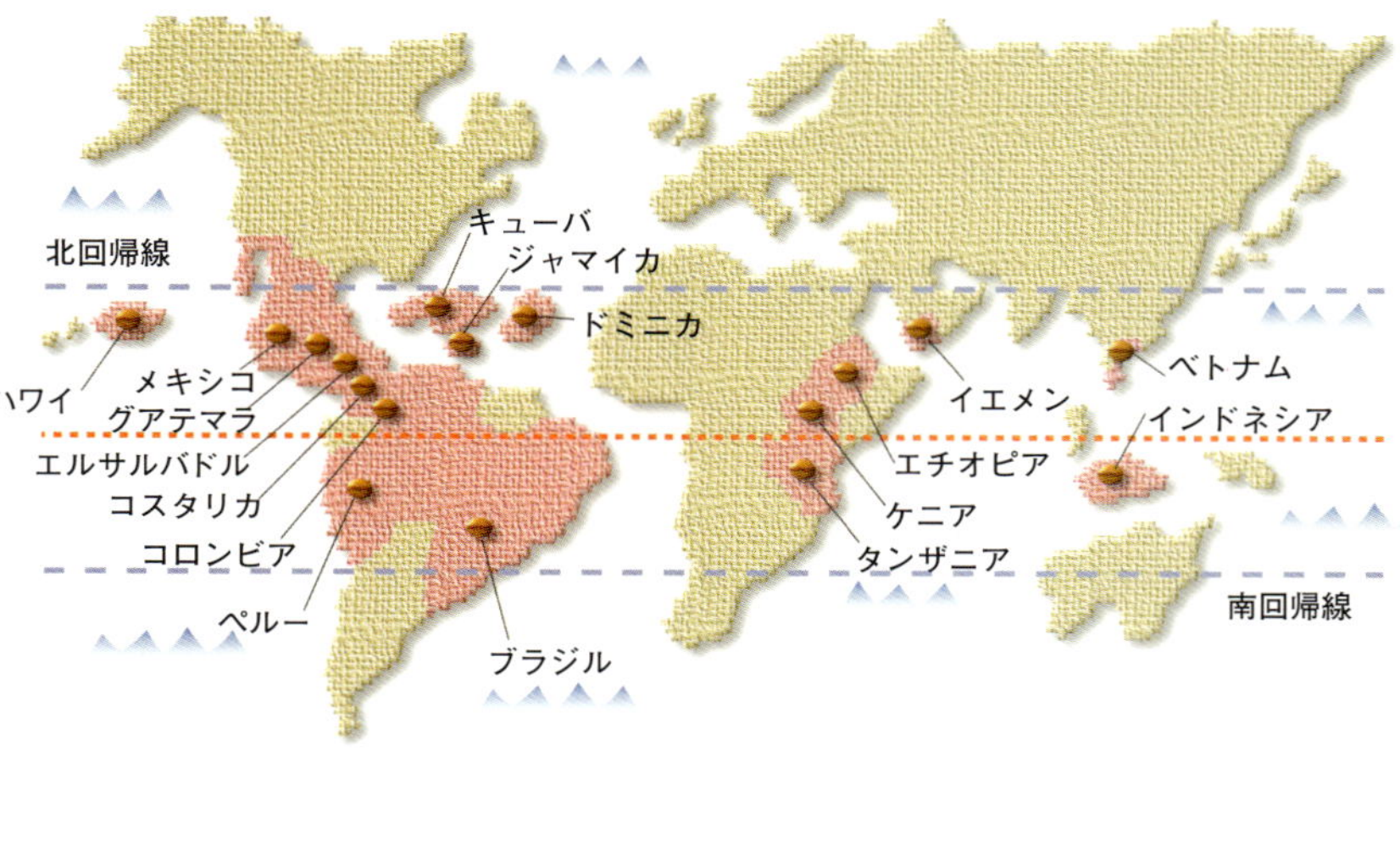

土質はコーヒーの味にも微妙な影響を与え、一般に酸性の強い土壌で収穫されたコーヒーは酸味が強くなるといわれている。またブラジルのリオデジャネイロ周辺の土壌はヨード臭が強く、収穫の際に実を地面にはたき落とすため、リオ臭と呼ばれる独特の臭みがつく。

3 地形と高度

一般に高地産のコーヒーほど良質とされている（表2参照）。中米各国のように大陸の中央を山脈が貫いているような産地では「標高」がそのまま格付けの基準になっていて、グアテマラＳＨＢ（Strictly Hard Beanの頭文字をとったもの）を例にとれば、７ランクのうちの最高級グレードがＳＨＢで、産地の高度は４５００フィート（約１３７０ｍ）以上と決められている。

コーヒー農園が高地でしかも急峻な山の斜面にある場合は、交通や運搬、栽培管理の面で多くの困難をともなうが、その反面、気温が低く日中霧や雲が出やすいことなどで、熱帯特有の強い日射しが和らげられ、コーヒーの実を時間をかけてゆっくりと熟成させることができる。

もっともジャマイカ島のブルーマウンテンやハワイ・コナといった高級コーヒーは必ずしも高地で採れるわけではない。適正な気温や降雨量、土壌、さらには日中霧が発生したり、昼夜の寒暖差が激しいといった気象条件に恵まれれば、高品質のコーヒーが採れる場合もある。だから、厳密な意味では「高地産＝高品質」とはいえても「低地産＝低品質」ということはいえない。標高もグレードを見極める上での判断材料の一つにすぎない、というくらいに見ておいたほうが無難だろう。標高も大事だが、産地の地形がもたらす気象条件のほうがもっと大事、ということなのである。

ブラジル・セラード地区の「ムンド・ノーボ農園」における採果作業のようす。果実のシブで両手が真っ黒になっている。

コーヒーの一大消費地であるヨーロッパ諸国は、昔からケニアやコロンビアといった高地産のコーヒーを高く評価してきた。一定のコーヒー豆から抽出されるコーヒー液の量が多い（＝濃度が高い）ということも、高地産が好評を得ている理由の一つだろう。

一方、コンゴ原産のロブスタ種はアラビカ種と違って標高１０００ｍ以下の低地で栽培される、とはすでに述べた。成長が早く病虫害にも強い。多少土質が悪くても育つという特長をもつが、味や香りはアラビカ種に比べ数段劣っている。ロブスタ種の利用価値を認めないわけではないが、私は原則的にロブスタは使わないことにしている。よりクオリティーの高いコーヒーを自分でも飲みたいと考えるし、皆さんに提供したい、という単純な理由からである。

表2　低地産・高地産のコーヒーの特徴

	色	豆質	香り	酸味	渋味	コク	エイジング	焙煎	価格
低地産	薄緑色	柔らかい	弱い	弱い	弱い	少ない	不適	容易	安値
高地産	深緑色	堅い	強い	強い	強い	多い	適	難しい	高価

＊一定のコーヒー豆からとれるコーヒー液の量が高産地のものの方が多いため、特にヨーロッパでは高産地のコーヒーの評価が高い。

ケニア山の麓一面に広がるコーヒー畑。

1‐3 コーヒーの栽培過程

落果

コーヒーの収穫法は産地によって異なり、大きく手で摘み採る方法と地面にはたき落とす方法と分かれる。赤く熟した実だけをていねいに手で摘み採るのが理想だが、現実はとかく効率が優先されるようだ。

手摘み

■コーヒー豆の構造

よくコーヒーの種子である生豆を播けば発芽すると考えている人がいるが、いくら丹精を凝らしても生豆では芽が出ない。一般に、コーヒーはパーチメントの状態で苗床に播く。パーチメントというのはコーヒーの種子を包んでいる茶褐色の堅い皮のことで（図2参照）、その皮を被ったままのコーヒーをパーチメントコーヒーと呼んでいる。

完熟した赤いコーヒーの実（レッドチェリーと呼ぶ）を摘み採り外皮をはいでみると、赤い外皮の下に黄色い果肉が見えてくる。ちょうどサクランボのような感じである。果肉はちょっぴり甘く、中心には一対の種子が向かい合わせに入っている。種子のまわりにはヌルヌルの膜がついていて、水で洗い流すといよいよ生豆の形がはっきりしてくる。

図2　コーヒー豆の構造

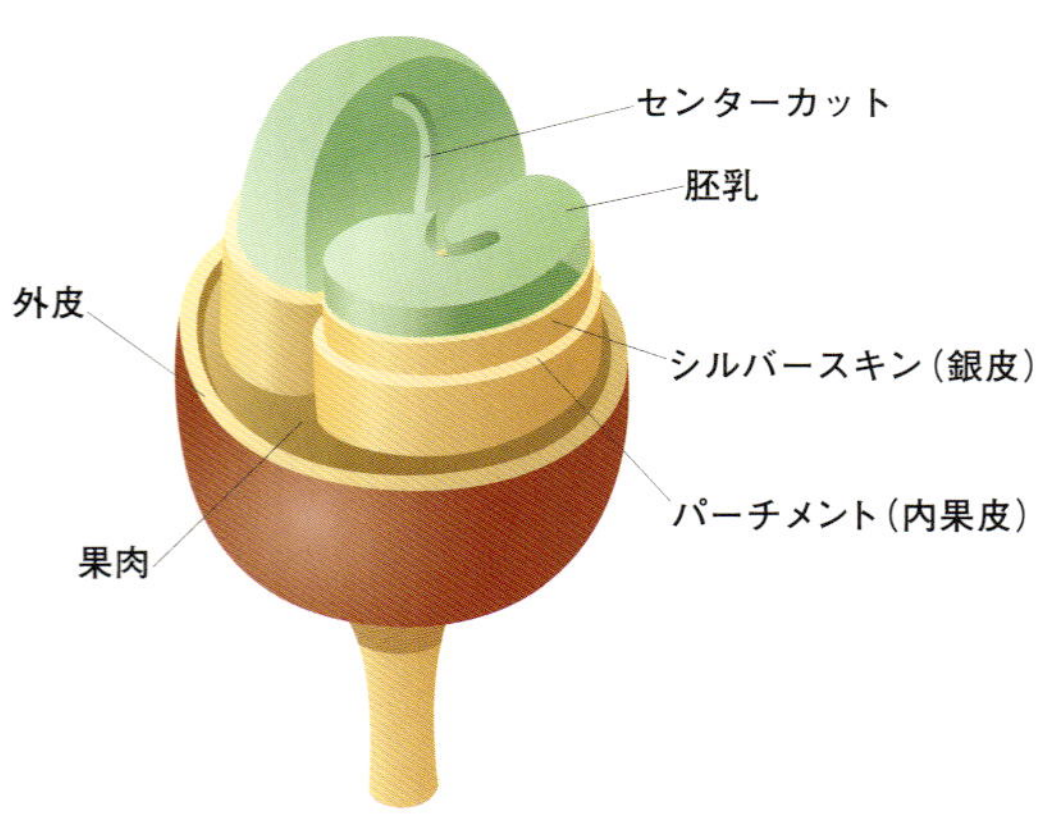

しばらく放置して乾燥させると種子を覆っているもう一枚の内果皮（パーチメント）のあることがわかり、カラカラに乾いた内果皮を爪ではがせば、銀皮（シルバースキン）をまとった種子が顔を出す。この種子が実際に原料として仕入れるコーヒーの生豆である。

1 播種（左ページコラム参照）

さて種播きの話だが、パーチメントコーヒーが苗床に播かれると、約40～60日で発芽する。発芽後6か月でおよそ50㎝前後の苗木に成長するが、この期間、苗木はまだ弱々しく、苗床に寒冷紗《かんれいしゃ》などの覆いを掛け直射日光から護ってやらないと枯れてしまうことがある。

苗床から農園に植え替えられたコーヒーの苗木は、定植後、およそ3年で開花する。手摘みで収穫する中米などでは、その間、効率的な収穫がおこなえるように下方に出てきた脇芽を摘み採り、枝が上方にまとまるような手入れをする。森林育成のためにおこなう間伐みたいなものと理解すればいい。コーヒーの花は白い五瓣《べん》の花で、ジャスミンのような香りがする。花は数日で枯れ、その後小さな実がつき、約6～8か月で赤色に熟す。

コーヒーの収穫は6～10年目をピークに、その後徐々に収量が落ちていく。樹高も高くなりすぎて収穫に支障をきたすようになると、場合によっては地上30～50㎝ほどのところで幹を切りつめてしまうことがある。これがいわゆるカットバック（剪定）で、切り落とされた幹からはやがて新芽が出て、樹勢を盛り返すことができる。さらに天候に恵まれ、施肥や病虫害対策に万全を期すれば、20年はおろか30～50年にわたって結実することもある。

　コーヒーの樹は野生のものだと10ｍにおよぶものがあるが、栽培種は作業効率を高めるためふつう2ｍほどの高さに刈り込まれている。アラビカ種は年々品種改良が進み、◎多収穫、◎耐病性、◎早期収穫、◎高い環境適応性といった方向へ向かっているが、より収穫を効率化するため◎低い樹高という条件ももちろん加わっている。

2 収穫

　コーヒーの収穫期および収穫法は産地によって異なる。一般には年に1～2回（3～4回というところもある）、乾期に収穫される場合が多い。たとえばブラジルなどは6月頃、北東部のバイア州から収穫が始まり、次第に南下して10月頃に南のパラナ州で収穫期が終わる。中米諸国では9月頃から翌年1月頃まで、低地から高地へと移動しながら収穫していく。

　収穫方法は大きく手摘みと実を地面に落として集める方法の2つに分けられる。

a 手摘み

　ブラジル、エチオピアを除く多くのアラビカ種生産国では手摘みによる収穫がおこなわれている。手摘みというと赤い完熟豆だけが丁寧に摘まれるイメージだが、そうとばかりはいえない。未成熟の青い豆も枝から一緒にしごき採ってしまうケースもあるからだ。未成熟豆は特に自然乾燥式の精製の場合に多く混入する。焙煎豆に混じると嘔吐をもよおすほどのイヤな臭いを発する。

b 落果

　熟した実を荒っぽく棒ではたき落としたり、木や枝を揺すって落とした実をかき集める方法だ。大きなプランテーションでは大型の収穫機が使われることがあるが、中小の農園では家族労働を中心に人海戦術で収穫がおこなわれる。地面に実を落とす方法は手摘みに比べて異物や不良な実が混じりやすく、場所によっては異臭がついたり、地面が湿っている場合には実が発酵してしまうこともある。この収穫法はブラジルやエチオピア、ロブスタ種の生産国の多くで採り入れられている。

　落果方式の国はまた、多く自然乾燥式の精製法を採り入れている。コーヒーは春に花が咲き、夏に実が育ち、冬に収穫される。だから雨季と乾季が不分明な地域では収穫や乾燥作業などが調整しにくくなる。雨季に自然乾燥させるわけにはいかないので、雨季と乾季は明確に分かれていたほうが都合がいい、というわけなのである。

ブラジル・セラード地区「ムンド・ノーボ農園」における収穫作業。写真は収穫機。

播種から成木まで

パーチメントのままで種播き

発芽後約1か月で5～6cmに成長。マッチ棒と呼ばれる

ポットに移植されたコーヒーの苗

農園に移植される直前の苗

コーヒーはパーチメントの状態で苗床（ポットと呼ばれるビニール製の植木鉢が使われる）に播かれ、約40～60日で発芽する。この後、寒冷紗などを掛けられ約5か月間ポットの中で育てられる。播種から約半年。コーヒーの苗が40～50cmほどに成長したところで農園に移植される。収穫が軌道にのるのは3年目頃からだ（品種改良により時期が早まる傾向にある）。

1・4 コーヒーの精製法

摘み採った果実から混じり物を除き生豆にする工程を精製という。精製法には大きく水洗式と非水洗式があり、ブラジルなどは伝統的に非水洗式だが、精製度の高さから、今や水洗式が主流になりつつある。

■コーヒーの実から「生豆」に

コーヒーフルーツとも呼ばれるコーヒーの実には、中心部に楕円形をした一対の種子が入っている。種子は外皮や薄い内果皮、果肉に覆われていて、熟した実をそのまま放置しておくと短時間で腐敗してしまう。精製というのは、外皮や果肉を除去し、この種子（コーヒービーンズ）を果実から取り出す作業のことで、コーヒー豆は精製されて初めて長期におよぶ貯蔵や流通に耐えられるようになる。一般に、1kgのコーヒー生豆を得るのにおよそ5kgの果実が必要とされる。

精製法には乾燥方式と水洗方式、それと両者の折衷型ともいえる半水洗方式の3通りがある。精製されたコーヒー生豆の色は、コーヒー豆の種類や含水量によっても異なるが、おおむね濃い緑色をしている。そのためグリーンコーヒーとも呼ばれる。

1 乾燥方式（別名ナチュラル、非水洗式、アン・ウォッシュト）

採果した果実を乾燥させて脱穀し、生豆を取り出す方法で、自然（天日）乾燥法と機械乾燥法がある。前者は文字どおり果実を露天の乾燥場に広げ、天日によって乾燥させる方法で、乾燥ムラや発酵を防ぐため適時攪拌する。乾燥日数は果実の成熟度合にもよるが、成熟度が高ければ数日、まだ未成熟であれば1～2週間は要する。

サクランボのように赤かった実も1週間もすれば黒変し、外皮と果肉がかたくなってはがれやすくなる。夜間はシートをかけて夜露を防ぎ、黒く乾燥させたドライチェリー（ブラジルでは特にコッコと呼ぶ）にする。順調に乾燥が進めば水分含有率は11～12％ほどになる。通常、コーヒー生豆は含水率12～13％の状態で輸出される。

自然乾燥法は作業工程が単純なうえ設備投資も少なく、比較的低コストでおこなえるため、かつてはほとんどの生産国がこの方式を採っていた。その意味では大変歴史の古い方式といえるが、天候に左右されたり精製日数がかかるため、現在ではブラジル、エチオピア、イエメン、ボリビア、パラグアイなどを除くほとんどのアラビカ種生産国が水洗式に切り替わっている。

ブラジルに自然乾燥式が定着したのには理由がある。生産量の膨大なコーヒー豆を精製処理するだけの水量が確保できないというのがまず一つ。次いで大規模な生産方式、広大な平地を確保できるという特有の地形も自然乾燥式に向いていた。しかし最近ではバイア州などで水洗式が導入され、死豆

表3 自然乾燥式コーヒーの精製過程

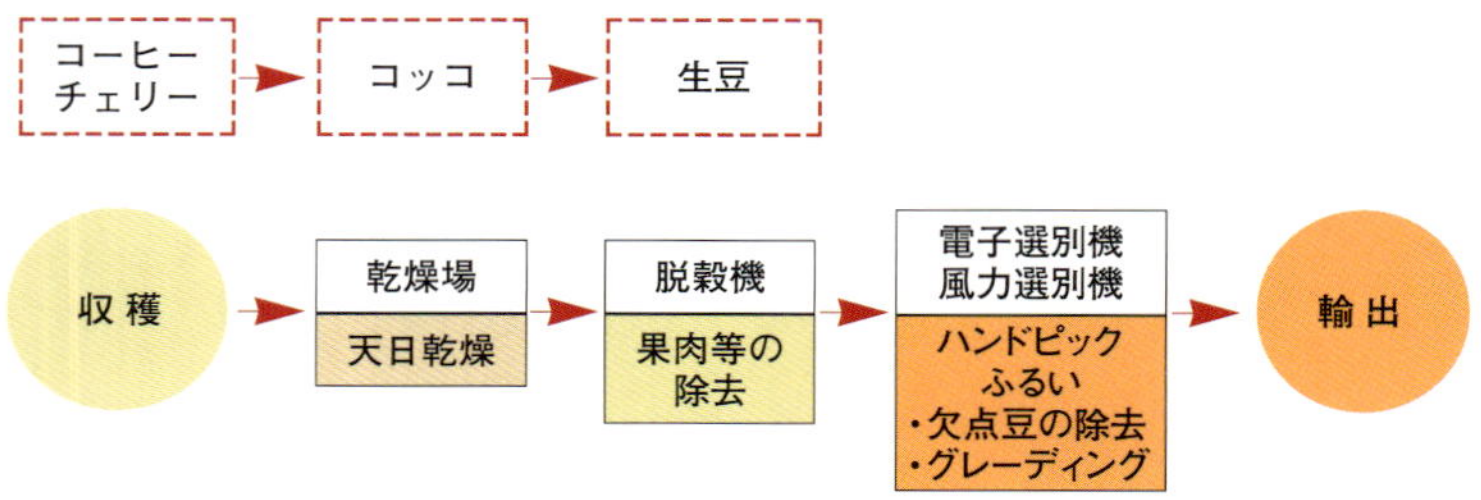

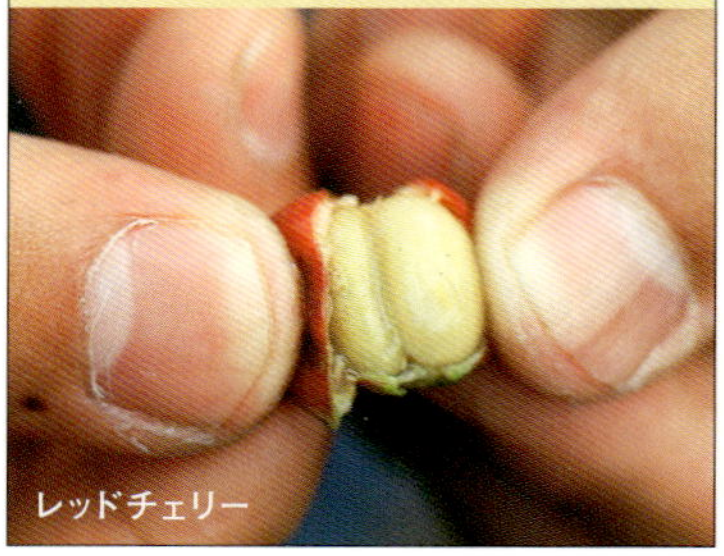

レッドチェリー

などの欠点豆がほとんどない精製度の高い豆を生産している。自然乾燥法の欠点は、不純物や欠点豆などの夾雑物《きょうざつぶつ》が多く混じってしまうこと。豆面（豆の外見）も水洗式のきれいな豆に比べると、どうしても見劣りがする。

イエメンといえばモカ・マタリが有名だ。独特の酸味とコクがあり、日本では特に珍重されているが、自然乾燥式コーヒーの代表で、スマトラ・マンデリンと並び豆は不揃い、欠点豆や不純物も多い。そもそもイエメンでは水が確保できないのだからどうにもならないが、エチオピアはシダモやジマといった地域で水洗式が導入され、次第に増える傾向にある。もともとエチオピアといえばナチュラルのモカ・ハラーで知られているが、最近ではエチオピア・ウォッシュトと呼ばれる水洗式の豆が増えていて、主にヨーロッパ向けの高級品として輸出されている。

表4　水洗式コーヒーの精製過程

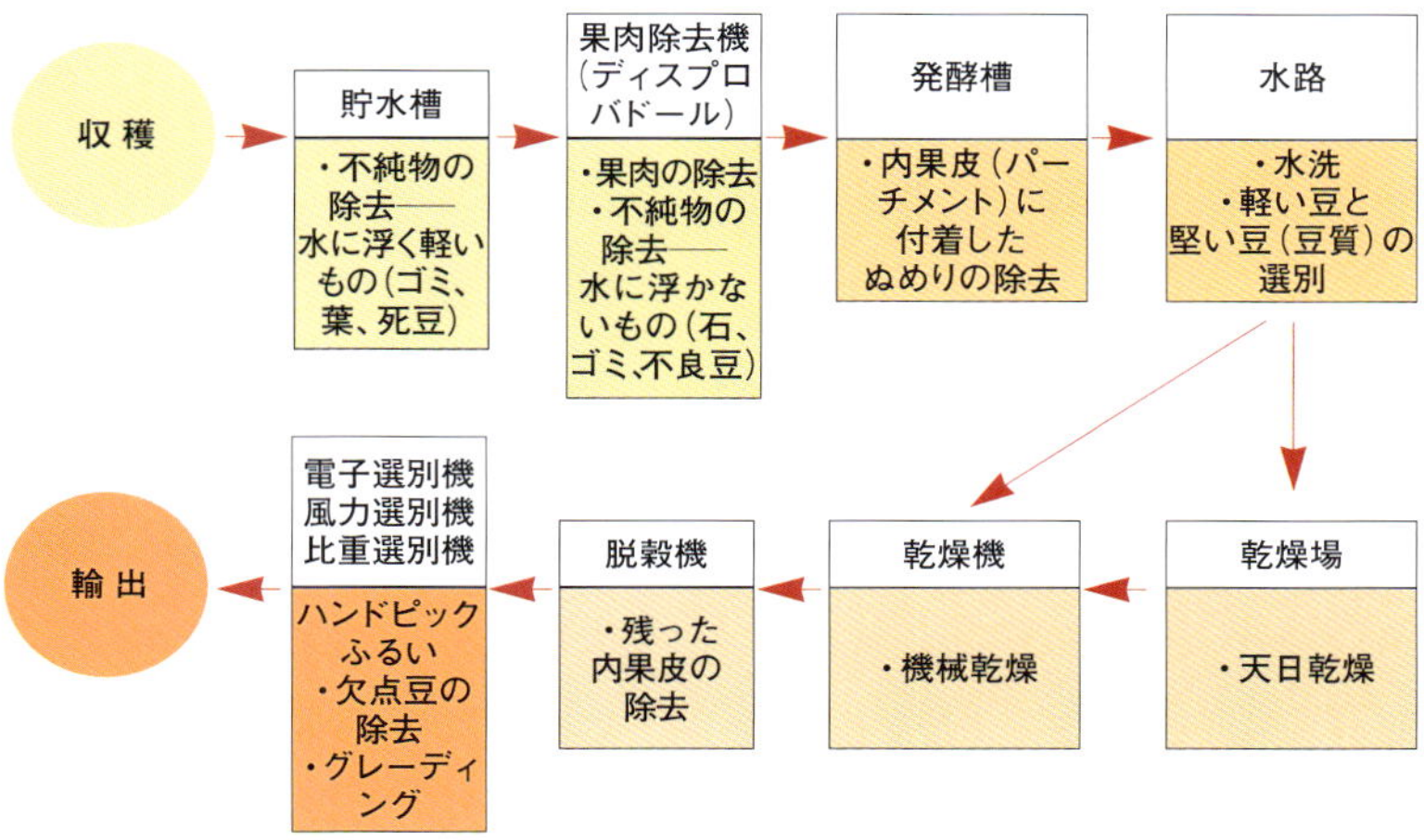

2　水洗式（ウォッシュト）

水洗式による精製が始まったのは18世紀の半ば頃といわれる。工程としてはまずコーヒーチェリーから果肉のみを除去し、次いで内果皮に残った果肉のぬめりを発酵槽で除き、豆を洗ってから乾燥させる、という方式だ（表4参照）。非水洗式と水洗式との違いを端的に表すなら、乾燥させてから果肉を除去するか（＝非水洗式）、果肉を除去してから乾燥させるか（＝水洗式）の違いといえよう。

水洗式はそれぞれの工程で不純物（石やゴミなど）や欠点豆が除去されていくため、生豆になった段階での精製度はきわめて高い。豆面も揃ってきれいなため、一般に高品質とみなされ、ナチュラルのものに比べればいくぶん高値で取引されている。

ただし工程が多い分だけ、作業や衛生管理面での手抜きなどによってダメージを受ける確率も高く、「水洗式＝高品質」とは一概にいえない。水洗式コーヒーに発生する最大の問題点は、発酵過程において豆に発酵臭が付着してしまうことだ。発酵臭のついた豆は特有の異臭を放ち、「1粒で50gの豆をだめにする」と指摘する専門家もいる。発酵臭がついてしまう原因の多くは、発酵槽のメンテナンス不備による。

発酵槽にはぬめりがついたままのパーチメントコーヒーが一晩浸けられ、発酵させることでぬめりが分解される。ところが、発酵槽の掃除が不完全であったり、温度や湿度の変化が激しすぎたりすると、発酵槽の中の微生物が微妙な変調をきたし、結果、発酵臭がコーヒー豆に付着するという事態を招いてしまう。また水洗式の場合は設備投資もさることながら、すべての精製過程に手間がかかるため、当然ながら生産コストは高くなる。

生産各国の精製風景

収穫した果実を精製工場のピット（サイロ）に入れているところ（キューバにて）

果肉除去機にかけて果肉や不純物（石やゴミなど）を取り除く（エチオピアにて）

果肉除去機の取り出し口からぬめりのあるパーチメントコーヒーが出てきた（コスタリカにて）

水洗式の発酵槽（ブラジルにて）

パーチメントコーヒーを巨大な乾燥機で乾燥させる（コスタリカにて）

雨露をしのげる小屋で蚕棚のように乾燥させているところもある。現地ではウインドドライ＝高床式乾燥法といわれている（コロンビアにて）

3 半水洗式（セミ・ウォッシュト）

乾燥式と水洗式の折衷型だ。収穫したコーヒーチェリーを水洗いし、機械によって外皮と果肉を除去する。次いで天日で乾燥させ、さらに機械乾燥させて仕上げる。水洗式との違いはコーヒーチェリーを発酵槽に入れない点で、乾燥式よりは品質が安定するというメリットがある。ブラジルのセラード地区で産するコーヒーがセミ・ウォッシュトとして知られている。

＊　＊

すでに述べたように、生産国の傾向としては徐々に水洗式コーヒーに向かっていることは間違いないようだ。ただし、非水洗式の国々も、それぞれの地域性や生産事情に基づいてナチュラルコーヒー生産の道を選択しているわけで、非水洗式を水洗式に至るまでの過渡的な精製手法とみなし、格下のように扱うのは公平を欠くだけでなく正しくない。

なるほど水洗式のコーヒーは欧米などで高く評価され、概して不純物や欠点豆が少なく、粒も揃ってきれいなことから、「水洗式＝おいしい」という等式をつい導きがちだが、見てくれは必ずしも中身と一致せず、水洗式も非水洗式も一長一短のあることがわかる。

たとえば、イエメンのモカ・マタリなどは小粒で見てくれが悪く、へたをすれば全体の4割が欠点豆や不純物で占められることがあるが、ワインフレーバーと評される独特の香気は他の豆では代えがたい、といわれるほど個性にあふれている。つまり精製法では品質の優劣はつけられない、ということなのだ。

◎乾燥式と水洗式コーヒーの違い

【見た目の違い】

水洗式コーヒーの含水率は12～13％で乾燥式は11～12％。見た目は前者のほうがグリーンが濃い。一般に、生豆は緑や青系の色が濃いほど水分が多く、褐色から白に近いほど水分が少ないとされている。水洗式の生豆はシルバースキン（生豆に付着した薄皮）が取れ、表面に独特のつやがあるが、乾燥式は逆に脱穀後もシルバースキンが残っていることが多い。

ただ水洗式コーヒーは、焙煎後も深煎りをしない限りセンターカットのシルバースキンが白く残るのに対して、乾燥式の場合は焼けてなくなってしまう。そのため焙煎後でも両者の判別はそれほどむずかしくはない。シルバースキンの残留は少量なら問題はないが、多すぎると渋味の原因になる。

【欠点豆の混入】

非水洗のブラジルは一部の良品を除けば、ほとんどの豆に質的バラツキや乾燥ムラが見られ、未熟豆も過熟豆もごっちゃになっている。欠点豆のうち最も焙煎者泣かせの豆はヴェルジと呼ばれる未成熟豆と発酵豆だ。生豆の段階でも判別しにくく、ハンドピックの目を逃れ、ひとたび焙煎されてしまうとほとんど判らなくなってしまう。

ブラジルはまた、乾燥時に湿気が多いと土臭（リオ臭）がつく場合がある。これも外見上は判別しにくいので注意が必要だ。イエメン、エチオピアの非水洗豆もブラジル同様、不純物や欠点豆が多く、除去する作業は焙煎以上に手間がかかる。

一方、水洗式の生豆は製品化されるまでに何度も水洗いされるため石や木屑などの混入はまずない。おまけに欠点豆が少なく、ハンドピックを必要としない豆も少なくないが、時に発酵臭のついた豆が出てくることがある。水洗式の欠点は発酵臭が出やすいこと。外見上は正常な生豆とほとんど区別がつかないため、場合によっては欠点豆チェックの容易な非水洗式の豆より始末が悪いといえる。

【焙煎法の違い】

ナチュラルのブラジルを焙煎していて思うのは、良質のものは豆のバラツキが少なく、とても煎りやすいということだ。なぜ煎りやすいのかというと自然乾燥式のため水分が芯まで抜けていて、酸味がやわらかくほぐされ渋味が少ないためだ。焙煎するうえで一番手こずるのは酸味と渋味のコントロールで、概して水洗式の生豆は乾燥期間が短いためか、酸味と渋味が強く表に出てくる。

酸味と渋味をやわらげる方法はいくつかある。豆を寝かせるというエイジングもその方法の一つだが、ニュークロップを焙煎する場合は、ナチュラルの豆を焙くときより、やや長めに焙煎時間（1ハゼから2ハゼまでの時間を少し長くとる）をとってやるといい。

こうしてみると水洗式のコーヒーのほうが焙煎難易度は高そうに見えるが、乾燥式のイエメン・モカやマンデリンを焙煎してみれば、また別様のむずかしさがあることが判るだろう。乾燥式の生豆にサイズのバラツキや乾燥ムラがあるのは当たり前。要はいかに焙きムラを出さないように煎るか、であって、そこに焙煎者の技量が問われてくる。

水洗式でも2日ほど天日乾燥させる場合がある。（メキシコにて）

スクリーン（豆の大きさ）を分ける選別機（キューバにて）

同じ選別機を別角度から見たところ。キューバ・クリスタルマウンテンが次々と袋詰めされていく

1・5 アラビカ種の品種と品種改良

アラビカ種の中にも原種に近い伝統品種があれば、突然変異種やロブスタと交配されたハイブリッド種もある。品種改良の歴史は病虫害対策にとどまらず、多収穫への飽くなき追求の歴史でもある。

1 アラビカ種の品種

「コーヒーはアカネ科のコフィア属に属する多年生の喬木……」「アラビカ種、ロブスタ（カネフォーラ）種、リベリカ種をコーヒーの三原種という」とはすでに述べたが、この「科・属・種」というのは生物分類学上はどんな位置づけになるのだろう。生物の分類は上位から「界・門・綱・目・科・属・種」とあって、この「種」以下の区分に亜種、変種、品種という3階級がある。

エチオピアのアビシニア高原原産と考えられているアラビカ種は、熱帯各地に広まるにつれ、突然変異や交配を繰り返し、数多くの品種に分かれていった。現在、アラビカ種だけでもおよそ70余種の品種があるといわれている。

「種」というのは、米にたとえれば長粒米のインディカ種と短粒米のジャポニカ種、つまりタイ米と日本米の違いといえばわかりやすい。そしてその下位の区分である「品種」はコシヒカリとササニシキの違い、といったところか。米の品種も多種多様なように、コーヒーの品種も多種多様だ。

もちろん品種改良の多くは米同様、耐病性や生産性、環境適応性を柱に追求してきたたと思われるが、米の品種改良が食味にこだわったほどにはコーヒーの味や風味へのこだわりが希薄だった、ということはいえるかもしれない。品種改良ではなく、実は〝改悪〟だったとはいわぬが、概して生産効率はアップさせたものの、味覚の向上は二の次三の次にされてしまったようだ。

そのことは最近の世界のコーヒー豆市場の動きを見るとよくわかる。いわゆる〝スペシャルティコーヒー（1・6参照）〟に代表される高品質コーヒーへの関心が高まり、生産国・消費国ともに新しい品質評価基準の導入が急がれているからだ。高い評価を得て、プレミアム付きの高額取引がなされているコーヒーは概ねアラビカ種の在来品種であるティピカやブルボン、さらにはカトゥーラ（ブルボンの突然変異）といった品種である。

今や栽培品種としては極めてマイナーな存在である伝統品種が、生産性と耐病性の低さというマイナス面を差し引いても、その豊かな風味には代えがたいものがある、と逆に見直されている。

私は決してティピカやブルボン信奉者ではないし、品種至上主義者でもない。だが、おいしいコーヒーは品種抜きでは考えられない、という当たり前の事実に、多くの人々が気づいてくれたことはとても大事なことだと思っている。

以下、主要な品種とその特徴を挙げておく。

●ティピカ（Typica）

アラビカ種の中では原種に最も近い品種で、ほとんどのアラビカ種の品種は源流をたどるとティピカにゆきつく。かつては中南米で広く栽培されていた。長形の豆で優れた香りと酸味をもつが、サビ病に弱く、多くのシェードツリー（日陰樹）を必要とするなど生産性も低い（ブルボン同様、隔年でしか収穫できない）。かつてコロンビアでは1967年まではティピカ種100％の栽培が広くおこなわれていたが、現在では生産性が高く直射日光にも強いカトゥーラ種やヴァリエダ・コロンビア種が総生産量の80～90％を占めている。コロンビアでは100％ティピカ種の流通は極めて少なくなっている。

表5　コーヒーの木の品種の分類

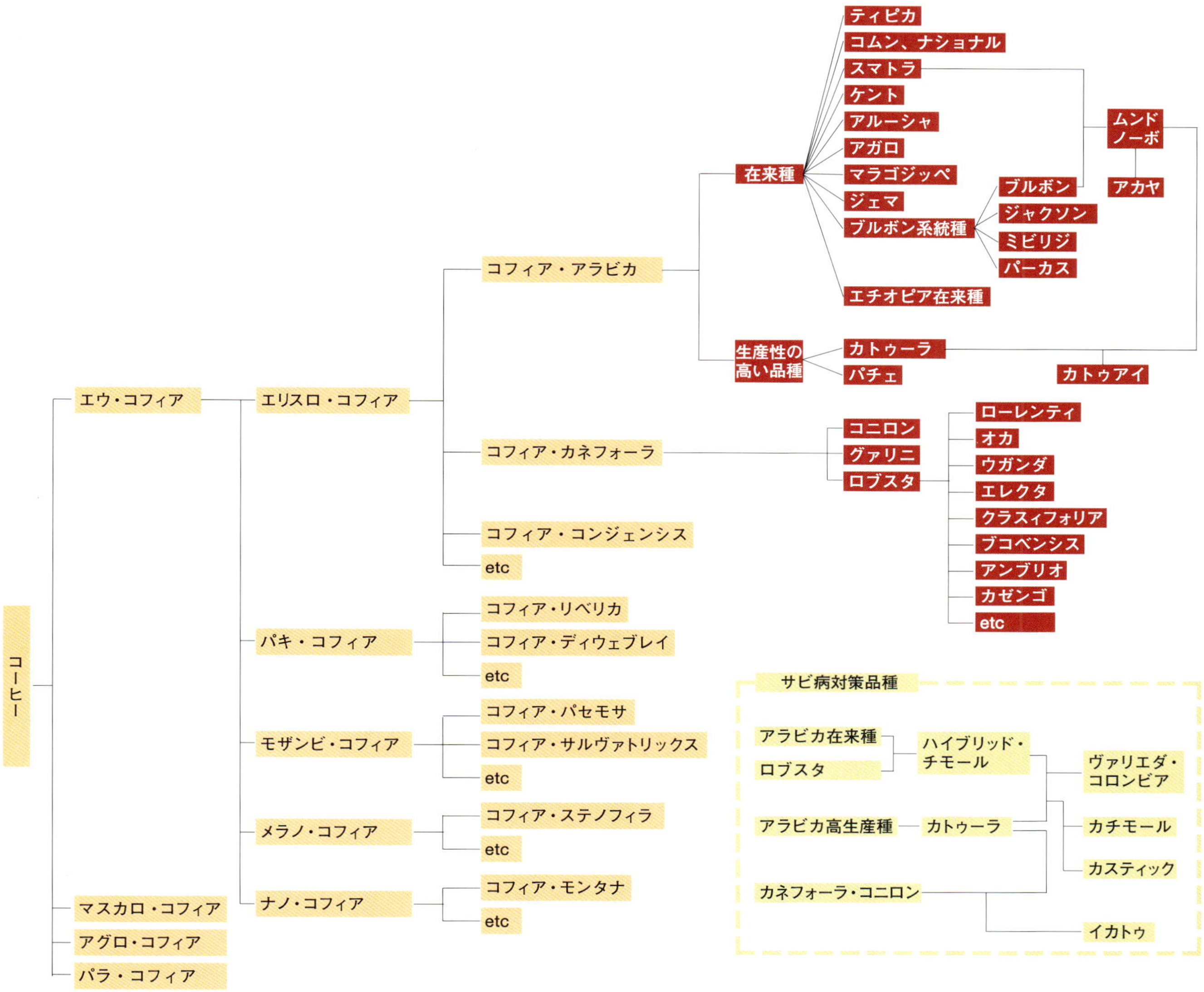

●ブルボン（Bourbon）

ティピカがアラビカ原種に近い優良亜種であるのに対し、ブルボンはティピカの突然変異で生まれた亜種。両者が現存するコーヒー品種の中で最も古い品種といわれている。イエメンから東アフリカのマダガスカル島の東、インド洋に浮かぶブルボン島（現レユニオン島）に移植されたものが起源とされ、のちにフランスの入植者によってブラジルに移植された。丸みのある小粒の豆で、多くは密生し、センターカットがS字を描いているのが特徴だ。

収穫量はティピカより20～30％多いものの、多収穫の品種に比べると少なく、隔年収穫という低い生産性と相俟って、次第に他の品種にとって代わられた。ムンド・ノーボ、カトゥーラなどブルボンの交配種、突然変異種をボルボナードと呼ぶ。香りやコクなどのカップ・クオリティは高く、どちらかというとティピカの特性に似ている。

●カトゥーラ（Caturra）

ブラジルで発見されたブルボンの突然変異。豆は小粒だが多産でサビ病にも強い。ただし隔年結果、つまり2年に1度の収穫となる。品質は極めて高いものがあるが、その分、手間と施肥《せひ》にコストがかかる。栽培適地は標高４５０～１７００ｍ、年間降雨量２５００～３５００mmの中高地。豊かな酸味はあるが、やや渋味が強い。樹高は低い。

●ムンド・ノーボ（Mundo Novo）

ブラジルで発見されたブルボンとスマトラ種の自然交配種。環境適応性が高く、病虫害にも強い。多産だが、やや生育が遅い。豆は中～大粒。樹高が３ｍ以上とやや高くなりすぎるのが欠点（収穫機の高さを越えてしまうため、機械化の進んだエリアでの生産には向かない）で、毎年樹の上部を剪定しなくてはならない。１９５０年頃からブラジル全土で栽培が始まり、現在はカトゥーラ、カトゥアイと並ぶブラジルの主力品種。酸味と苦味のバランスが良く、味が在来種に近かったため、この品種が初めて登場したとき、将来性への期待をこめて「ムンド・ノーボ（新世界の意）」と名づけられた。

●カトゥアイ（Catuai）

ムンド・ノーボとカトゥーラの交配種。多産で環境適応性も高く、樹高も低い（ムンド・ノーボは樹高が高いため、収穫作業に難があった。そのため樹高の低いカトゥーラと交配された）。カトゥーラと異なり、毎年結実する。十分な施肥を必要とするが、病虫害に強く、強い風雨にも落果しない。しかし生育期間がおよそ10余年と短いのが難点。コロンビアから中米にかけて広く栽培され、この地域の主要な栽培品種になっている。ムンド・ノーボに比べると味がやや単調でコクに欠ける。

●マラゴジッペ（Maragogype）

ブラジルで発見されたティピカの突然変異種。スクリーン19以上の大粒の豆で、多少大味だが、外見が優れているので、一部のマーケットで珍重されている。樹高は高く生産性は低い。

●ケント（Kent）

インドの品種。生産性が高く、病害、特にサビ病に強い。ティピカと他の品種との雑種といわれている。

●アマレロ（Amarello）

コーヒーの実は通常、熟すと赤くなるが、この品種は品種名（後期ラテン語Amarellus-＝黄色っぽいの意）が示すように、黄色い実を産する。樹高は低く生産性は高い。

●カチモール（Catimor）

１９５９年、ポルトガルでサビ病に強いチモール種（アラビカ種とロブスタ種の交配種）とブルボンの突然変異種カトゥーラが交配されて作られた。多産型の商業用品種の中では抜群の成長性と多収穫を誇る。樹高はどちらかといえば低いが、レッドチェリーと種子（生豆）のサイズは大きい。カチモールをベースに新しい品種が数多く生まれているが、総じてカチモール系の品種は丈夫で、環境適応性が高く、多産だ。ただ低地産のカチモールは他の商業用品種と比べても味覚の点でほとんど見劣りはしないが、

マンデリン（スマトラ在来種）
スマトラ島などで栽培される品種で、豆は細長く大型で、多少角張っている

エチオピア・ウォッシュト（エチオピア在来種）
ロングベリーと呼ばれる長形大粒豆。良質の酸味をもち、味のバランスがいい

ブラジル（ブルボン種）
丸形の豆で、センターカットがＳ字を描いているのが特徴。風味とコクがあり、焙煎しやすい

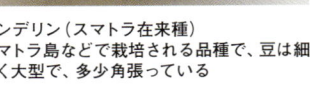

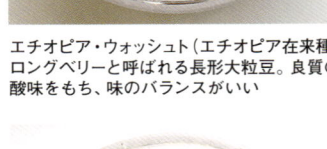

標高1200m以上の高地で産出されたものはブルボンやカトゥーラ、カトゥアイなどと比べ明らかに劣る。

●ヴァリエダ・コロンビア（Variedad Colombia）

カチモール種とカトゥーラ種を交配させた耐病性に優れた品種。直射日光に強く、短期に多収穫を実現する。コロンビアでは1980年代に入ってから広く栽培されるようになり、かつて主力品種だった在来のティピカをマイナー品種に追いやった。一般に、ティピカを代表とするアラビカ種系のコーヒーの樹は、シェードツリーの下でしか育たないひ弱な植物なのだが、ロブスタの〝血〟を4分の1だけ受け継いでいるヴァリエダ・コロンビア種は、シェードツリーを必要とせず、通年生産できるという強みがある。ただし、農薬や化学肥料の影響なのか、近年になってフェノール臭（ヨード臭に似た異臭）が問題となっている。在来種ティピカとの違いは、フルシティ以上に深く焙煎してみると判る。通常、深く煎ると酸味が減り苦味が強くなるが、ヴァリエダ・コロンビア種は2ハゼあたりから急激に苦味が増してくる。

2 品種改良とその問題点

コーヒー生産国でおこなわれてきた品種改良の歴史と方向性をまとめると次のようになる。

a 多収穫
b 矮性種（樹高が高いと収穫が困難なため）
c 耐病性（特にサビ病に強い品種が求められる）
d 早期収穫（従来は3年で収穫が始まったが、1～2年で収穫できる品種もある）
e 一斉結果（収穫期が短く効率的）
f 環境適応性が高い（特に霜害に強い）
g 外見的優秀性（大粒のもの）
h 味覚的優秀性

主だった改良品種の特性を見れば判るように、品種改良の歴史は一つはサビ病をはじめとする病虫害対策であり、一つは多収穫への飽くなき追求であった。ただ残念なのは、品種改良の多くがコーヒーの味覚向上には資すること少なかった、という点である。

なぜ品種改良が、いわゆるハイブリッド種（主にロブスタとの交配種）を中心におこなわれたかというと、そこには「コーヒー生産国＝対外債務国」という根深い〝南北問題〟が横たわっている。つまり北半球の先進工業国に対する南半球の発展途上国という17世紀以来の構図で、外貨獲得源の多くをコーヒーに頼っている生産国は、毎年安定した収穫を確保しなければ借金の返済もままならない。そのため、換金作物であるコーヒーの増産を繰り返し、時に供給過剰によるコーヒー相場の下落を招くという悪循環を生んでいる。

いずれにしろ、毎年一定の収穫が望め、リスクヘッジができるということが重要であって、在来品種ではなくハイブリッド種が勢力を伸ばしてきた背景には、こうした目に見えない経済的メカニズムが働いている。

コロンビア（ティピカ種）
かつて一世を風靡したティピカ種の良質なコーヒー

ニカラグア（マラゴジッペ種）
多少大味とされるが、見た目が優れているので、ピーベリー同様、一部で珍重されている

●コーヒーの品種の話（1）

コーヒーの品種はワインの品種ほどには味に大きな影響を与えない。カベルネ・ソーヴィニョンやシャルドネといったワインの伝統品種は、ひとくち含んだだけで品種名を当てられるほどそのものズバリの味わいをもっているが、ティピカ種やカトゥーラ種のコーヒーを飲んでも「ああ、さすがにティピカの味がする」という具合にはならない。
（23頁につづく）

1-6 コーヒーの格付け

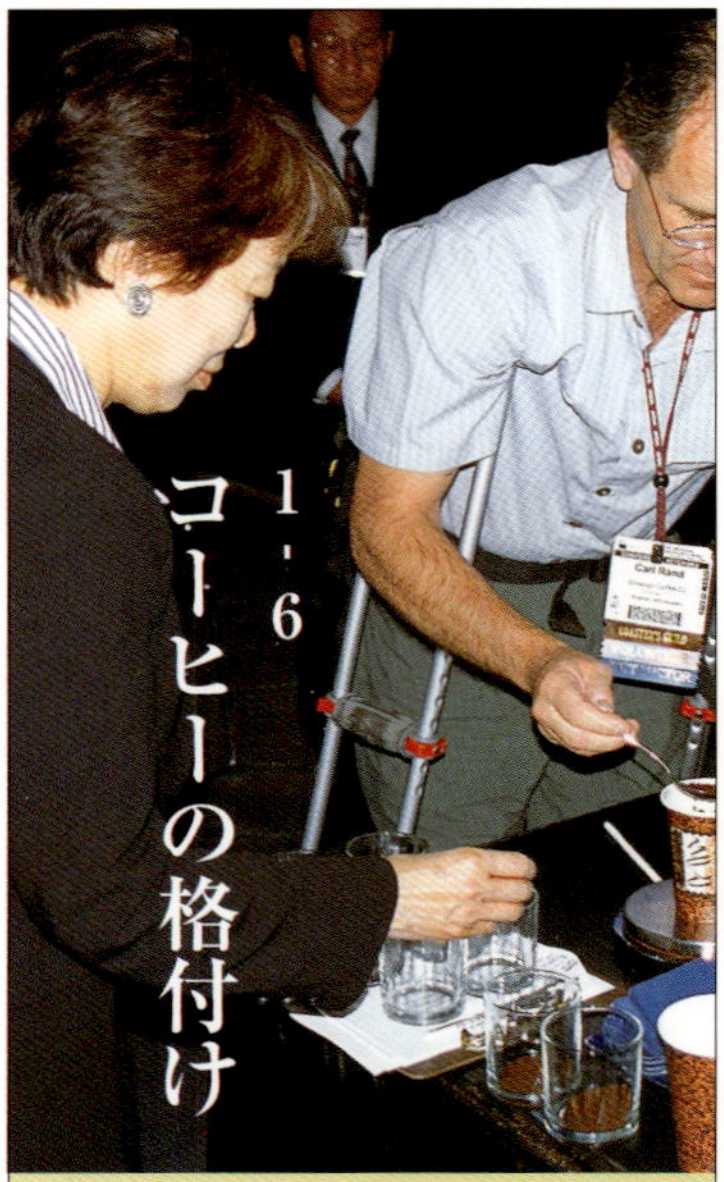

コーヒー生産国にはコーヒーの品質を評価する独自の格付け法と評価基準があり、国際取引のための指標とされているが、近年、消費国側から新しい評価基準の導入が求められている。

■コーヒーの品質評価

喫茶店の店主Aが、

「うちはブラジル・サントスNo.2を使ってるけど、おたくのブラジルはどの等級?」

と尋ねたら、負けずぎらいの店主Bは、

「ブルマンのNo.1と同じで、もちろんサントスのNo.1に決まってるじゃないか」

といって得意げに小鼻をうごめかした、というのだが……。

ブラジルが採用しているタイプ(欠点数方式)による鑑定では、300gの生豆サンプルの中の欠点豆を数え、少ない順に等級をつける仕組みになっている。等級はNo.2~No.8までの7段階で、わずかに欠点数が4以下でもNo.2と評価されてしまう(ちなみにNo.8は360欠点)。仮に欠点豆がひとつもないNo.1ができたとしても、生産量が少なく安定供給ができないため、ブラジルではあえてNo.1をつくらずNo.2を最上級としている。

つまり、《ジャマイカのブルーマウンテンはNo.1が最高だけど、ブラジルはNo.2が最高》というのがこのやりとりのオチで、そのことを知らない店主Bが大いに恥をかくという話である。

このように、コーヒー生産国では収穫したコーヒーの品質を評価するため、独自の格付け法や品質評価基準を設けている(名品モカ・マタリを産するイエメンのように統一された輸出規格をもたない国もある)。これらの品質評価システムが、すべてのコーヒー生産国に共通の世界標準と呼べるようなものであれば、仕入れる側にとって便利この上ないものなのだが、残念ながらグレードの基準は生産国や生産地域ごとの事情によってマチマチなのが現情だ。

しかし大別すると、

1　栽培地の標高差によるもの
2　スクリーン(生豆のサイズ)によるもの
3　スクリーン&タイプによるもの

というふうに色分けすることができる。

1標高差による品質評価

コーヒーは低地産のものより高地産のもののほうが良質、とはすでに述べた。品質評価の基準に1が設定されているのはそのためで、標高が高ければ気温は低くなり、そのぶんだけゆっくり時間をかけて実が熟するからだといわれている。完熟した豆は伸びがよく、実に焙煎しやすい。1の代表例は中米の生産国で、ほとんど標高差だけでコーヒーの格付けがおこなわれている。

たとえばグアテマラのコーヒー(表6-B参照)。同国の品質規格の最上位とされるSHBはStrictly Hard Beanの頭文字をとったもので、栽培地の標高が4500フィート(1350m)以上と決められている。メキシコも同様で、最高品質のSHG(Strictly High Grown)は1700m以上、エルサルバドルやホンジュラスのSHGも1200m以上と決められている。

栽培地がブラジルのような平坦な高原地帯にあれば、大規模な機械化による収穫も可能だが、中米各国のコーヒーは主に山岳地帯の傾斜地で栽培されている。私も幾度となく現地に足を運んだことがあるが、とても収穫機械を導入できるような場所ではなかった。ジャマイカのブルーマウンテン地区には傾斜40度以上の険しい場所もあるという。

しかしそのことが結果的に赤く成熟した果実を一粒ずつ手で摘むというていねいな収穫法を選択させることになり、多少のコスト高にはなっても、未成熟豆や夾雑物の混入の少ない高品質コーヒーを生み出す背景になっている。

2スクリーンによる品質評価

2のスクリーンによる分類法を採り入れているのはケニアやタンザニア、コロンビアなど、いわゆるコロンビア・マイルドコーヒー（ニューヨーク取引所での産地別取引タイプの一つ）に分類されているコーヒーだ。スクリーンというのはコーヒー生豆のサイズのこと。穴の開いた鉄板状のふるい（スクリーン）を何種類か組み合わせ、生豆を穴に通すことで粒の大きさを決定する。

穴の大きさの単位は64分の1インチ（1インチ＝25・4mm）だから、スクリーン17といえば64分の17インチのことだ。つまり6・75mmのスクリーンを通り抜けた生豆ということになる。それ以上の大きさの豆は穴を通り抜けられずに残り、それ以下のサイズの豆は通り抜けて下に落ちる。したがってスクリーン・ナンバーが大きいほど大粒の豆ということになる。

タンザニアの最高級グレードはAAと呼ばれる大粒豆で、スクリーンは18（7・14mm）以上、ケニアのAAも7・2mm以上と大粒だ。コロンビアにもスプレモとエキセルソの2種類があり、スプレモはスクリーン17以上のもの、エキセルソはスクリーン14／16（スクリーン16の豆の中にスクリーン14の豆が11％以上混入したもの）のものと決まっている。

一般論的にいうと、コーヒー生産国側が定めた格付けはあくまで外見上の品質規格にすぎず、味覚面における品質規格とはまったく別物である、といわれている。そのこと自体はまちがってはいないが、大粒の豆も小粒の豆も味覚上の優劣はない、といわれると素直にうなずくわけにはいかなくなる。

一般論はあくまで一般論で、個別具体的な中身まで検証しているわけではない。私は幾度となく同一の豆を大小煎り分けてテイスティングしてみたが、明らかに味覚のうえで差異があることがわかった。大粒の豆と小粒の豆をくらべると、大きく順調に生育した豆はやはり味も豊かに実っている。スクリーン・サイズの大小は味覚とは何の関係もない、とはとても言い切れないのである。

3スクリーン＆タイプによる品質評価

さてコーヒー大国ブラジルは、冒頭に紹介したように「タイプ（欠点数方式）」による分類と「スクリーン」、それに「味覚テスト」の3種の格付けを複合させた3の変形版になっている。たとえばブラジルの生豆を買うと、〈ブラジル・サントスNo.2・スク

表6ーA　ジャマイカ豆の品質と格付け

規格	標高	スクリーン	欠点数（300g中）
ブルーマウンテンNo1 Blue Mountain No1	1000～1200m	S-17/18	最大2%
ブルーマウンテンNo2 Blue Mountain No2		S-16/17	最大2%
ブルーマウンテンNo3 Blue Mountain No3		S-15/16	最大2%
トリエイジ Blue Mountain Triage		S-15/18	最大4%
ピーベリー Blue Mountain P.B		S-10MS	最大2%
ハイマウンテン High Mountain		S-17/18	最大2%
ジャマイカ　プライム Jamaica Prime		S-16/18	最大2%
ジャマイカ　セレクト Jamaica Select		S-15/18	最大4%

●コーヒーの品種の話（2）

品種や栽培法、精製法という要素はとても重要であるが、伝統品種のティピカを使っているからおいしい、ということでもない。正しい焙煎と正しい抽出がおこなわれたうえでないと、どんな品種であってもおいしくはならないのだ。

コーヒーの品種まで情報開示されるようになったのはごく最近のこと。昔はコロンビアであれば、スプレモとかエキセルソといったグレードまでが知り得て、その先はわからなかった。ロブスタとの交配種を悪者扱いするムキもあるが、その必要はあるまい。貧しい生産国側にも事情があり、豊かな消費国側はその事情を斟酌し、援助の手を差しのべる義務があるからだ。ことさらに品種の重要性を訴えるのは、一種の純血主義に陥る危険性を有している。

リーン19・ストリクトリー・ソフト」というような表示がある。順に説明するとこうだ。

●ブラジル……生産国名

●サントス……積出港名

●No.2……欠点豆の混入量を示すグレード。No.2が最高級品でNo.8が輸出規格の下限

●スクリーン19……豆のサイズを表し、ブラジルでは12～20で示される。No.が大きいほど大粒で、19は7・54mmのスクリーンを通った豆を意味する。ただしこの表示はフラットビーンに限り、ピーベリー（丸豆）については特殊な楕円形の穴を開けたスクリーン（8～13）を使い、別に分類される。

●ストリクトリー・ソフト……カップテストによる味の格付けを表し、ストリクトリー・ソフトは最高級品を指す。

カップテストの重要性については別に詳しく述べるが、ここではブラジル式カップテストによる格付けを一部紹介する。

1　ストリクトリー・ソフト
2　ソフト
3　ソフティッシュ
4　ハード
5　リアード
6　リオ

1から3の等級が〝ソフト〟と総称され、甘味や苦味、酸味をバランスよく含んだ口当たりのやわらかい良質のコーヒーとされている。逆に5～6はヨードホルム臭のする低級品とされている。ブラジルのリオデジャネイロ周辺の土壌はヨード臭が強く、収穫の際に土の上に実を落とすため、独特の臭み、すなわちリオ臭が付着するのである。

このような3段構えの格付けが他の国に見当たらないのは、それをあまり必要としていないためだろう。換言すれば、カップテストをしなくても十分に品質が一定している、ということなのだ。ブラジルの場合、広大な産地で収穫される雑多な豆が輸出用ロットの味づくりのため混ぜ合わされる。品質にバラツキが出やすいのはそのためだ。

これは余談だが、クラシフィカドールと呼ばれるブラジルのコーヒー鑑定士には厳しい節制が求められている。味覚や嗅覚をフル稼働させコーヒーの鑑定をおこなうため、虫歯がないことはもちろんのこと、舌の感覚をマヒさせるニラや玉ネギ、ニンニクといったものを口にできない。もちろん酒、たばこ、強い香りを放つ香水なども御法度だ。禅寺の門前にはよく『葷酒《くんしゅ》山門に入るを許さず』と刻んだ石柱がある。葷酒とはニラやネギなど臭気の強い野菜や酒のことだ。ブラジルのコーヒー鑑定士は、まるで禅僧のようにストイックな食生活を強いられているのである。

さて1～3の格付け法以外にも、ジャマイカのように栽培地区の名前によって分類したものや、さまざまな格付け法をミックスしたものもある。生産国すべての格付け法を暗記するのはなかなか骨だが、慣れてしまえばどうということもない。以上、長々と紹介したコーヒーの格付けを一言にまとめると、《高地産の大粒

表6－B
グアテマラ豆の品質と格付け

等級	高さの名称	略号	標高（フィート）
1	ストリクトリー・ハード・ビーン	SHB	4500～
2	ハード・ビーン	HB	4000～4500
3	セミ・ハード・ビーン	SH	3500～4000
4	エクストラ・プライム・ウォッシュト	EPW	3000～3500
5	プライム・ウォッシュト	PW	2500～3000
6	エクストラ・グッド・ウォッシュト	EGW	2000～2500
7	グッド・ウォッシュト	GW	～2000

表6－C
コロンビア豆の品質と格付け

輸出グレードとしてはサイズによってスプレモ、エキセルソに分けられる。

スプレモ:
スクリーン17以上が80%以上の豆

エキセルソ:
スクリーン14／16が80%以上の豆

表6－D
タンザニア豆の品質と格付け（アラビカ種）

AA:スクリーン6.75mm以上
A:スクリーン6.25～6.50mm
B:スクリーン6.15～6.50mm
AF:AAおよびAグレード内の軽量豆
C:スクリーン5.90～6.15mm
TT:Bグレード内の軽量豆
F:AF、TTの内のさらに軽量豆
E:エレファント
PB:ピーベリー

で欠点豆のない豆ほど良質なコーヒー》ということになろうか。

スペシャルティコーヒーの概念

■新しい味覚評価

以上はコーヒー生産国（輸出国）側が設けている独自の品質規格である。この品質規格は同時に消費国側の評価基準でもあって、スプレモだとかAAだとかSHBといった表示が、そのまま品質を判断するに足る十分な指標とされている。

ただし、これら生産国側の品質規格はなるほどコーヒーの品質を評価しているものではあるが、その多くは欠点豆の有無を表したり、外見上の品質を表しているだけで、「風味がある」とか「さわやかな酸味とコクがある」といった味覚上の特徴を表しているわけではない。味覚上の評価は、民族の食文化や個人差によって異なるため（例＝リオ臭は日本や欧州ではきらわれるが、中近東やトルコの一部には伝統的に珍重しているマーケットも存在する）、あえて評価基準の対象から外しているのである。

「高地産で大粒の欠点豆のないコーヒー豆は良質なものであることはたしかだ。が、だからといって確実においしいかどうかは好みの問題だからわからない。コーヒーのカップ・クオリティ（香味における品質）に関しては飲む側のあなた方が判断することで、輸出する側の私たちが関知するところではない……」

簡単にいってしまえば、こういう理屈である。

このような国際商取引きにおける暗黙の了解事項は、長い間、ある種の商慣習として定着してきたが、30年ほど前から、アメリカで「コーヒー生産国の品質規格だけでは味を正当に評価することができない」という声が挙がり、新しい味覚評価の基準をつくろうとする動きが出てきた。それが〝スペシャルティコーヒー〟という概念である。

スペシャルティコーヒーという言葉は１９７８年、米国クヌッセンコーヒーのクヌッセン女史がフランスの国際コーヒー会議で使用したのが始まりで、そのコンセプトは、

《Special geographic microclimates produce beans with unique flavor profiles　特別な気象や地理的条件がユニークな香味をもつコーヒー豆を育てる》

という、きわめて単純明快なものであった。この中に出てくるMicroclimatesという用語はワインの世界ではお馴染みのものだ。しばしば「ミクロクリマ」と表現され、微視的に見た気候条件というふうに訳される。ブドウの樹の生育はたとえ同じ地域に植えられていても、隣は畑なのか森なのか丘なのか。近くの山の上昇気流はどんなふうに流れるのか。日照量は？　雨量は？　そばにあるのは池なのか小川なのか、それらの条件のちがいによって気候が微妙に変わってくる。そういうミクロの範囲での気候環境をミクロクリマと呼ぶのである。

赤ワインの最高峰といえばフランスはブルゴーニュのロマネ・コンティだろう。ロマネ・コンティのぶどう畑は南向きのなだらかな傾斜地の一角にあり、そのすぐ隣はリシュブールという銘柄の畑である。

表6－E　ブラジル豆の品質と格付け

混入物	X個につき	欠点数
石・木片・土（大）	1個	5点
石・木片・土（中）	1個	2点
石・木片・土（小）	1個	1点
黒豆	1個	1点
パーチメント	2個	1点
コーヒーの皮　（大）	1個	1点
コーヒーの皮　（小）	2～3個	1点
乾果	1個	1点
発酵豆	2個	1点
虫食い豆	2～5個	1点
未熟豆	5個	1点
貝殻豆	3個	1点
割れ豆・欠け豆	5個	1点
ふやけ豆・発育不全豆	5個	1点

※ブラジルでは上記の表に基づき、300g中に混入している欠点豆および不純物を欠点数に換算し、その欠点数に応じてNo.2～No.8まで分類している。

両方の畑の間には何の区切りもなく、人ひとりが通れるくらいの小道が一本まっすぐに通っている。それでも、あっちとこっちとでは値段に5倍以上の差が出てしまう。細い農道を境にぶどう畑の格付けが異なってしまうのだ。ミクロクリマを含めた複雑な地殻構造や土壌（特定の地域の特性＝テロワール Terroirと呼ぶ）が両者の価値を截然《せつぜん》と分けているということなのである。

コーヒーの世界においてはミクロクリマ的な考え、すなわち「本物は細部にやどる」といった考え方は育つことがなかった。このことは最大のコーヒー消費国であるアメリカが、実は最大の低品質コーヒーの輸入国であったことと無縁ではない。ブラジルの豆であれば、No.4～5、メキシコ、コロンビアのそれなら〝裾もの〟と呼ばれる低級品、他にはアイボリーコースト（現コートジボワール）のロブスタといったもので、輸入されるコーヒー豆はいわゆるクズ豆が主力であった。一部にはコーヒーに小麦粉を混ぜているという噂もあったほどだから、アメリカのコーヒーのレベルがどんなものであったか容易に想像できよう。

したがって、80年代におけるアメリカのコーヒー消費の急激な落ち込みは当然の結果だった。まずい上に不健康だというので、消費者はこぞってコーヒー離れを起こし、紅茶やダイエットコークに走った。コーヒー業界が崖っぷちに立たされたその時、救世主のように現れたのがヨーロッパタイプの深煎りコーヒーをひっさげて登場したエスプレッソバーの一群であった。スターバックスはその代表で、おいしさの追求こそがその旗印であった。薄くてまずいアメリカンコーヒーはまたたく間に駆逐されていった。

良質なコーヒー豆しか使用しないと謳うスターバックスチェーンは、スペシャルティコーヒーの広告塔の役割をも同時に果たすことになった。エスプレッソに代表されるダークローストコーヒーはアメリカで100億ドルという市場にまで成長し、低級品の輸入国だったアメリカをたった10年で高品質コーヒーの最大のパトロンに変身させてしまったのである。

おいしいコーヒー豆を生産すれば、消費国は高値で買ってくれる。またおいしいコーヒーを提供すれば、消費者のコーヒー離れなど起こらず、マーケットはどんどん膨らんでいく。コーヒー生産国・消費国ともにあらためて認識したのは、《スペシャルティコーヒーに代表されるような高品質コーヒーを扱えば立派なビッグビジネスになる》

というきわめて単純な事実であった。

■コーヒーの格付けの変化

高品質なコーヒーを求める動きが澎湃《ほうはい》として起こった背景には別の要因もあった。生産性向上のためにおこなわれてきたコーヒーの品種改良が味覚面の品質向上とは必ずしもパラレルな関係にはない、という事実であった。

世界中のコーヒー生産国で盛んに植え替えられていったのは病虫害に強い、多収穫の改良品種であった。ティピカ種やブルボン種といった在来品種はますますマイナーな存在に追いやられていった。なるほど生産国側の評価基準では従来のものと同じNo.1でありSHGであるが、中身はロブスタを交配したハイブリッド種に変わっていたりする。外見上は大粒の、表面にツヤのある立派

●SCAAの大会見聞記（1）

2003年ボストンで行われたSCAAのセミナーにて。

2003年4月、アメリカ東海岸のボストンで開催されたSCAAの大会に出席した。この大会は世界最大のコーヒー展示会で、今年で15回目。展示ブースは40か国以上の参加を得て、その数およそ800。生産国はもちろん、コーヒー産業に関わるすべての会社が一堂に会し、自社製品をアピールする場になっている。その中には日本のUCCのブースもあり、ハロゲンスポットヒーターを使った新機軸なサイフォンが注目を集めていた。

私はサンプルロースティングとカッピングの基礎セミナーに参加したが、あらためて思ったのは「ベーシックとは何か」「スタンダードとは何か」ということだった。

1つの講座は3時間で、私の参加したセミナーには50～60人の参加者があった。入場料（日本円で4500円）さえ払えば外国人でも参加できるところがいかにもアメリカ的でオープンなところ。教え方も「このコーヒーはこうしたすばらしい価値をもっています。したがって……」というように、ポジティブ・アカウント方式に則ったきわめてわかりやすいもので、教育方法までがスタンダード化されているのが印象的だった。

な豆であっても、煎ったり飲んだりするとたちまち〝メッキ〟がはげてしまうという見かけ倒しのコーヒーが増えてしまった。そのためコーヒー消費国の中からは、コーヒー本来のおいしさをもつといわれる在来品種を見直そうとする声が高まり、喩《たと》えるなら《ティピカへ還れ！》《ブルボンへ還れ！》とする復古主義的な動きが出てきたのである。

　スペシャルティコーヒーの厳密な意味での定義はまだない。理由はその定義づけが各国のスペシャルティコーヒー協会に委ねられているのと、毎年定義の中身が変わり、そのつど進化しているためだ。１９８２年に設立された米国スペシャルティコーヒー協会（ＳＣＡＡ）の現時点での大まかな基準を挙げると、以下のように要約できる。

1　豊かなフレグランスFragranceはあるか
フレグランスは焙煎後のコーヒー豆の香り、もしくは挽いたときの香り

2　豊かなアロマAromaはあるか
アロマは抽出したコーヒー液の香り

3　豊かな酸味Acidityはあるか
豊かな酸味は糖分と結合してコーヒー液の甘みを増加させる

4　豊かなコクBodyがあるか
コーヒー液に濃度と重量感があるかどうか

5　豊かな後味Aftertasteがあるか
飲んだあと、もしくは吐き出したあとの風味をどう評価するか

6　豊かなフレーバーFlavorはあるか
口蓋でアロマとテイスト（味わい）を同時に感じることでフレーバー（香味）を感知することができる

7　バランスBalanceはとれているか

　以上がＳＣＡＡの評価基準、つまりコーヒーを消費する側の評価基準である。一方、生産国側におけるスペシャルティコーヒーの評価基準は以下のようになる。

1　コーヒーの品種は何か
アラビカ種の在来種であるティピカ種やブルボン種がのぞましい

2　どんな栽培地で育てられるか
栽培地もしくは農園の標高や地形、気候、土壌、精製法などが明確に特定されるか

3　高水準の収穫や精製がおこなわれているか　完熟豆の比率を高め、欠点豆の混入を最小限にとどめているかどうか

　以上、消費国および生産国におけるスペシャルティコーヒーに対するスタンスを概観してみたが、ここで明らかになったのは、今まで手をつけなかった味覚の世界に果敢に踏み込み、「おいしさ」や香味の「印象度」「ユニークさ」といった官能的な項目を評価対象に選んでいることだ。これらを量的もしくは質的にどう評価するのか。主にコーヒー豆の外見上の見てくれや欠点の有無を基準にし、味覚面の評価にまでおよぶことのなかった伝統的な格付け法とは、評価基準がまったく異なっているという印象だ。

あらためて痛感するのは、

《スペシャルティコーヒーを扱うには、カッピング（コーヒーの香味評価）ができなければ何も進まない》

●SCAAの大会見聞記（2）

　コーヒーに関するスタンダードともいうべき知識や技術ノウハウを15年間にもわたって惜しげもなく公開してきたというSCAAの懐の深さには、今さらながら頭が下がる。翻って日本のコーヒー業界はこうした地道な教育およびトレーニング活動を怠ってきた、とつくづく思う。かつてアメリカは消費量こそ膨大であったが、こと品質に関しては世界の後進国であった。その後進国だったアメリカがこの20年で、大きく様変わりを遂げ、気がついたら日本はアメリカの後塵を拝していたというかっこうだろう。日本は不覚にも後れをとってしまった。

　私はセミナー参加者の中の最高齢だった。周りは若い人たちばかりだったが、カッピングや焙煎の技術においては、彼らも日本から来たベテランのコーヒーマンに一目も二目も置いてくれた。贔屓目の買いかぶりでいうわけではないが、世界レベルで比べるなら、日本の自家焙煎店のレベル（技術面や知識面）は、こちらが思っている以上に高いことがわかる。このことは自信を持っていい。

　会場内でおこなわれた世界バリスタ選手権では、24人の選手の中から下馬評どおりオーストラリアのポール・バセット氏がチャンピオンに選ばれた。

ということである。そう、コーヒーの味覚評価はだんだんワインの官能評価に似てきているのである。

■カップ・オブ・エクセレンスとは

スペシャルティコーヒーと呼ばれる良質なコーヒーを栽培しても、低迷するコーヒー国際相場の中では、必ずしも高値で取り引きされるわけではない、となれば生産意欲など消し飛んでしまうに決まっている。生産者のやる気を起こさせるのは「おいしいコーヒーをつくりましょう」といった立派なお題目などではない。高品質のおいしいコーヒーをつくれば、必ず高値で売れるという確かな実績を目の前に示すことなのだ。

そこで登場したのがスペシャルティコーヒーの品評会を開き、点数評価によって順位をつけようという「カップ・オブ・エクセレンスCup of Excellence」（以下COEと略す）の制度だ。年1回開催され、スペシャルティコーヒーを栽培する生産者が自慢のコーヒー豆を出品し、国内および国際審査員による3段階の厳しい審査を経て、最高品質と認められたコーヒー豆にCOEの称号が贈られる。1999年、ブラジルの生産者グループが始めたのが最初で、今ではグアテマラやパナマ、コスタリカやニカラグアにまで広まり、さらに拡大する傾向を見せている。

COEの称号を冠したコーヒーはスペシャルティコーヒー協会主催の国際インターネットオークションにかけられ、高値で取り引きされる。この制度はコーヒー農園の生産意欲をかき立てるだけでなく、その農園の周辺地域の評価や認知度をも高め、結果的に取引の引き合いが多くなるという相乗効果を生んでいる。思うに、この制度もワインのグラン・クリュ（特級畑）にきわめて似通っている。

■スペシャルティコーヒーへの一考察

バッハコーヒーもスペシャルティコーヒーには並々ならぬ関心をもっている。すばらしいコーヒーというが、いったい何が〝スペシャルティ（際立ったユニークな特性）〟なのか。そのことを直に確かめてみたくて、まずは手始めに2001年度のグアテマラのCOEから買ってみた。COEの順位が4位だったウエウエテナンゴ地区のものを24袋。値段はふだん買っているグアテマラSHGの倍はしたが、カップテストをしたところ、想像していた以上にすばらしい豆であることがわかった。

スペシャルティコーヒーのよいところは、まず欠点豆がほとんどないことだ。肉厚なうえに粒も揃っていて、酸味も豊か。コクも香りもある。マーケットに流通するコーヒー豆がどれもこのようなすばらしい豆であれば、なんの苦労もないのだが、と正直思った。誤解を恐れずにいってしまえば、バッハコーヒーが歩んできた数十年は、ふつうのコーヒー（通常一般の定期市場に流通するコーヒー＝コモディティコーヒーCommodity coffee）を仕入れ、それをせっせと〝スペシャルティコーヒー〟に仕立て上げるための歳月であったのかも知れない。ハンドピックを徹底することで欠点豆や異物を除き、粒を揃える。バッハコーヒーが使っている生豆は、少なくとも外見上はスペシャルティコーヒーと何ら変わるところはないのである。

スペシャルティコーヒーは品種にもこだわる。在来品種であるティピカやブルボン、カトゥーラ。他の品種との交配であっても、その中身が明らかに特定できるものがよいとされる。在来品種の、たとえばティピカ種を焙煎してみると、なるほど火の通りがよく、のびがあって煎りやすい。成熟度も高く、多収穫でない分だけ凝縮度も高い。一般に焙煎度の浅いコーヒーがもてはやされた時代には、煎りやすい在来品種はそれなりに価値があったであろう、とは思う。しかし今日のように深煎りコーヒーが席巻する時代になり焙煎技術も上がってくると、ことさらティピカだブルボンだと空騒ぎする必要があるのかどうか。

食の安全やエコロジーといったものが喫緊の課題となり、トレーサビリティ（生産されたものを追跡管理すること）という言葉がごく日常的に使われるような時代には、必然的に「顔の見えるコーヒー」が求められてくる。品種が特定され、生産地区、農園、生産者も特定される。つまり、どんな育てられ方をしてきたコーヒーなのか、すべての情報が開示される。逆にいうと出所のはっきりしない顔の見えないコーヒーは、とるに足らないコーヒーと見なされる危険性を孕《はら》んでいる。

スペシャルティコーヒーはたしかに品質が高い。が、どんなに高品質のコーヒー豆であっても、正しい焙煎、抽出がおこなわれなければ、カップに注がれた液体がうまかろうはずがない。どんな立派な材料でも、料理人の腕がなまくらで、包丁の切れ味がわるければ、できた料理はお粗末なものに決まっている。素材さえよければ事足りる、ではないのである。

スペシャルティコーヒーの普及はけっこうなことで、栽培や精製に手抜きがなくなれば、ふだん飲みのコモディティコーヒーのレベルだって相対的に底上げされる。コモディティコーヒーはワインに喩えればふだん飲みのテーブルワインで、スペシャルティコーヒーはさしずめＡＯＣワイン（原産地名称統制ワイン）といえるだろう。

私が危惧するのは、スペシャルティコーヒーでなければコーヒーではない、といった極端な考え方が横行することだ。一種の産地至上主義であり、品種至上主義がそれだ。毎日上等なワインばかり飲んでいたら、たまに高級ワインを飲むという楽しみがなくなってしまう。それよりまず、どんなコーヒーであっても欠点豆をなくし粒を揃えればおいしいコーヒーになる、という事実をもっと知るべきなのだ。生豆にバラツキがなくなれば煎りムラもなくなる。これだけでも純度が上がり十分おいしくなるのである。〝顔の見えるコーヒー〟もいいけれど、それ以前にコーヒー全体の精製度を上げることが優先されるべきなのである。

特定のスペシャルティコーヒーにばかり依存していると、いざ欠品になってしまったときが大変だ。いつでも同じ品が手に入るとは限らないからだ。現に、米国の大手コーヒーメーカーが大量に買い付けたため、２００３年度のＳＣＡＡグアテマラ・オークションは中止になってしまった。

バッハコーヒーではこれからもふだん飲みのコーヒー、すなわちコモディティコーヒーを中心にメニューを組み、レストランでいうところの〝スペシャリテ（自慢料理）〟に数品のスペシャルティコーヒーをぶつけようかと考えている。

表7
格付けコーヒーの生産比例

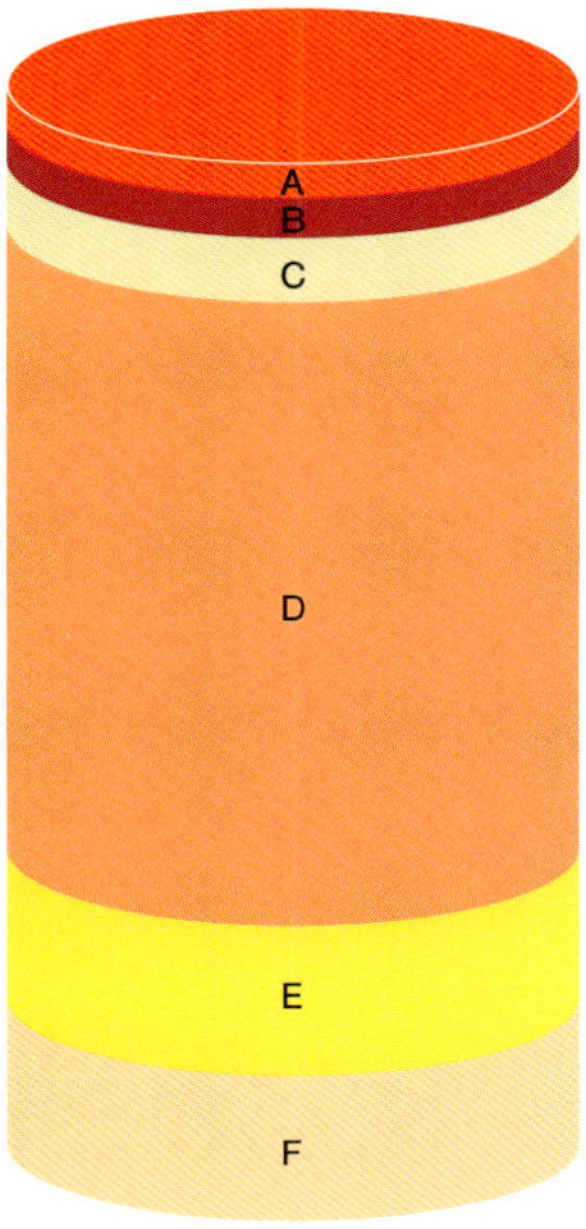

A　カップ・オブ・エクセレンス
B　スペシャルティコーヒー
C　プレミアムコーヒー
D　コモディティコーヒー（通常流通品）
E　規格外のディスカウント品
F　生産国の国内消費用

2001年のブラジルCOE（カップ・オブ・エクセレンス）で第1位に輝き、日本のUCC上島珈琲がポンド11ドル（当時の国際相場はポンド80セントほど）でセリ落としたとされるセミ・ウォッシュトの豆。

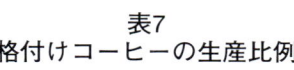

1-7 コーヒー生豆の正しい選び方とハンドピックの手法

コーヒーの生豆には不純物や欠点豆という不良豆がいっぱい混じっている。そのまま煎って飲めば、コーヒーの味に決定的なダメージを与えるが、取り除いて焙煎すれば格段とおいしいコーヒーになる。

■形やサイズを揃える

「味が同じなら不揃いのきゅうりでもかまわない」という意見には賛成しないでもない。だがコーヒー豆の焙煎で「どうせ加熱するのだから、豆の形が不揃いでもかまわない」となるとおいそれとは賛成できない。同じ畑で採れたまっすぐなきゅうりと曲がったきゅうりに味覚上の違いはないかも知れないが、コーヒー豆は違う。同じ樹から収穫された豆でも、大きい豆と小さい豆、成熟した豆と未成熟の豆を同じ釜の中で同時に煎れば、当然ながら煎り上がりに大きなバラツキが出てくる。

　肉厚の豆と肉の薄い豆をいっしょに煎れば、火の通りの悪い肉厚の豆だけが、いわゆる芯残り（豆の中に水分の抜けない部分が残ってしまう状態のこと）を起こしてしまう。スパゲッティを茹でる場合、適度な歯ごたえを残すため〝アルデンテ〟と呼ばれる茹で具合にすることはよく知られているが、アルデンテとはすなわち芯残りのことでもある。芯残りはスパゲッティにはゆるされても、コーヒーでは御法度とされている。

　芯残りのコーヒーは見た目だけでは判別しにくい。煎り上がった豆面だけを見ると、きれいに焙けていて、他の豆と区別がつきにくいが、割ってみるとよくわかる。内部では火の通ってる部分とそうでない部分が二層になっている。芯残りしたコーヒーを抽出すると、いがらっぽい重い味のコーヒーになる。

　前置きが長くなってしまったが、コーヒー生豆を仕入れるのなら、形、厚さ、サイズ、色、センターカットの伸び具合などがすべて均一に揃ったものがいい。平たくいえばバラツキのない豆が理想というわけだが、残念ながらそういう豆にはめったにお目にかかれない。

　大きい豆と小さい豆、味はどっちがいいのかとよく聞かれるが、生産地でのサイズによる評価では大粒のほうが高級、と答えることにしている。もっともスクリーンサイズ（豆のサイズ）はあくまで見かけ上の分類であり、味とは何ら関係がないという言い方もされている。現にコーヒー先進国である北欧諸国などは、ブラジルなどから最上級品を買い付けるが、主要な豆のスクリーンサイズは13〜16という小粒の豆が一般的だ。価格の高い大粒

肉の厚い豆（右）と薄い豆

水分の多い豆（右）と少ない豆

欠点豆だけを集めたもの。これで抽出したコーヒーを飲めば、味全体に与えるダメージの強さがよくわかる

の豆を避け、比較的廉価な小粒豆を買う。名より実を取るという考え方なのかも知れない。

しかし厳密にいえば、大粒の豆のほうが豊かな味を有しているように思える。実際に同じ樹から採れた大小の豆を煎り分けて幾度となくテイスティングしてみたが、明らかに味わいに差のあることが判った。大きく順調に生育した豆は、やはり奥行きのある豊かな味に育っている。

大粒の豆といえばマラゴジッペ（スクリーン19以上の大粒豆。エレファントビーンと呼ばれることもある）のように、通常の豆の優に2倍はあろうかという大型豆が時に混入することがあるが、煎りムラの原因にもなるので、あらかじめハンドピックしておいたほうがいいだろう。ただし欠点豆ではないので、大粒豆だけを集めておき、別途焙煎したらいい。

焙煎においては、豆の大小による味わいの優劣よりサイズが揃っているか否か、のほうがむしろ重要視される。小さくても小さいなりに粒が揃い、大きな豆は大きいなりに粒が揃っていればいい。大中小と粒にバラツキがあるのが一番いけない。サイズのバラツキは必ず煎りムラを招いてしまうからだ。

同様のことは色についてもいえる。生豆の色は青みがかったものや褐色のものなどさまざまだが、豆の色は水分含有量の表れでもあるから、色もまた一定に揃っていたほうが煎りやすい。一般に、《緑、青系の色が強いほど水分が多く、褐色から白に近いほど水分が少ない》という傾向がある。

次に豆の形状だが、厚みがありふっくらとした豆を選ぶといいだろう。大きくても肉の薄い豆は味も薄っぺらになりがちで、味の豊かさや深み、広がりといったものは高地産の肉厚のものにはかなわない。ケニアやコロンビア、タンザニアといったアラビカ種の水洗式コーヒー豆は、ニューヨーク市場では「コロンビア・マイルド」という上級品タイプに分類されている。肉厚で含水率も高いため芯まで火を通すのは容易ではないが、適正な焙煎度に煎り上げれば豊かな味わいをもたらしてくれる。

ついでにいうとセンターカット（コーヒー豆の中央をタテに走る溝のこと）がすっきりときれいに入っている豆には良質なものが多い。また表面を覆っているシルバースキンは、文字どおり銀色をしたものがいい。茶褐色に変色している場合は、よく管理された自然乾燥式の豆を除けば、概ね良質なものは少ない。

■ハンドピックとは何か

ハンドピックとはおいしいコーヒーをつくる上で不都合な異物や豆を手で取り除くことだ。コーヒー以外の異物には石、木屑、金属片、土粒、木の実などがあり、時にはコインやガラス片が混じることもある。

さて所変わって手打ちそばの店は多く自家製粉を看板に掲げているが、コーヒー同様、玄そばにも泥や小石、砂利や埃といった夾雑物が混じっている。で、石臼にかける前にゴミ飛ばしや石抜きといった一連の選別作業をおこない夾雑物を除去するわけだが、専用の機械を使っても完璧には選別しきれず、最後は手で選り分けることになる。つまりはハンドピックというわけである。

●ハンドピックの話

私が雑誌や講演、セミナーなどで「欠点豆や異物はできるだけハンドピックしましょう」と盛んに唱えていた頃、人づてに「あの男がハンドピックの必要性を口やかましく唱えてるのは、低級の安物コーヒーを使ってるからに違いない。それなら最初から欠点豆のない上等な豆を買ったらいいんだ」という非難とも中傷ともとれる話を耳にしたことがある。

これを聞いて思わず吹き出してしまったものだが、世間の中には、こんなふうに受け取る人間もいるのかと、あらためて意思伝達のむずかしさを痛感した。たしかに私はハンドピックの必要性を再三唱えている。カフェ・バッハは月間2tの豆を消費するが、お客さまが飲むコーヒー1杯に使われる量はたったの10g。2tの中の数グラムの欠点豆なら味への影響はほとんどないだろうが、10gの中の1粒なら影響は甚大だ。なにしろ発酵豆などは1粒で50gの豆を台なしにするといわれている。

私の店のコーヒーを低級品というのなら、2000年の沖縄サミットの晩餐会で各国首脳に好評を博したコーヒー（バッハブレンド）が実は低級品でした、ということになる。私はそこまで強心臓ではない。

ハンドピック前の生豆

コーヒーもそばも、小石やガラス片といった異物を除去しておかないと、ついには焙煎機や石臼を傷つけることになってしまう。いやそれ以上にクレームの元にもなるし、砂を噛むようなそばなど食べたくないということでもある。もちろんコーヒーの産地などでは比重選別機（風力で粒の大きさや重量別に分ける）や電子選別機（色によって欠点豆を排除する）を使って異物や欠点豆などの混入を防いでいるが、防ぎきれなかったものは当然ながら人の手で除去しなくてはならない。

特にヴェルジと呼ばれる未成熟豆は機械選別ではなかなか取り除くことができず、どうしてもハンドピックにたよらざるを得ない。そしてあいにくなことに、この未成熟豆がコーヒーの味に一番悪い影響を与えるのである。欠点豆には他に、死豆、虫食い豆、黒豆、カビ豆、貝殻豆、発酵豆、割れ豆、パーチメント、コッコなどがある。

ハンドピックは生豆で1回、焙煎後にもう1回と、焙煎の前後に1回ずつおこなうといい。欠点豆の含有率は意外と高く、優良な豆であれば数パーセントですむこともあるが、通常で20％前後、精製度の低いモカなどは40％を超えることもある。つまり焙煎時の目減り分（通常20％）を計算に入れれば、歩留まりは6〜7割がせいぜいということになる。100kgの生豆を仕入れても、ロスが30〜40kgも出るとしたら大変なムダである。ロス退治をするのであれば、できるだけ精製度の高い上級品を買うことだろう。ロスを恐れるあまり欠点豆の除去を怠れば、コーヒーの味に決定的なダメージを与えてしまう。

そもそも赤く熟した実だけを手で摘み採れば、欠点豆の混入率はだいぶ低くなるはずなのだが、実際には青い未熟な豆もいっしょに摘み採ってしまう。ひどいところでは作業効率を優先させるため、成熟度が均一でなくても枝をしごいて無理やり収穫してしまう。また、水洗式のコーヒーであれば、製品化されるまでに何度も水洗いされるため、石やガラス片などの混入は比較的避けられるが、非水洗式の天日乾燥の場合は、どうしてもコーヒー以外の異物が混じってしまう。

欠点豆が多く混じったコーヒーを焙煎すると、まだら模様のコーヒーが煎り上がる。正常の豆と比べ、欠点豆は異常に炭化スピードが速かったり、逆に白っぽいままで残ったりする。スーパーやお茶屋の店頭などで売られている安売りコーヒーパックを開けてみると、その多くにまだらの入った煎りムラを発見することができるが、それらブチのコーヒー豆はほとんどハンドピック抜きで混合焙煎されたものと見ていいだろう。

ハンドピックの必要性を理解する近道は、欠点豆だけで焙煎したコーヒーを飲んでみることだ。おそらく舌はしびれ、そのしびれは数時間も続くだろう。おいしいコーヒーをつくるためには、絶対に必要な工程でありながら、ハンドピックは地味で単調で、ややもすると儲けを減らす無意味な行為のごとくみなされ、つい等閑視されがちなのは残念なことだ。しかし欠点豆から生じるわるい味は、いかな焙煎技術をもってしても隠せない、というのもまた確かなことで、正しい焙煎をするためには必ずクリアしておくべき最重点作業ということができるだろう。

それではどんな欠点豆があるのか、具体的に見てみよう。

■欠点豆の種類（35頁写真参照）

▲カビ臭豆

不完全な乾燥、あるいは輸送中や保管中に湿気を帯びると青カビや白カビが発生し、場合によっては豆と豆がくっついてしまうことがある。除去しないとてきめんにカビ臭が出る。

▲発酵豆

大きく2つのタイプがある。ひとつは水洗式の発酵槽に長く浸けっぱなしにしておいたり、水洗水が汚れていたりした場合（A）。もうひとつは倉庫内に山積みにしておいた場合（B）で、菌が付着しまだら模様になってしまう。外見上は見つけにくく、ハンドピックには細心の注意が必要。これが混じると腐ったような異臭を放つ。

▲死豆

正常に結実しなかった豆。煎っても色づきが遅いため見分けやすい。風味そのものが希薄で、微粉やシルバースキンと同様、害のみあって益はなし。異臭の元になる。

▲ヴェルジ（未成熟豆）

成熟する前に摘み採られた未成熟な豆。生臭く、嘔吐をもよおしそうなイヤな味をもたらす。よく豆をエイジング（何年か寝かせて枯らすこと）するというが、実はこのヴェルジ対策ともいわれている。

▲貝殻豆

乾燥不良や異常交配で発生する。センターカットから豆が割れてしまったものを指す。割れた豆の内側がえぐれて貝殻のように見えるのでこう呼ばれる。煎りムラの原因になり、深煎りすると着火の危険性さえ出てくる。

▲虫食い豆

ブロッカーという蛾の幼虫が入り込んだもの。ブロッカーはコ

わるい生豆
1　異常交配
2　エレファントビーン
3　ピーベリー
4　未成熟豆
このような豆が見つかったら、ハネておいたほうがいい。ピーベリーやエレファントビーンなどは単一で煎るぶんにはさほど問題はないが、これらが同じ釜で煎られると煎りムラが起きてしまう。

ーヒーの実が赤く熟す頃に実に穴をあけて侵入、卵を産みつける。幼虫は果実を食べて成長し、豆の表面に黒々とした虫食い状のシミを残す。コーヒー液の濁りの原因になり、異臭を出す場合もある。

▲黒豆（ブラックビーン）

早く成熟し地表に落ちてしまった豆が、長期にわたって土と接触していると、やがて発酵し、黒ずんでくる。ハンドピックはしやすいが、見逃すとコーヒー液全体に腐敗臭がおよび、濁りの原因になることもある。

▲コッコ

自然乾燥で果肉が残ってしまったり、脱穀不足が原因でこうなる。ヨード臭、土臭、リオ臭などが入り混じり、アンモニアのような異臭を放つ。コッコとはポルトガル語で糞のこと。

▲パーチメント

コーヒー豆の果肉を内側から覆う内果皮のこと。水洗式の豆にこれが残るケースが多い。焙煎すると火の通りがわるく、時には皮の部分に着火して燃え上がることもある。えぐみや渋味の原因にもなる。

他にも割れ豆やレッドスキン（天日乾燥中に雨をかぶった豆。味がフラットになる）、発育不良豆（栄養分が回らず小さなサイズで成長が止まった豆。味が重くなる）などがあり、コーヒー豆以外のトウモロコシやコショウの粒などが混じっていたりすることもある。

▲石

収穫した豆を天日で乾燥させる精製法だと石粒や木屑などが混じる場合がある。

■ハンドピックの正しい手順

ハンドピックをする前に、豆のサイズを均一化するため、生豆をまずふるいにかける。バッハコーヒーでは3種類のサイズの異なるふるい（スクリーン）を特注した。一般的には園芸店で売っている金網製のふるいで十分だが、いくつかのメッシュサイズがあるので注意を要する。ふるいの目的はサイズによる選別とゴミの除去である。

次はハンドピックだが、作業効率を高めるための道具がいくつか必要となる。必ず用意してほしいのはハンドピック用のトレイだ。バッハコーヒーでは園芸店で買い求めた盆栽用の鉢トレイを使っている。生豆用には艶《つや》消しの黒色のもの、煎り豆用には艶消しの茶色いコットン紙を貼ったもの、というように2種類用意している。大量にハンドピックする場合、こうしたトレイを使ったほうが眼に優しく疲れないのである。

実際の手順だが、

1　生豆をトレイに一定量取る。

量は適量が肝心。多すぎると雑になるし、少なすぎると取りすぎてしまう。生豆をトレイにまんべんなく広げたら、両手の人差し指と中指を使い、トレイ上の生豆を5つのブロックに分けて均等割りする。こうして小ブロックに分けておくと取りこぼしが少なくなり、集中力も持続する。

欠点豆の種類

石

パーチメント

発酵豆B

発酵豆A

カビ臭豆

貝殻豆

ヴェルジ（未成熟豆）

死豆

コッコ

黒豆（ブラックビーン）

虫食い豆

2　ザッときれいになるまで欠点豆を取る。
3　一点ばかりを見ずに、とにかく取ってみる。まず色や形で見る。初めから1粒1粒の違いにとらわれないこと。目は右のブロックから左のブロックへしなやかに移動させる。
4　何回か同じように繰り返す。
5　選別する量の平均値を知る。
1トレイに対して5～6コの欠点豆を取ったとしたら、それを大まかな平均値とみなして次のレベルに進む。

＊　＊

欠点豆を取り除く順序は、【色→ツヤ→形】の順で見ていくといい。

1　色の違うもの
どこまで取るのかという色の基準を見きわめる。そして同じ色に揃える。

2　ツヤの違うもの
死豆やヴェルジ（未成熟豆）などを取り除く。ここではツヤの基準を見きわめる。

3　形の違うもの
貝殻豆など比較的味に影響を与えないものが多いので、一番最後でいい。

1～3のハンドピックに習熟してくると、だんだん総合的に判断できるようになる。こうなると処理スピードがアップし、長時間やっていても疲れなくなる。大事なのは必ず両手でハンドピックをすることだ。利き手は瞬発性はあるが疲れやすいため、長時

ハンドピックの正しい手順

作業効率を高めるための道具

1　一定量の豆をすくい取るためのスクープ
2　時間を計るストップウォッチ
3　各種のハンドピック記録カード
4　黒トレイ
5　手元を照らすスポットライト
6　除去した欠点豆を入れる容器

①トレイに均等に豆を広げ、まずはジッと見る

②いったん中央部に集める。バッハでは「天地替え」と呼ぶ

③トレイを左右に振って平らに均す

間おこなう際には負荷を分散させる意味でも必ず両手を使ったほうがいい。

最初は粗取りでいい。色の違いが目立つブラックビーンなどから先に取り、次にツヤのない死豆や発酵豆、ヴェルジなどを集中的にひろい出す。そして最後に形の異なる貝殻豆や虫食い豆などを取り除く。

見分けにくいのは発酵豆とヴェルジだ。ちょっと目には、いくぶん黄色がかっているだけであったり小ぶりに見えたりするだけで、これを取り除くべきなのかどうか迷ってしまう。が、迷ったときはためらわずに取り除くことだ。大事なのは、とりあえずは完璧なハンドピックをおこなったコーヒーをつくることだからだ。

ハンドピックを済ませたら、次は舌による最終的な確認の作業に入る。順番としてはテストローストし、カップテストをおこなう。その際、取り除いた欠点豆を種類別にローストし、カップテストしておくことも大切だ。発酵豆などは1粒混じっただけで50gの豆を台無しにするといわれている。嘘か本当か、実際にカップテストして確認しておくといい。

ハンドピックはスピーディにおこなう必要がある。趣味でやるのならいいが、営業の場合は、そのことだけに人力を集中させられないからだ。それに必要以上に時間を費やするとカップテストなどがめんどうになり、ついには手を抜いたりやめてしまうことになりかねない。だいたいの目安としては、生豆であれば1時間に20kgの処理をめざすのがいいだろう。

煎り豆のハンドピック

トレイ上に一定量の豆を広げる

両手の指を使って5つのブロックに分ける

こういう煎り豆があったらハネるべし。
1 肌焦げ豆、2 エレファントビーン、3 ピーベリー、4 貝殻豆

④両手の人差し指と中指を使い、このようにトレイ上の豆を5つのブロックに均等割りする。こうすることで集中力が持続し、取りこぼしが少なくなる

⑤ハンドピックは必ず両手を使っておこなう

1-8 ニュークロップとオールドクロップ

日本にはコーヒー生豆を何年も寝かせ、枯れ豆を煎って珍重するという流儀がある。名づけてオールドコーヒー。ニュークロップとの違いは何か、なぜ日本だけにオールドクロップをありがたがる風潮が生まれたのか。

■ニュークロップ、オールドクロップとは

お米に新米と古米、古々米があるようにコーヒーにも新コーヒー、古コーヒー、古々コーヒーがある。新コーヒーはニュークロップ（New crop）と呼ばれ、当年度産のコーヒー生豆のことを指す。対する前年度産の生豆はパーストクロップ（Past crop）、それ以前に収穫されたものはオールドクロップ（Old crop）と呼ばれている。

日本にはワインのヴィンテージ物のように何年か定温倉庫で寝かせた豆を焙き、オールドコーヒーと銘打つ店もあるが、コーヒー先進国である欧米では、「ニュークロップ・オンリー」、すなわち当年物だけでつくったコーヒーが今も昔も高級品とされている。新豆のほうが味、香りともに各段に優れているという理由からだ。

ボジョレー・ヌーボーのような早熟型のワインを除けば、一般にワインはビンで寝かせておくと次第に熟成し、味や性質を変えていく。特に複雑な構成要素を溶かし込んでいる良質ワインほどその傾向が強く、ボルドーのムートン・ロートシルト（赤）などは10～20年寝かせて初めて絶品といわれる味に上りつめるといわれている。5～6年寝かせた程度ではまだ渋さが抜けず、味も荒っぽいとされている。

しかし古いワインをありがたがる風潮は、たかだかこの１００年の間に生まれた新風に過ぎず、ワインは本来、フレッシュ＆フルーティの状態で飲むのが原則だった。つまり新米や新そば同様、毎年、人々は新酒ができるシーズンを心待ちにしてきたのである。

さてビンの中に酵母が生きているワインであれば熟成もしようが、脱穀した後のコーヒー生豆ではいくら寝かせても決して熟成することはない。そもそも種子の中の胚が取り除かれてしまっているので、土に植えても発芽せず、寝かせても熟成はしない。通常、コーヒー生産地ではコーヒーは内果皮の付いたパーチメントの状態で保管され、脱穀してか

オールドクロップ（左）とニュークロップ（右）

ら後に輸出される。ドライチェリーやパーチメントコーヒーの状態であれば、多少〝鮮度〟は保たれるが、それ以上のものはなく、やがては鮮度低下も免れなくなる。

■ニュークロップとオールドクロップの違い

ニュークロップのコーヒーとオールドクロップのコーヒーは見た目も違っている。ニュークロップは含水量（12～13％）が多く、濃い緑色をしているが、パーストクロップ（同10～11％）やオールドクロップ（同9～10％）は時間の経過とともに水分が抜け、色が薄くなってくる。手にとってみても、重さや質感が軽くなり、新豆の表面を覆っていたあのつややかな光沢と感触が失われている。ただしこれは同じコーヒー豆を比較した場合のことで、産地や収穫年の違い、精製法の違いによっても、当然ながら含水量や色合いは違ってくる。

ニュークロップとオールドクロップを焙煎の難易度で比較すると、前者のほうがはるかに難しい。その差はつまるところ含水量の差にあり、水分量が多ければ火の通りが悪くなる道理で、場合によっては煎りムラや芯残りを招いてしまう。そのため水分の多い新豆は、まず焙煎の初期段階で水分抜きをほどこすのである。新豆といっても含水率は一様ではなく乾燥ムラがあるのがふつうで、水分抜きはいわばコーヒー豆の乾燥度合を一律にし、足並みを揃える作業ということができる。

一方、オールドクロップの場合は、ほどよく乾燥し、水分量のバラツキも解消されるため、焙煎時にむずかしいとされる問題点はほとんどクリアされてしまう。また生豆に含まれている味の構成要素（酸味や渋味など）も寝かせることによって整理されるため、やや平板な味にはなるものの味覚的には安定する。

日本でオールドコーヒーが珍重されるようになった理由には諸説あるが、もともとは未成熟豆に対する対症的な処置に始まったのではないか、と想像される。というのは、以前、メキシコとグアテマラの国境付近にあるコーヒー農園を訪れた際、農園主から食事に招かれたことがあった。その時、農園主一家が自家消費するためのコーヒー生豆が、倉庫の片隅に積んであるのを偶然眼にしたのである。

中南米諸国にはよくある話だが、コーヒー生産国の人間が必ずしもコーヒー通であるとは限らない。コーヒー豆は大事な換金作物で、高級品はすべて輸出に回される。自国消費分はおおむね輸出規格に外れたクズ豆ばかりで、私を招いてくれた農園主一家も、主に未成熟なコーヒー豆を自家消費用に使っていた。

未成熟豆をそのまま焙煎しても、渋くて飲めたものではない。だから「半年から1年ほど寝かせておくんだ」と農園主は言っていた。寝かせれば、未熟ゆえの渋味やえぐみがほどよく抜け、飲みやすくなる。おまけに水分も抜けるから煎りやすくなる。寝かせる効用は恐らくそんなところにあるのだろう。新米をわざわざ古米にして食べる人間はいない。コーヒーも鮮度の高いもののほうが健康的であることは確かだろう。

●コーヒー豆の保存の話

長い間、私の目標だったドイツのコーヒーも近頃はすっかり様変わりして、豆売りもとうとう粉売りに変わってしまった。こまめに当用買いしていれば新鮮なままのコーヒー粉が手に入り、そのほうが便利でいいという理屈だろうが、便利さと引き替えに鮮度と香りを失ってしまったように思える。私は粉売りが主流なのを見て本当にガッカリした。何度もいうが、粉と豆とでは品質の劣化スピードが格段に違うのである。

この差は両者の表面積の差に起因している。コーヒー豆は粉にすると表面積が数百倍に広がる。表面積が大きくなればなるほど、空気との接触面が増え、それだけ酸化が進んでしまうのだ。煎り豆の鮮度保持は常温であれば2週間が限度。長期保存するなら冷蔵か冷凍がいい。小分けにして冷凍すれば数か月は十分に保つ。一方、生豆の保存は厚手の紙袋か密閉性の高い缶に詰め、直射日光を避け、風通しのよい場所に保管する。高温多湿さえ避けられれば、夏季でも常温保存が望ましい。

第2章 システム珈琲学

上からタンザニア、コロンビア、キューバ、パナマ。
1＝ライト、2＝シナモン、3＝ミディアム、4＝ハイ、5＝シティ、6＝フルシティ、7＝フレンチ、8＝イタリアン。
それぞれ右にいくほど煎りは深くなる。

焙煎から抽出まで、コーヒーを作る流れをひとつのシステムとしてとらえ、プロセス上に存在する複数の条件によってさまざまな味が創り出されるメカニズムを解明した。このシステムさえ学べば、焙煎も抽出も決してむずかしいものではない。

2-1 システム珈琲学とは

コーヒーは深く煎れば苦くなり、浅く煎れば酸っぱくなる――焙煎から抽出までの各工程には、こうした小法則がいっぱいある。これら小法則を統合し大法則にしたものがシステム珈琲学だ。

■はじめに

毎日、コーヒーを焙煎し、粉砕し、抽出するという作業を繰り返していたら、それぞれの過程にいろいろな「法則」が存在するということがわかってきた。たとえば、

《コーヒーは深く煎れば苦くなり、浅く煎れば酸っぱくなる》

といったことや、

《高温で抽出すると苦味が強まり、低温で抽出すると酸味が強まる》

といったことどもである。

こうした小さな法則を拾い集め、一つ一つ有機的につなげていけば、生豆から抽出に至るまでのコーヒーづくりのメカニズムが遠望できるのではないか。そして小さな法則が総合され、共通項で括られれば、やがて大きな法則となって目の前に立ち現れてくるのではないか。私は、いつしかそんな思いを抱くようになった。いわば帰納法的な推理によって、いままでバラバラに認識されていた事実をつなぎ合わせ、そこに横たわる因果関係を、一般的法則によって導き出そうとしたのである。

法則さえつかめれば、それぞれのコーヒーにふさわしい焙煎をほどこせるだけでなく、最終的にカップに抽出された液体を、自分のイメージどおりの味に近づけることができる。でも、コーヒーは毎年作柄が異なる農産物。法則を見つけ出すにしても、あまりに例外や変数が多すぎる。はたして確たる法則と呼べるようなものが存在するのだろうか……。

以下に述べる「システムコーヒー学」は、鬼面人を嚇《おど》すような異説珍説の類ではないし、もちろん思いつきをこねくり回したような妄説の類でもない。コーヒーの焙煎や抽出の現場に長く携わっている人間なら、だれでも気づいていた事実にある種の因果関係を見いだし、一つの法則として目の前に広げて見せたにすぎない。しかしこれとてもコロンブスの卵で、試論としてあえて提唱することに意義があるのだ、と私は秘かに自負している。

本書の論考はすべてこの「システムコーヒー学」という基本的な考え方をベースに構成されている。その意味では過去に類を見ない試みといえるが、試論ゆえの多少の論理のほころびはご容赦ねがいたい。以下に推論に至るまでの過程をたどってみた。

■いつもの味を再現するには……

自家焙煎のコーヒー店を経営していて、いちばん気がかりなのは次の2点である。

1　味の再現ができるか
2　技術の共有と伝達ができるか

1はどんな商売にも共通するもので、これが欠けると客の信頼を失い、安定した経営ができなくなる。

「あの店のラーメンは評判どおり。何といってもスープがいい。でも、大将が寝込んじまうと、途端に味が変わってしまうんだ」

というのでは、店の看板に傷がつくどころか、そもそも商売が成り立たない。技術をもった特定の人物が欠けると、いつもの味が作れない。名人上手のいる店にありがちな話で、スタッフ間に2の技術の共有ができていないため、すべてが名人の大将だのみで、大将がいなくなると途端に同じ味の商品がつくれない、とい

う事態に陥る。

コーヒーの焙煎は確かに一筋縄ではいかない。コーヒーは農産物で、毎年作柄が違うだけでなく、品種や産地、標高、精製法、焙煎度などによっても味が違ってくる。また同じアラビカ種でもティピカ種とカトゥーラ種では明らかに味が異なる。見た目は同じような生豆に見えても中身はまったく別物で、煎ってみなければわからない、というのが紛れもないコーヒーの世界なのである。

だからといって、「最後は職人のカンだ」といったある種の名人芸的な神秘主義に陥ってしまうと、後進への技の伝達が十分に図れず、短期の人材育成もかなわなくなってしまう。

それともう一つは、焙煎には「ムリ・ムラ・ムダ」があってはならない、ということだ。ムリのある焙煎をしていると、焙煎そのものがつらくなり、ついには投げ出したくなってしまう。そうならないように、だれにでもわかりやすい焙煎手法のスタンダードを作る、というのが私の積年の夢であった。

世の中にはいろいろな人がいる。ある日こんな相談が持ち込まれた。コロンビアを浅煎りにして出したいのだが、どうしたらいいかという相談だった。それも「酸味を抑えて」という条件で。

コロンビアを浅く煎るだけならそうむずかしいことではない。が、酸味を出さずに煎るとなるとアクロバット的な技術が要る。なぜなら、コーヒー豆は浅く煎ると酸味が強くなる、という法則（第3章参照）があり、酸味の強いコロンビアを浅煎りにすれば、相乗的に酸味が増してしまうからだ。このような自然の法則に逆らう焙煎を「ムリのある焙煎」という。

焙煎は確かにむずかしい。だが知識や技術が共有できれば、いつ、だれが、どこでやっても同じ味を作ることができる。《生豆三年、焙き八年……》といった類の、焙煎修業のきびしさをことさら標榜するような風潮に対して、私はかねがね苦々しく思っていた。自家焙煎など、世間がいうほどご大層なものではないし、名人芸など百害あって一利なし。これが私の持論である。

複雑に絡み合った糸も、ある「法則」さえ見つかればウソのようにハラリとほぐれ、1本のすっきりした糸になる。そして焙煎から抽出まで、その1本の糸で体系的につながってくれるはず。私はまるで秘密のパスワードを見つけ出すみたいに、まだ見ぬ「法則」探しに熱中し出したのである。

2-2 4タイプの特徴と味の傾向

色や形、堅さなどの似た生豆同士を同じタイプのコーヒーとしてくくり、A〜Dの4つのグループに色分けしてみた。それぞれのグループ（タイプ）には明らかな差異があり、それにふさわしい焙煎法と焙煎度があった。

■コーヒーを4つのタイプに分けてみる

コーヒーを焙煎している者ならだれでも、「ある種のコーヒーのグループには、共通した性格がある」ということに気づいているはずだ。

たとえば私が「カリブ海系のコーヒー」と呼んでいるグループがある。キューバやハイチ、ジャマイカ、ドミニカといった豆がそれで、カリブ海に浮かぶ島々の比較的低地で採れるコーヒーである。これらの豆は薄い緑白色をしており、比較的大粒でやわらかい。煎ってみると豆の膨らみ具合もよく、色づきもなだらかにスムーズについていく。やわらかいからよくハゼるのが特徴で、堅い豆の表面に出てきがちな黒いシワがほとんど見られない。焙煎過程が観察しやすいので、初心者の練習用にはもってこいのグループといえる。

対極にあるのがコロンビアやケニア、タンザニアといった、いわゆるコロンビア・マイルドコーヒーと称されるグループだ。色は濃い緑色で、大粒なうえに肉が厚い。豆も堅いため、当然ながら火の通りがわるく煎りにくい。中煎り程度の焙煎度ではのびもわるく、豆の表面が黒いシワに覆われる。これがこのグループの特徴である。初心者が煎るにはちょっとばかり手強い。

このようにして、似たような性格の豆を大まかにグルーピングしていったら10系統ほどのグループができあがった。

ところで、それぞれのコーヒー豆の性格を知る一番の近道は何だろう。私は生豆からフルローストまでのコーヒーを15段階程度サンプリングし、そのうちロースト8段階（ライト〜イタリアンまで）ごとの味の変化をカップテストするのが最短の道だと考えている。これが「基本焙煎」である。

見方によっては手間のかかるめんどうな作業に思えるだろうが、繰り返しこの作業に慣れておくと、焙煎過程の全体の流れをつかめるだけでなく、焙煎度による味の変化も容易に判別できるようになる。ついでにデータを焙煎記録カード（104頁参照）に逐次書き込んでいけば、同じような変化の過程をたどる生豆を簡単に見つけ出せる。それら似たもの同士を同じ系統の豆としてグルーピングしていくのである。そして、こうした作業を繰り返すうちに、グルーピングするうえできわめて便利で正確な「物差し」が見つかった。以下の4つがそれである。

1 生豆の色
2 焙煎時の黒ジワの出具合
3 焙煎時の豆のふくらみ具合
4 焙煎時の色の変わり具合

以上、1〜4の物差しを用い、あらためて同系の豆たちをグルーピングしてみると、10系統ほどのグループがさらに集散分合をかさね、ついに4つのグループに分けられた。それがA〜Dのグループ（タイプ）である。

グルーピングする際にまず念頭から外したのはコーヒーの産地名や銘柄名だった。第3章の初めにもふれてあるが、コーヒーの味を決定するのは産地銘柄などより焙煎度の違いによるところが大きい。産地銘柄の影響度など二義的、三義的なものでしかないのである。そのため余計な先入見にしばられないように、産地銘柄はひとまず念頭から〝消去〟した。

1は生豆の色による大まかな分類である。コーヒーの生豆はニュークロップと呼ばれる当年物の場合、含水量が多いため濃い緑色をしている。これが半年以上経つと水分が抜け、だんだん白っぽい色に変わってくる。もちろんこれは同じコーヒー豆を比較した場合のことで、産地や収穫年、精製法の違いによっても含水量や豆の色は違ってくる。

一般的に生豆の色は時間経過とともに「濃緑色→白色」という経時変化をとげる、と覚えておくといい。水分が抜けた分だけ色も抜け落ちる、といったかっこうだろう。たとえば比較的やわらかい豆とされるパナマは、1年経つとすっかり水分が抜け、濃緑色から白色に変わる。メキシコやガヨ・マウンテン（インドネシア産）などはもっと過激で、月ごとに色が変わり、1年経つと白色よりもさらに先の黄色に変わってしまう。一方、グアテマラやコロンビアといった含水量の多い堅い豆は、色の変化が小さく、せいぜい濃緑色から緑色に変わる程度である。水分の抜け具合は豆によって相当差がある。

以上のようなことを念頭に、仕入れた豆（収穫されてから少なくとも3か月以上経過しているのがふつうだが、一応、当年物としておく）の色の違いを総合的に判断し、便宜上、4つのタイプに振り分けた。以下がその4タイプである。

●Aタイプ……白色のグループ
●Bタイプ……青色のグループ
●Cタイプ……緑色のグループ
●Dタイプ……濃緑色のグループ

ここでは便宜上、青や緑に截然《せつぜん》と分けたが、Bタイプの豆が揃ってみずみずしい青色をしているわけではない。山に盛って遠目に見ると、全体にやや青みがかっている、といった程度である。

すでにお察しのとおり、見た目の色は豆の含水量と大きく関わっている。Aタイプの豆は比較的含水量が少なく、Dタイプの豆は含水量が多い。つまりAからDに近づくほど含水量は多くなっていく。ちなみにAタイプのパナマSHBを水分計で計ったところ9・8％で、DタイプのタンザニアAAは11・5％であった。タンザニアのニュークロップはふつう12〜13％の含水量がある。水分が抜けているのは、収穫してから日本の港に入荷するまで半年以上かかってしまうためであろう。それでも色の変化は少なく、文字どおり濃い緑色をしている。

当然のことながら1の物差しだけでは完全な振り分けなどできっこない。どのグループにも入りきれない豆が必ず出てくるからだ。そこで登場するのが2〜4の物差しだ。これらは焙煎中に豆の色や形がどう変化するかを見るもので、主に豆が堅いかやわらかいかを判断する。やわらかい豆は煎りやすく、堅い豆は煎りにくい。それらを厳密にチェックするポイントが以下の4つだ（103頁の写真参照）。

（1）投入した生豆がゆるみきったところ
（2）1ハゼの手前（ライト）
（3）1ハゼの終わり（ミディアム→ハイ）

図3　4タイプの特徴

表8　Aタイプの焙煎度と味の傾向

◎…よく合う　○…合う　△…まあまあ　×…合わない

●Aタイプの特徴

含水量が少ない。全体に白っぽい色をしている。豆の表面に凹凸がなく、ツルっとしている。概ね低地〜中高地産のものが多く、酸味は少ない。火の通りがよく、十分に膨らんでくれるため、見面はよい。香りのアピール度が高く、浅煎り〜中煎りにかけて芳醇な香りを放つ。入門コーヒーとして最適。

焙煎度	適・不適	味の傾向
浅煎り	◎	浅煎りにしても香りにいわゆる“青臭さ”が出ない。コーヒーらしい香りは、通常、中煎り前後に出てくるものだが、浅煎り段階ですでに豊かなアロマ（芳香）を感じさせる。酸味の出方にも抑制が利いていて、バランスのいい味に仕上がる。
中煎り	○	いくぶん苦味が出てくる。というより苦味と酸味のバランスがやや苦味寄りに傾く、ということか。豆はよく膨らんでくれるので、見面はとてもよい。
中深煎り	△	この焙煎度あたりから味がやや平坦になってくる。香りも少なくなり、いくぶんスモークフレーバー（焦げ臭）が出てくる。
深煎り	×	平坦な味から、さらに進行してスカスカになってくる。濃度や粘度といったものが感じられなくなり、文字どおり味がなくなってしまう。逆にスモークフレーバーはどんどん強くなってくる。

（4）2ハゼの入口（シティ→フルシティ）

（1）は生豆を釜に投入してから6〜7分ほど経ったところで、火力は弱火で、ダンパーはいくぶん閉めぎみになっている。いわゆる〝蒸らし〟の時間帯である。蒸らしによって豆の水分が抜け、全体に白っぽくなってくる。この時点で、たとえばAタイプとDタイプを比較すると、Aは豆の内側にあるセンターカットが大きく開き、シルバースキンがはずれ、色もより白っぽくなってくるが、含水量の多いDはいくぶん茶色を帯びるが、それでもまだ緑色が色濃く残り、センターカットは容易に開かない。センターカットが開くか否かで水分の抜け具合がわかるため、この時点で水分量の多寡、豆の硬軟がちょっとばかり確認できる。

（2）はあと数秒で1ハゼが起きるという手前のところだ。一般にコーヒーは1ハゼの手前（水分が抜けたところ）で若干縮み、1ハゼで初めてふくらむ。そして2ハゼの手前でシワがのび、さらに大きくなる。が、この一般論はAにはそっくり当てはまるが、CやDには当てはまらず、シワもなかなかのびてくれない。この時点のAは色が白から茶色になり、水分がどんどん抜けていく。そのため豆が縮み、黒くて細いシワがいっぱい出てくる。Dにも同様のシワが出てきて、色がだんだん黒っぽくなってくる。

（3）は1ハゼが終わった時点。Aはシワや凹凸が少なく、CやDと比べると明るい色合いにあがっている。一方、Dは同じ焙煎度で比べると、黒ジワのために全体に色が黒みがかって見え、場合によっては、焙煎が実際以上に進行していると勘違いしてしまうことがある。

（4）になるとAはシワがのび、十分に膨らんで表面がつるりと

表9　Bタイプの焙煎度と味の傾向

◎…よく合う　○…合う　△…まあまあ　×…合わない

焙煎度	適・不適	味の傾向
浅煎り	○	Aタイプのコーヒーよりは味が濃い目に出てくる。香りもそこそこ豊かに出てくる。その代わり、酸味と渋味が出やすいので要注意。特に渋味が強く出てくる傾向がある。
中煎り	◎	味も香りも最大限豊かになる。豆も十分に膨らんでシワものび、見面はよくなる。酸味と苦味のバランスがとてもよい。
中深煎り	○	味わいがやや乏しくなってくる。それでもAタイプの中深煎りよりは、まだまだ味に豊かさがある。味の濃さや風味をコントロールしやすいので、ブレンドなどの味の調節役に使える。
深煎り	△	スモークフレーバーが強くなり、全体に味わい深さが乏しくなってくる。比較的クセのない淡泊な味の深煎りコーヒーになるため、深煎りへの入門コーヒーとして使える。(例＝バッハコーヒーでは、インディアAPAを深煎りにし、入門コーヒーとして位置づけている)。

●Bタイプの特徴

低地～中高地産。ちょっと枯れた感じで、表面にいくぶん凹凸がある。使い勝手がよく、浅煎りにも、中煎り～中深煎りにも使える。また、インディアAPAのようにあえて深煎りにし、飲みやすい入門編的なコーヒーにすることもある。火の通りはAタイプほどよくはないので、浅煎りにする場合は渋味が出やすいので要注意。

してくる。が、Dはまだシワが完全にのびきらず、表面にゴツゴツした凹凸が残っている。

以上4つのポイントをチェックし、含水量が多いか少ないか、豆が堅いかやわらかいか、などを総合的に見きわめる。色の変化がなだらかで、シワが十分にのびきるやわらかい豆はAかBタイプに、逆に含水量が多くシワがのびきらない肉厚の堅い豆はCかDタイプに、というふうに分類していく。

一般に含水量が多く、堅くて肉厚のコロッとした豆は酸味が多く、扁平なものは酸味が少ない。つまり、Aに近づくほど酸味が少なくなり、Dに近づくほど酸味が強くなる傾向がある。こうしてグルーピングしたのがA～Dのタイプ別分類（表8～11参照）だ。

このようにタイプ別に分類しておくと、いろいろ応用が利く。たとえば仕入れた生豆がいつもより見た目のグリーンが濃く、水分量が多いと感じたら、火力をいくぶん低めにし、1ハゼまでの蒸らし（水分抜き）を長くしてやろう、というふうに予測がつけられる。あるいは収穫したてのような濃緑色の豆が入荷したら、思い切ってダブル焙煎（第4章参照）をほどこし、少しばかり性《しょう》を抜いてやろう、といった補整案が思い浮かぶ。ふつうにシングル焙煎すると、味があまりに強く出過ぎてしまうからだ。

またあらかじめタイプ分けをしておくと、豆の代替が利くという利点もある。ブレンド用のパナマSHBが突然欠品になった場合、同じAグループの中のドミニカで急遽間に合わせる、といった芸当ができるからである。焙煎度さえピタリと合わせれば、同じような味と香りを出してくれる。ここでも《コーヒーの味は産

表10　Cタイプの焙煎度と味の傾向

◎…よく合う　○…合う　△…まあまあ　×…合わない

焙煎度	適・不適	味の傾向
浅煎り	△	かなりの渋味、青臭さが出てくる。豆の表面に黒ずんだシワが出て、そのシワがなくならず、全体に凹凸のある黒ずんだ豆になる。液体としてもやや黒ずんだ印象を受ける。焙煎のコントロールは難しい。
中煎り	○	やや味が濃い目に出てくる。香りもよくなってくる。酸味がやや強く出てくる。渋味はそれほど顔を出さないが、ひとたび焙煎コントロールに失敗すると出てきやすくなる。
中深煎り	◎	煎りやすくいちばん使いやすい焙煎度。それほど神経を使わずとも酸味と苦味のバランスがとれる。
深煎り	○	Bタイプの深煎りよりは味と香りが豊かに出る。コクも強く感じられる。Dタイプベースの深煎りブレンドに入れると、濃さや強さを抑制するというバランサー（調整役）の役割をはたす。

●Cタイプの特徴

中高地産のものが多い。肉厚の豆で、表面に凹凸は少ない。汎用性が高く、Bタイプと、Dタイプへの互換性がある。Cタイプはコーヒーの味と香りが最も豊かであるとされる「2ハゼの世界」、すなわち中深煎りの世界に対応している。欠点豆の味が比較的目立ちがちな焙煎レンジなので、仕入れと品質管理には要注意。

地銘柄よりも焙煎度によって決まる》という法則が生きている。

■A〜Dタイプの特徴

A〜Dまでのタイプの特徴は以下のようになる。

●Aタイプ

含水量は少ない。全体に白っぽい色をしていて、成熟度が非常に高い。豆の大きさは大中小とさまざまだが、扁平で肉薄というのが目立った特徴。豆の表面には比較的凹凸がなく、つるりとした感触をもつ。おおむね低地または中高地産のものが多く、酸味が少なく、香りも少ない。したがって、浅煎り〜中煎りに使っても極端に酸っぱくなるということはない。肉薄のため火の通りはよく、十分に膨らんでくれる。おかげで見面もよく、客へのアピール度は高い。成熟度が高く、熱の通りがよいため、煎りムラは起こりにくい。ただし深煎りにするとホップの利かないビールみたいに、気の抜けた平板な味になってしまう。浅煎り〜中煎りの段階で煎り止めるのが肝心だろう。

●Bタイプ

とても使い勝手がいい。というのはAやCの性格も少しばかり併せもっているので、浅煎り〜中煎り〜中深煎りと幅広く使える。見た目はちょっと枯れた感じがする豆で、表面にいくぶん凹凸がある。モカ・マタリのようにものによっては成熟度や含水量、豆の大きさなどにバラツキがあり、注意深く煎らないと煎りムラが起きるものもある。低地〜中高地産のものが多く、火の通りはAタイプほどよくはない。浅煎りにする場合は渋味が出やすいので要注意だ。バッハコーヒーでは主に中煎りに使っているタ

表11　Dタイプの焙煎度と味の傾向

◎…よく合う　○…合う　△…まあまあ　×…合わない

●Dタイプの特徴

高地産の大型、肉厚タイプの豆で、肉質は硬く、表面に凹凸がある。火の通りはわるく、強い酸味をもっている。中深煎り～深煎りに適し、スモークフレーバーを楽しめる人たち向き。深煎りにすると味わいがやや単調になるが、少しも水っぽくならず、ねっとりした濃厚な味を楽しめる。

焙煎度	適・不適	味の傾向
浅煎り	×	酸味が突出し、酸っぱい味のコーヒーになる。また青臭い香りがする。渋味も強く出てくるので、焙煎コントロールは非常に難しい。豆の表面は黒ジワに覆われ、容易に伸びてくれない。労多くして益の少ない非生産的な焙煎度という外ない。
中煎り	△	やや渋味が出てきて、味のコントロールがしにくい。浅煎りほどではないが、浅く煎った際の味の傾向に近いものが出てくる。
中深煎り	○	味も香りも豊かに出てくる。むしろ出過ぎる感もある。適否を問うなら、限りなく◎に近い○というべきだろう。
深煎り	◎	ムリなく味を調えられる焙煎度。味と香りのバランスがよく、苦味だけが突出することがない。その苦味もただの苦味ではなく、味わいと深みがある苦味といえる。

イプで、コーヒーのおいしさがわかりかけてきた人たち向けのコーヒーと位置づけている。山登りでいうと五合目に達した、といったところか。

●Cタイプ

中高地産の豆が多く、比較的肉厚で、表面の凹凸は少ない。うすい緑色をしていて、味と香りは豊か。特に香りに優れ、コーヒーのもつ魅力を十二分に堪能させてくれる。コーヒーにおける最も奥深い世界といわれる中深煎り、すなわち「2ハゼの世界」に対応しており、ワインでいうと高級ワインのような複雑精妙さと洗練さを併せもっている。またニカラグアやメキシコ、ブラジルといったブレンド用に欠かせない豆もあり、使い途は広い。さらにBタイプとDタイプへの互換性もある。一般にニュークロップにはタング（舌を刺す味）がありがちだが、このグループの豆にはそれが少ない。やや枯れた感じが特徴。

●Dタイプ

高地産の大粒で堅い豆。肉が厚く、含水量も多いため、火の通りはわるく、煎りにくい。豆の表面には凹凸があり、濃い緑色をしている。浅煎り～中煎りのレンジでは十分にのびてくれず、中深煎り以降に持ち味を発揮する。強い酸味をもっているため、酸味の出やすい浅煎りには向かない。ニューヨーク取引所では、いわゆるコロンビア・マイルドコーヒーとして扱われる上級品グループの豆が中心。深く煎っても味が濃厚で、AやBタイプのコーヒーにない重層的な味の世界をもっている。フレンチローストを過ぎると、さすがに味が単調になるが、濃厚感は十分に残っている。

肉厚のため芯残りしやすく、そのぶん香りは出にくい。

■A～Dタイプの焙煎度

A～Dそれぞれのタイプの豆には、豆の持ち味が最大限生かされる焙煎度がある。キューバであればシナモン～ミディアムローストが最適レンジで、酸味の強いケニアはフレンチ～イタリアンが最適となる。このようにしてタイプ別の焙煎度の適不適をまとめたのが8～11までの表で、この表では、「◎○△×」という記号を使って焙煎度の適否を占った。

ここで注意すべきは、Aタイプの豆が深煎り向きではないとしても、そのことが必ずしも深煎りに使えないということを意味するわけではない、ということだ。

たとえばBタイプに属しているインディアAPAだが、バッハコーヒーではこのインド産のコーヒーをあえてイタリアンローストにして提供している。酸味の少ない豆なのだが、深く煎ってもバランスよく味が残り、とても飲みやすい。強烈な個性は感じられないが、深煎りコーヒーに馴染みのない層には抵抗なく受け入れてもらえる。深煎りの入門コーヒーとしてはもってこいなのだ。

ペルーEXというAタイプの豆も同様に、意外や本領が発揮される焙煎度はシティ～フルシティという中深煎りのレンジだ。バランスがよく、飲み口がよいため、これまた入門コーヒーとして利用することができる。

あるいは深煎りのブレンド用として使う手もある。バッハコーヒーでイタリアンブレンドとして売っている深煎りブレンドはブラジルとケニア、インディアという顔ぶれ。タイプ別にいえば順に「C＋D＋B」となる。

深煎りのブレンドであれば、公式論的にはCタイプのものとDタイプのものとの組み合わせになろうが、あえてBタイプのものを隠し味的に使っている。理由はCとDだけの組み合わせでは、場合によっては味が濃く出過ぎてしまうため、淡泊な味のBの深煎りを混ぜることで全体の中和を図ったのである。これはいわば逆手の使い方といえる。

このようにそれぞれのコーヒーの持ち味が最大限発揮されるポイントとは別のところで、思いがけない利用価値を見いだす場合もある。便宜的につけた適否の評価、とりわけ「×（合わない）」という評価は、あくまで焙煎するうえでの目安にすぎず、あまり額面どおりに受け取らないほうがいい。

ただ、色の白いAタイプの豆は概して深煎りに向かないとか、色の濃いDタイプの豆は浅煎りに向かない、といったことは数十年にわたる焙煎の現場から導き出された経験則みたいなもので、その整合性にはスタンダードと呼べるだけの十分な裏打ちがある。

付属的につけた「表12」はタイプ別のコーヒーに最適の焙煎度を示したものである。ごく単純な見方をすれば、「◎」の集中する斜めのライン上でメニューを組めば、ムリのない最上の選択ができる理屈になる。バッハコーヒーにあっても、それぞれのコー

表12　4タイプと焙煎度の相関表

焙煎度＼タイプ	D	C	B	A
浅煎り	×	△	○	◎
中煎り	△	○	◎	○
中深煎り	○	◎	○	△
深煎り	◎	○	△	×

※オレンジ色で示したライン上でメニューづくりをおこなえば、おいしいコーヒーができる。

ヒーの持ち味を最大限引き出せるベストポイント（焙煎度）を揃えていったら、結果的に現在のメニューができあがったという経緯がある。このチャートをどう活用するかは、あなた次第だ。

■粉砕から抽出までのチャート

タイプ別生豆と焙煎度との関係がわかれば、「システムコーヒー学」のおよそ8割を理解したものと思っていい。この論考は生豆から抽出まで、コーヒーをつくる流れを一つのシステムとしてとらえたもので、プロセス上に存在する複数の条件によって、さまざまな味が生み出されるメカニズムに着眼している。それはちょうどカメラでいうところの「絞り」と「シャッタースピード」の相関関係に似ている。

コーヒーの味は焙煎度に強く影響される、とは再三述べたが、その煎り豆をどんなミルで、どのくらい細かく挽くかによっても味は大きく変わってくる。コーヒー粉のメッシュと味との関係は第5章で詳しく述べるが、ここでは「表13」にあるような基本的な「法則」を理解してもらう。それは、

1《細かく挽くほど濃厚で苦味の強い味になり、粗く挽くほど苦味の少ないあっさり味のコーヒーになる》

という法則だ。

細かく挽くと粉の表面積が大きくなり、そのぶん抽出される成分も多くなる。液体に溶け込む成分が多くなれば、濃度は増し苦味も強くなる。粗挽きはこの逆で、濃度が薄まり、苦味も弱くなる代わりに酸味が出しゃばるというかっこうだ。ここでは「メッシュ」と味の関係を大づかみに覚えておくだけで十分だろう。

さらに「粉の分量」やポットから注ぐ「湯の温度」、「抽出量」によっても微妙に味が変わってくる、という仕組みも覚えておこう。その法則を順に並べるとこうなる。

2《粉の量が多ければ苦味が強まり（＝酸味が弱まる）、粉の量が少なければ酸味が強まる（＝苦味が弱まる）》

3《湯温が高くなれば苦味が強まり（＝酸味が弱まる）、湯温が低くなれば酸味が強まる（＝苦味が弱まる）》

4《抽出量が多くなれば酸味が強まり（＝苦味が弱まる）、抽出量が少なくなれば苦味が強まる（＝酸味が弱まる）》

これらの法則を使うと、たとえば煎り止めのタイミングが数秒遅れ、いくぶん苦味の勝ったコーヒーになってしまったとする。で、味のバランスをとるため（粉を粗く挽く→粉少なめ→低温抽出→抽出スピード速め→抽出量多め）、という経路を選択してみる。結果、やや突出ぎみだった苦味がほどよく抑えられ、味のバランスが格段によくなるという寸法だ。メッシュを粗く挽くだけでもその効果は十分実感できる。

1〜4までの補整力は、焙煎度が味に与える圧倒的な支配力に比べれば微々たるものだが、この法則を活用すれば味の微調整が可能になるだけでなく、最終段階でカップに注がれるコーヒーの味と香りを予測することができるようになる。コーヒーをつくる流れをシステマティックに追うというのは、こういうことだ。

表13　コーヒーの味と抽出条件

	焙煎度	粉メッシュ	粉分量	湯温度	抽出スピード	抽出量
酸味強 苦味弱	浅煎り	粗挽き	少なめ	低い	速い	多い
↓	↓	↓	↓	↓	↓	↓
酸味弱 苦味強	深煎り	細挽き	多め	高い	遅い	少ない

●コーヒーでないコーヒーの話

コーヒーはコーヒーの実から作った飲料に決まっているが、コーヒー豆以外のものから作られたコーヒー（コーヒーと呼んでいいものかどうか）もある。よく見かけるのはたんぽぽコーヒーで、根っこを乾燥させ焙煎した健康飲料である。黒大豆コーヒーというのもある。黒大豆を煎ったコーヒーで、肩こりや冷え性に効くという。

こうした疑似コーヒーをかつて代用コーヒー（規格コーヒーともいう）と呼んだ時期があった。戦時中である。昭和13年頃からコーヒーの輸入制限が始まり、昭和19年には完全にストップした。戦後の25年に輸入が再開されるまでの間が代用コーヒーの時代である。

いろいろな疑似コーヒーがあった。大豆のカスから始まって、ユリの根、ドングリ、ぶどうの種、ヒマワリの種も使われた。おもしろいのはミカンの皮を干したチンピやつくばねだろう。つくばねは正月の羽子板の羽根についている黒くて硬い実のことだ。これを焙煎して飲んでいたというのだから、コーヒーを飲みたいという執念たるや恐ろしいものだ。もうそうした味を覚えている人はほとんどいなくなってしまった。

2-3 4タイプ別コーヒー豆と焙煎度

Dタイプのコロンビアが浅煎りに向かず、Aタイプのパナマが深煎りに向かないように、それぞれのコーヒー豆には、その豆にふさわしい焙煎度がある。コーヒーの味は産地銘柄ではなく焙煎度で決まる。

各タイプ別、豆の焙煎度目安
（61頁の表も参照）

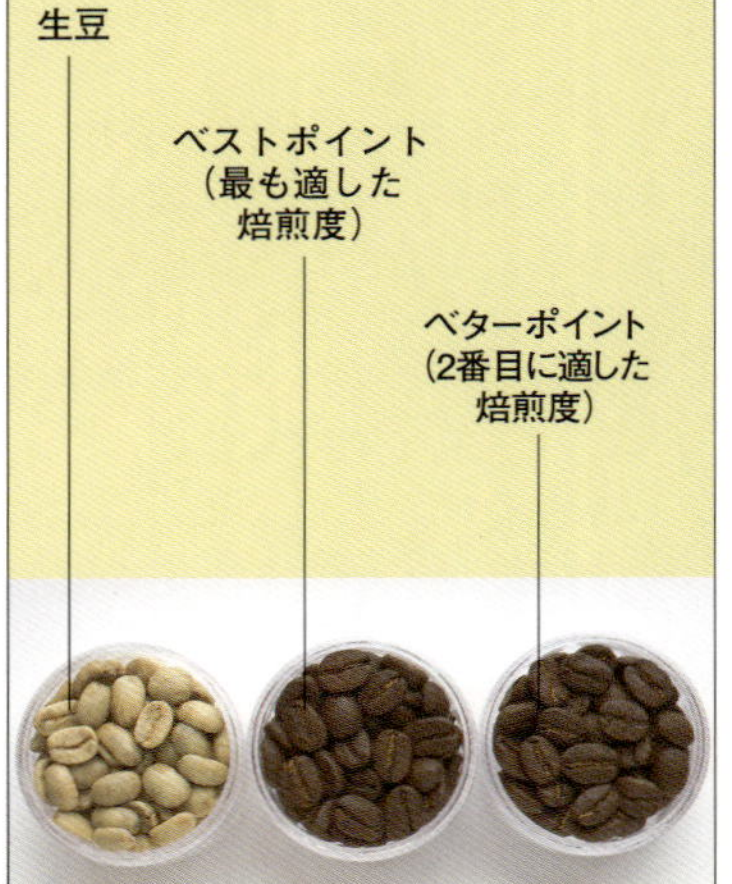

バッハコーヒーでは現在、33種類のコーヒーを扱っている。便宜上、それぞれを産地銘柄名で呼んでいるが、再三いうように、産地銘柄は分類上の単なる方便にすぎない。重要なのは「どのような味を出すコーヒーなのか」ということで、そのことは適正な焙煎度に煎られることによって明らかになる。

以下に、バッハコーヒーで使われているすべてのコーヒーを、AタイプからDタイプまで順にリストアップし、味の特徴と適正焙煎度を記してみた。

●パナマSHB（Aタイプ）

良質な香りをもち、味わいも上品。香りにも上品下品があって、パナマは上品な部類。味のバランスがよく、ほのかな酸味がある。成熟度は高く、粒も揃い、比較的肉が薄いので火の通りがよく、煎りムラが起きにくい。味の純度が高いのか、ほとんどバラツキがなく雑味もない。概して使いやすいコーヒーに属し、ミディアム～ハイローストのレンジで煎り止めるといい。また中深煎り～深煎りにして深煎りブレンドの味の調整役に使うこともある。色の変化やふくらみ具合が、いかにも教科書的ななだらかな上昇カーブを描くので、練習用にはもってこい。

●ドミニカ・バラオナ（Aタイプ）

バラオナは良質なコーヒーを産出するドミニカ南部の産地名。大型の豆で、成熟度が高く、水分量のバラツキがほとんどない。味のバランスに偏りがなく、飲み口はソフト。パナマよりは酸味が少ないが、まったりとしたコクがある。純然たるニュークロップはなかなか手には入りにくい。流通量が少ないぶん、滞貨になってしまうのだろうか、いくぶん枯れた豆の流通が多い。煎った際のブレがなく、いつも同じ味に煎り上がるので、ブレンドの味を安定させるのに使うと便利。比較的、どの焙煎度にも対応するが、やはりミディアム～ハイが適正か。

●ベトナム・アラビカ（Aタイプ）

ベトナムといえば今やブラジルに次ぐ生産大国で、この10年における躍進は著しい。大半はロブスタで、インドネシア・ロブスタの半値で買える。最近は水洗式のアラビカ種栽培にも力を入れており、南米のコーヒーなどとは違った独自の風味がある。値段はプレミアム的な価値があるのか、やや高め。豆のサイズは中くらいで、厚みも中くらい。豊かな味と風味には欠けるが、のどごしがよく、すっきりした味わいがある。ニカラグアやパナマにはやや劣るものの、味がフラットで比較的淡泊なので、ブレンドの調整役として使える。ミディアム～ハイがいい。

●コロンビア・マラゴジッペ（Aタイプ）

マラゴジッペというのはスクリーン19以上の大粒豆のことで、エレファントビーン（巨象豆）とも呼ばれる。ブラジル、コロンビア、グアテマラ、ニカラグア、メキシコなどの一部で栽培され、比較的上級の豆として取り引きされている。概して大味とか淡泊といわれるが、このコロンビアのマラゴジッペは味わいにどっしりした厚みがある。酸味はそれほど多くなく、雑味が少ない。淡泊と称されるのは雑味のなさに因るのかもしれない。ハイ～シティの中煎りがベスト。

●ペルーEX（Aタイプ）

比較的大粒の豆だが、サイズにはバラツキがある。豊かな酸味と

●Aタイプ・5種類

パナマSHB

ドミニカ・バラオナ

ベトナム・アラビカ

コロンビア・マラゴジッペ

ペルーEX

優れたコクがあり、全体にまろやかな味わいがする。強烈な個性には欠けるものの、主張のなさが逆にこの豆の特徴にもなっていて、入門用のコーヒーとして珍重される。Aタイプに属しながら、浅煎りにするとやや物足りない感じだが、フレンチにすると俄然バランスがよくなるという変わり種だ。

味がイメージしやすいことから、深煎りコーヒー用の味の基準に据えるといい。たとえばあるコーヒー豆を深煎りにする場合、「フレンチに焙いて！」と指示しても、人によってはそのイメージが微妙にズレることがある。しかし「ペルーより苦味を強くして」と具体的に指示すれば、「ああ、あの味ね」と互いに共通のイメージをもつことができる。このように、焙煎度ごとの味の基準になるコーヒーをあらかじめ決めておくと、「この味に何を足し、何を引くか」と具体的にイメージしやすくなり、結果的に安定した味を作り出すことができる。バッハコーヒーでは他に、浅煎り用にキューバ・クリスタルマウンテンを、中煎り用にブラジル・ウォッシュトを、中深煎り用にコロンビア・スプレモを設定している。

●ブラジル・ナチュラル（Aタイプ）

最近は一部に水洗式のブラジルが出回っているが、ブラジルといえばナチュラル（自然乾燥式）が基本。良品であれば成熟度や含水量のバラツキも少なく、とても煎りやすい。が、そうした豆はわずかしかなく、概して乾燥ムラを起こしている。肉が薄く小ぶりで、含水量が少ないため、火の通りがよく煎りやすい。一般に苦味のコーヒーといわれ、樹が若ければ良質の酸味も出す。水洗式に比べると、香りや味の個性で勝っている。すべての条件にバラツキのないスペシャルティコーヒーがもてはやされる時代にあっては、ナチュラルのブラジルはなかなか日の目を見ない。持ち味が発揮される焙煎度はハイローストとフレンチ。

●ブラジル・セミウォッシュト（Aタイプ）

灌漑設備の発達したセラード地区のものが知られる。発酵槽に浸ける工程と水洗工程がないのがセミ・ウォッシュト（半水洗式）の特徴。ナチュラルとウォッシュトの折衷型で、ナチュラルに比べれば欠点豆が少なく酸味も豊か。一般に日本では、ブラジルの豆に関して

●Aタイプ・3種類

ブラジル・ナチュラル

ブラジル・セミウォッシュト

モカ・サナニー

はナチュラル信奉が圧倒的に強く、セミ・ウォッシュトにしろウォッシュトにしろ異端視扱いされる傾向がある。浅煎りにすると火が通っていても青臭い香りがする。また中深煎りは苦味が強く出がちなので、ミディアム～シティの中煎りがいい。苦味にチョコレートの風味があるため、エスプレッソ用に向いている。スクリーン分けがしっかりなされているので、粒は容易に揃い、煎りやすい。

●モカ・サナニー（Aタイプ）

モカは明確な等級規準をもたないため、産地名が取引上の名称に使われる。有名なモカ・マタリはモカがイエメンの積出港の名で、マタリは産地名のバニー・マタルからきている。サナニーも産地名で、南北統一前の南イエメンのコーヒーだ。マタリよりは格下に見られているが、モカらしい個性は十分にもっている。サイズのバラツキや含水ムラがあるのもモカらしさのうちか。サナニーもマタリももちろん天日乾燥。天日乾燥の豆は濃度があり、個性の強さが特徴だが、欠点豆や異物の混入が多いのが玉にキズ。とりわけ発酵臭が強く、モカ臭と称される独特の香りは発酵臭の一種ではないかとさえ思えるほどである。中煎りがベスト。フレンチローストにしてもおもしろい。

●ハイマウンテン・ピーベリー（Bタイプ）

ジャマイカ島の中部５００～１０００ｍ地帯で産出する小粒の丸豆。スクリーンは10～13で、それ以下の豆の最大混入率は4％。ピーベリーは主にコーヒー樹の枝の先端部にあり、通常、１本の樹から10％前後の収穫がある。希少価値があるうえに、火の通りがよく独特の香味があるため、好んで愛飲する者が多い。概してピーベリーがおいしいといわれるのは、フラットビーンに比べて身にしまりがあり、火の通りがよいため。バラツキがなく煎りやすければ均一に焼き上がる。おいしいといわれる所以である。

●ザンビアAA（Bタイプ）

ブルボン系の豆で、味わいはマイルド。大粒で成熟度が高く、見面がいい。ソフトでナッティな味が好まれ、主に北西ヨーロッパや北欧に輸出されている。ザンビア共和国は旧北ローデシア（南ローデシアがジンバブエ）で、標高１５００ｍ程度の高原の国だ。のどごしがなめらかで、香りもある。焙煎度によるバラツキが少なく、中深煎りまでならどの焙煎度にも対応する。軽い酸味があり、雑味が少ない。ふっくらとふくらむので、手網焙煎などにはうってつけ。「コーヒー豆って、こんなにきれいにふくらむものなんだ」と再認識するくらい火の通りがよい。日本では知名度がまだまだ低いが、品質の高さと豊かな個性は折り紙付きだ。

●Bタイプ・5種類

ハイマウンテン・ピーベリー

ザンビアAA

インディアAPA

ウガンダAA

キューバ・クリスタルマウンテン

●インディアAPA（Bタイプ）

品種はインド独自のケント種。APAはインド産アラビカ種のプランテーションのAグレードの意味で、最高級品を表している。豆の形は長体で幅広。比較的酸味が少なく、苦味も強くない。概して煎りやすい豆といえるが、品質のバラツキが大きいので、そのぶん難易度がやや高くなる。本来なら中煎り向きの豆だが、深く煎っても味のバランスが崩れないので、深煎りに使ってもおもしろい。ケニアとの相性がすこぶるいいので、バッハコーヒーでは単品だけでなく深煎りブレンド（ブラジル2＋ケニア1＋インディア1）にも使っている。

●ウガンダAA（Bタイプ）

アフリカは内陸部の国で、アフリカ最大の湖・ビクトリア湖に面している。映画「アフリカの女王」の舞台になったところで、コーヒーが輸出産品の60％を占めている。国土のほとんどは海抜1000mの高地にあり、主にロブスタ種のコーヒーを生産している。しかし東部の高地では風味豊かなアラビカ種も栽培している。豆は大粒で扁平。含水量は少なく、成熟度は高い。肉質はやわらかく、深く煎ると苦味が突出してくる。酸味はやや弱い。味としては平板で、中煎り～中深煎りが向く。ブラジルやインディアも同類だが、酸味の少ない豆はえぐみが出やすいので、ていねいに煎り上げていく必要がある。

●キューバ・クリスタルマウンテン（Bタイプ）

キューバの等級基準はスクリーン（粒の大きさ）＋欠点数方式で、クリスタルマウンテンはスクリーン18／19（スクリーン19の豆にスクリーン18が11％以上混入している）で、欠点数4以下の最高級品。大粒で成熟度合が高く、酸味と苦味のバランスがいい。よくいえばすっきり飲みやすい味と香りをもっているが、逆にいえばとんがった個性に乏しく、やや平板な印象を与える。〝カリブ海系〟のコーヒーの代表で、焙煎初心者にはとっつきやすい。ベストの煎り止めはシナモン～ミディアムの浅煎り。バッハコーヒーでは浅煎り用の味の基準に据えている。

●ガヨ・マウンテン（Bタイプ）

●Bタイプ・3種類

ガヨ・マウンテン

ニカラグアSHG

モカ・マタリNO.9

インドネシア・スマトラ島北部のガヨ高地に産する水洗式のコーヒー。手摘みで収穫した大ぶりの豆で、精製度も高く良質の酸味をもっている。浅く煎っても深く煎っても味のバランスがよく、使い勝手がいい。それでも本来の持ち味を発揮するのはミディアム〜ハイローストの中煎りか。

●ニカラグアSHG（Bタイプ）

グアテマラほど重くなく、エルサルバドルほど軽くはない、というのがニカラグア・コーヒーの印象。成熟度が高く火の通りがよい。SHGは1500〜2000mの高地で採れる最上級品。豆は中くらいのサイズで、肉の厚みも中くらい。精製度にやや難があるが、とても使いやすい。主な品種はカトゥーラ種で、完熟したレッドチェリーを収穫する。欧米諸国の評価は高く、グアテマラやコスタリカの代替品として位置づけている。アメリカが最大の輸入国で、特にスターバックスチェーンが好んで使っている。中煎り向き。

●モカ・マタリNo.9（Bタイプ）

イエメン産モカの中でも、バニー・マタル地区で栽培されるモカ・マタリが最高級にランクされる。独特の酸味とコクをもち、「コーヒーの貴婦人」と称されることも。ただし手入れや施肥が不十分なため、生産性は低い。また石臼で脱穀するため、割れ豆の混入率も高く、豆は小粒で不揃いだ。バラツキはサイズにとどまらず、乾燥状態にもバラツキがある。その状態は、ニュークロップとオールドクロップがごちゃ混ぜになっている様を想像してもらえばいい。

また欠点豆のデパートでもあり、死豆、発酵豆、カビ豆、黒豆と何でも揃っている。それでもストレートコーヒーの中では人気No.1で、モカのファン層の厚さは他のコーヒーを圧倒している。歩留まりが低く高価なだけに、焙煎者泣かせのコーヒーといえるだろう。上質なコーヒーに仕上げるにはハンドピックが欠かせず、総合的に自家焙煎店の資質を問うコーヒーでもある。ちなみにNo.9は最高級グレードを表している。ベストな焙煎度はハイ〜フルシティ。

●ブルーマウンテンNo.1（Cタイプ）

ジャマイカ産コーヒーの最高級ブランド。大粒の豆で、品のよいフローラルな香りがする。精製度は高く、欠点豆はほとんどない。酸味と苦味のバランスがよく、クセがないぶんだけだれにでも好まれる。惜しむらくは、ほとんどの場合、浅く煎られていること。浅煎りではブルマンの真価が十分に発揮されない。

日本では昔から「よいコーヒーは深く煎らないほうがいい」といわれてきた。別段勘ぐるわけではないが、理由は二つ考えられる。一つは深く煎ると歩留まりがわるくなるため。二つ目は深く煎ると死豆が白っぽく目立ってしまうため。浅煎りにすれば死豆は目立たず、豆面がきれいにあがる。つまり死豆の色に合わせて焙煎した。

ブルマンは酸味と苦味を強調しないほうがいい。焙煎度はハイ〜シティの中煎りがベスト。このレンジで香りが最も高くなる。深く煎ると風味は落ちる。

●ブルンジ（Cタイプ）

アフリカの中央高地、タンザニアやコンゴ、ルワンダに挟まれた高原の国。コーヒーが外貨収入の90%を占めるという典型的なモノカルチャーの国だ。国を支える唯一の一次産品だけにシェードツリーを使ったていねいなコーヒー栽培がおこなわれている。土地が肥沃なのか、ブルマンに匹敵するほどの良質豆を産み出した。欠点豆はほぼゼロ。サイズや含水量のバラツキもなく、成熟度は高い。煎るときれいに豆面が揃い、飲めば野性的で〝ケモノっぽい〟味がする。近頃は上品でスマートな味のコーヒーが多くなったが、ブルンジという豆には猛々しい味と香りが原生林のように残っている。近年、まれに見るコーヒーらしいコーヒーといえる。味はエチオピア・ウォッシュトの上級品にやや近い。さすがに欧米では高い評価を得ているようで、日本での知名度の低さはちょっと解せない。

●コスタリカSHB（Cタイプ）

コーヒーの産地は主に内陸の高地にあり、最高級グレードとされるこのSHBも標高1200〜1700mの高地で栽培されている。グアテマラと似ていて、上品なコクと香りをもっている。ただ香りの豊かさや甘みでは、ややグアテマラに劣る。精製度が高く、豆にバラツキがないため、均一な味に上げやすい。安定度が高いから、ストレートだけでなくブレンド用にも使える。メキシコ同様、他のコーヒーの味にあまり影響を与えないという性格があり、ブレンドの中では調整役の役割を果たしてくれる。

ただし雑な焙煎をすると味が揺れ動く危険性もある。高地産の硬質豆のため、小釜で煎る際には芯残りに気をつけたい。中煎り〜中深煎り〜深煎りと、どの焙煎度にもそこそこ対応するが、ベストは中煎りだろう。

●Cタイプ・5種類

ブルーマウンテンNO.1

ブルンジ

コスタリカSHB

マンデリン・G1スペシャル

ニカラグア・マラゴジッペ

●Cタイプ・4種類

エチオピア・ウォッシュト

メキシコSHG

エクアドルSHG

ブラジル・ウォッシュト

●マンデリン・G1スペシャル（Cタイプ）

大粒の豆で豊かなコクと独特の香味をもっている。肉はそれほど厚くなく、やわらかい豆の部類に入るが、含水量やサイズのバラツキ、多量に含まれる欠点豆のため煎りムラを起こしやすい。しばしばマンデリンの味の悪さを指摘する者があるが、ほとんどの原因は欠点豆の混入にある。モカと同じように、徹底したハンドピックをおこなえば、持ち味であるすばらしい味と香りを出してくれる。モカと並ぶ、日本人の好むコーヒーで、酸味と苦味のバランスがよく、雑味が少ない。焙煎中の色の変化が独特で、慣れるまで少し時間がかかる。ベストポイントはフルシティ～フレンチ。

●ニカラグア・マラゴジッペ（Cタイプ）

コロンビアのマラゴジッペより火の通りがよく煎りやすい。大きい豆であるが、よくふくらんでくれる。ただしコロンビアのそれよりは味と香りが淡泊。もともとコーヒーのエキス分が少ないのか、おいしさをうまく表現しきれない、という恨みは残る。これも低地産コーヒーの宿命なのかもしれない。欧米でなぜコロンビア・マイルドコーヒーに代表される高地産の堅い豆が評価されるのかというと、濃度がありコーヒー液がたくさんとれるためだ。悲しいかな、低地産のコーヒーにはそれがない。焙煎度もハイ～シティの中煎りがベスト。

●エチオピア・ウォッシュト（Cタイプ）

シダモ地方の水洗式の豆で、主にヨーロッパ向けの上級品。独特の香味と深いコクがあり、玄人受けしそうなコーヒーといえる。気候や土壌、栽培法などがイエメンのそれに似ているため、かつてはモカ・ハラーの名で、マタリの兄弟分のように扱われた。実際、日本でモカブレンドと称するコーヒーには、多くこの豆が使われている。品質のバラツキが少ない、とても上等なコーヒーである。フレンチ～イタリアンと深く煎ると持ち味を発揮する。

●メキシコSHG（Cタイプ）

標高１７００ｍ以上の 高地で採れる上級品。酸味と苦味のバランスがよく、上品な香りもある。高地産であるにもかかわらず、比較的煎りやすい。豆のサイズは中くらいで肉の厚さも中くらい。未熟豆の混入が少なく、成熟度は高い。自ら主張することが少ないため、ブレンドの調整役として重宝がられる。生産量も安定していて、価格もリーズナブルだ。ハイ～シティの中煎りがいい。

●エクアドルSHG（Cタイプ）

アラビカ種は南部の標高1500mの高地で栽培されている。アンデスマウンテンのブランドで売られている商品で、大粒でのびがいい。完熟豆を収穫し、水洗にかけ天日乾燥、保管、脱穀と一連の流れに管理がよく行き届いている。粒が揃っていて見面もいい。ただ味が淡泊で香りもそうあるわけではない。どちらかというと地味なコーヒーで、気の利いた宣伝文句が見つからず、売りあぐねてしまうところがある。南米産だが、キューバやドミニカに似たところがあり、それらの代替品としても利用できる。突出した味をもたないので、ブレンド用に利用価値がありそうだ。ベストポイントは中煎り。

●ブラジル・ウォッシュト（Cタイプ）

ブラジル・ナチュラルの良さと水洗式（ウォッシュト）の良さを併せ持っている。ナチュラル信奉者は敬して遠ざけているようだが、良質の酸味に恵まれ、品質が安定していてとても使いやすい。ブラジルの・ナチュラルにはもちろん良いところもあるが、バラツキがありすぎて使いづらいのは確か。渋味だって相当出る。焙煎を上げると苦味が相乗的に強まるので、昔も今もブラジル・ナチュラルは苦味のコーヒーと呼ばれ、かつては酸味を抑えるために好んでブレンドに使われた。このウォッシュトはほとんどヨーロッパ向けで、日本にはわずかしか入ってこない。私はこの豆が贔屓で、浅煎りから深煎りまで4段階に煎り分けて使用している。

●コロンビア・スプレモ（Dタイプ）

豆は濃緑色で大粒、肉厚。輸入される生豆はほとんどがニュークロップで、酸味が強く豆は堅い。含水量も多いため、当然ながら焙煎者泣かせの豆となる。しかしこの豆を上手に煎り上げられないとブレンドづくりに苦労することになる。ブレンド用には欠かせない、安定供給される豆だからだ。コロンビア・マイルド（ケニア、タンザニアも含む）と称され、高価格で取り引きされる。

焙煎初心者にとっては難敵で、イメージどおりに煎るには相当熟練を要する。中煎り程度の焙煎ではのびがわるく、細くて黒いシ

●Dタイプ・5種類

コロンビア・スプレモ

ニューギニアAA

タンザニアAA

グアテマラ・コバン

ケニアAA

ワに覆われる。油脂分も多いため、深く煎ると煙や揮発成分が盛んに出る。浅煎りにすると渋味だけでなく強烈な酸味に悩まされ、重い味のコーヒーになってしまう。しかし中深煎りまで火を入れ、芯まで煎り上げれば、豊かなコクと香りを楽しむことができる。スプレモはスクリーン17以上の大粒豆を指す。

●ニューギニアAA（Dタイプ）

この豆がデビューしたての頃は、味の成分が多すぎるくらいあって、いかにも野性的な個性を振りまいていた。あの勢いは若い樹のせいだったのか、それとも品種が変わったのか、今はだいぶ落ち着いて、野生の馬が飼い慣らされてきた、という感じか。味のバランスがよく、欠点豆も少ない。使いやすい豆だが、一つ不満があるとすれば、個性が弱いことだろう。味も香りもそこそこで、すべてが平均的なのである。もっとも、それが個性といえば個性なのだが。煎りはシティ〜フルシティの中深煎りがいい。

●タンザニアAA（Dタイプ）

日本ではかつてキリマンジャロの名で親しまれた。タンザニアとケニアの国境に近い巨峰キリマンジャロ山の斜面にコーヒー農園が広がっていて、豊かな酸味をもつコーヒーが育てられている。ＡＡは最高級ランクを意味する印。コロンビアやケニアと並び、高級コーヒーとして扱われる。酸味、コク、香りともに優れ、中深煎り以上に焙くと濃厚な香味を放つ。濃度が出やすいので、アイスコーヒーには最適だ。

●グアテマラ・コバン（Dタイプ）

コバンは生産地名。グアテマラといえば酸味が持ち味だが、このコバンはやや酸味が少ない。こうした豆はあまりいじり回さずに中煎りくらいでサッと上げてしまうのがいい。グアテマラはおいしいという定評がある。その評判を支えている理由の一つに、どんないれ方をされても味のベースが崩れない、という点が挙げられる。ふつうDタイプのコーヒーは抽出温度の影響を受けやすく、湯温が高いと急激に成分が溶出し、低いとほとんど溶け出さない。揺れ動きが激しいのである。ところがグアテマラにはそれがなく、荒っぽいいれ方をしても、それほど味に変化をきたさない。

●ケニアAA（Dタイプ）

丸くて肉厚だが、熱の通りが思いの外いい。精製度も高く乾燥ムラがほとんどない。味は濃くて甘みがあり、煎りムラが起きにくい。日本ではまだ知名度が低いが、欧米では第一級のコーヒーとしてあまねく認知されている。タンザニア以上に品質が安定し、コクがあってのびがきく。香りも甘みも上質だ。コロッとした肉厚

●Dタイプ・3種類

パナマ・ボケテ

ハワイ・コナNO.1

グアテマラSHB

の豆なので、火力が強すぎると芯残りする恐れがある。フレンチ～イタリアンの深煎り向き。

●パナマ・ボケテ（Dタイプ）

文字どおりのニュークロップで、青々とした緑色をしている。パナマSHBはAタイプに分類されたが、こちらは含水量が多いニュークロップということでDタイプに入れた。が、もともとやわらかい豆だから、火の通りはよく、煎りムラの恐れはない。比較的安価だが、香りに品があり、味も上等。値段と中身からするとお値打ちなコーヒーといえる。深く煎るとやや味がボケるため、ここは中煎りで止めておく。

●ハワイ・コナNo.1（Dタイプ）

ハワイ・コナはブルーマウンテンと並び、高級コーヒーの代名詞にもなっている。その優れたところは育成状態がよく、精製度も高いため、欠点豆がほとんどない、という点によく表れている。煎り上がりはきれいで、上品な酸味とコクがある。油脂分が多いためなのか、ぬめっとしたなめらかさがある。それはひとくち飲んだだけで滋味を感じさせるほどのもので、贔屓目で見るなら総合点でブルマンを凌ぐ、といってもいいだろう。深く煎っても味の崩れはないが、ミディアム～シティくらいのところで最も本領を発揮する。

●グアテマラSHB（Dタイプ）

SHBは標高1350m以上の高地で採れた硬質豆で、豆のグレードとしては最高級。酸味と香りが豊かで、ブレンドにも使われる。コロンビアのような重い苦味がなく、風味や甘味の点ではコロンビアの上手を行く。おいしいコーヒーの筆頭に数え上げられるが、日本での知名度はまだまだ。中煎り～中深煎りに真価を発揮する。

表14　タイプ別コーヒー豆と焙煎度　Better■　Best●

生豆	タイプ	水分%	ライト 1		シナモン 2		ミディアム 3		ハイ 4		シティ 5		フルシティ 6		フレンチ 7		イタリアン 8
パナマSHB	A	9.8						■	●								
ドミニカ・バラオナ	A	10.1					●		■								
ベトナム・アラビカ	A	10.5					■		●								
コロンビア・マラゴジッペ	A	9.3							■	●							
ペルーEX	A	10.7									■				●		
ブラジル・ナチュラル	A	11.4							●						■		
ブラジル・セミウォッシュト	A	11.1						■		●							
モカ・サナニー	A	10.9							●						■		
ハイマウンテン・ピーベリー	B	10.9					●		■								
ザンビアAA	B	9.3							■	●							
インディアAPA	B	11.5								■							●
ウガンダAA	B	11.4								■	●						
キューバ・クリスタルマウンテン	B	11.8				■	●										
ガヨ・マウンテン	B	11.4						■	●								
ニカラグアSHG	B	11.4						■	●								
モカ・マタリNo.9	B	10.6							●					■			
ブルーマウンテンNo.1	C	11.3						●		■							
ブルンジ	C	11.1										■		●			
コスタリカSHB	C	11.4							●		■						
マンデリンG1スペシャル	C	11.3											●		■		
ニカラグア・マラゴジッペ	C	12.9							■	●							
エチオピア・ウォッシュト	C	11.0													●	■	
メキシコSHG	C	13.6							●		■						
エクアドルSHG	C	12.5							●		■						
ブラジル・ウォッシュト	C	11.5						●							■		
コロンビア・スプレモ	D	11.7									■	●					
ニューギニアAA	D	11.9										●	■				
タンザニアAA	D	11.1							■		●						
グアテマラ・コバン	D	11.4								■		●					
ケニアAA	D	11.7														●	■
パナマ・ボケテ	D	11.3							●	■							
ハワイ・コナNo.1	D	11.6						■		●							
グアテマラSHB	D	10.5								■	●						

※水分は目安（20℃、湿度60％。（株）ケット科学研究所の穀類水分計PM－600使用）

第3章

珈琲豆の焙煎

コーヒーの味は生豆の質もさることながら、多く焙煎によって決まってしまう。さらにいえば焙煎度によって決まる。焙煎が拙《つたな》ければ、いくら粉砕や抽出技術で味を補っても補いきれない。

3-1 焙煎度とは何か

モカは酸味のコーヒーというが、深く煎れば、苦味のコーヒーになる。つまりコーヒーの味は産地銘柄によって決定づけられるのではなく、浅く煎るか深く煎るかの焙煎度によって決まる。

■コーヒーの味を決める焙煎

コーヒーの味は8割が生豆で決まり、あとの2割は焙煎で決まる、といったら驚かれるだろうか。なぜなら私たちが関与できるのはせいぜい焙煎という工程からで、日本に入荷される以前の、生豆精製に至るまでの工程にはほとんどノータッチだからだ。

もちろんごく一部の人たちがいわゆるトレーサビリティ(traceability・食品の生産から流通までの過程を辿ること)の見地から、出所のはっきりした良質の生豆を独自に入手すべく、コーヒー農園と深く関わるケースはままあるが、一般的には焙煎段階から味づくりに関わっていくのがふつうである。つまり現状では、焙煎の巧拙がコーヒーの味のすべてを決めるといっても過言ではない。

焙煎の目的は単に生豆を煎り焦がすことではない。それぞれの生豆の特性を最大限引き出す焙煎度（degree of roast）に煎り上げ、最上のクオリティを与えることである。そのためには生豆を知り、その品質を見抜く眼を養わなくてはならない。

ここで一つの反省がある。それは私たちがあまりに長い間、コーヒーの味は産地銘柄によって決定づけられる、と無邪気に信じ込んできたことだ。たとえばモカといえば酸味のきいたコーヒーで、コロンビアは甘みとコク、マンデリンは強い苦味というふうに、産地別コーヒーとその味の特徴を勝手にステロタイプ化し、流布させてしまった。そしてその延長線上で、酸味をきかせたブレンドなら《モカ50%＋コロンビア30%＋ブラジル20%》の配合、酸味よりやや苦味を生かしたブレンドなら《ブラジル30%＋コロンビア30%＋モカ30%＋マンデリン10%》といったふうに、お仕着せの3種配合、4種配合を神託のごとく信じ切っていたのである。まるでパズル遊びであった。

すでに第2章の「システムコーヒー学」で繰り返し述べたように、コーヒーの味は産地銘柄によって決定するという〝定説〟は実は迷妄であった。モカは酸味のコーヒーというが、深く煎れば酸味などほとんど消え失せ、代わりに苦味が強く出てくる。一般にコーヒーは、浅く煎れば酸味が強くなり、深く煎れば苦味が勝るという傾向をもっている。であるならば、酸味や苦味という特性は焙煎度によって相対化され、そもそも酸味のコーヒーとか苦味のコーヒーと規定すること自体が意味をなさなくなってしまう。

あらためて確認するが、コーヒーの味を決定するものは産地銘柄よりむしろ焙煎度の違いなのである。もちろん豆本来の味の特性を否定するわけではないが、産地銘柄の味覚特性は、同じ焙煎度という条件下で比較した場合に初めて現われてくるものであって、決して先天的に「ある味」が特定されているわけではない。たとえばコロンビアという豆はこういう味、というだけでは説明が不十分だ。フルシティに焙いたコロンビア、というように、焙煎度を規定して初めて「ある味」が特定される。

■豆の味を引き出す焙煎度

焙煎で最も難しいとされるのは正確に煎り止めることだ。常に一定の焙煎度に煎り止めることができなければ、そのコーヒーの味は絶えず揺れ動いてしまう。趣味の領域でならそれでもかまわないが、プロの領域となると、同じ味を繰り返し作り出せるという「味の再現性」が求められてくる。ではどの焙煎度で煎り止めればいいのか。

煎り止めのタイミングは、焙煎者がそのコーヒー豆をどうとらえるかによって決まってくる。ただし好き勝手に焙煎度を決めていい、ということではない。たとえばここにキューバという肉の薄い豆がある。酸味と香りが持ち味で、ミディアムからハイローストあたりで煎り止めると、渋味も抜け、なんともいえぬ上品な酸味と甘やかな香りを醸してくれる。ところがハイローストより先のフレンチまで煎り進めてしまうと、もういけない。輪郭のボケたスカスカの味になり果ててしまうのである。

逆に肉厚で水分量の多いケニアをライトかシナモンローストにとどめたとしたら、おそらくは酸味が勝ちすぎて飲めたものではあるまい。つまりどんな豆であっても技術的には浅煎りにも深煎りにもできるが、豆の持ち味を最大限発揮できる焙煎度というのがそれぞれあって、その焙煎度を豆ごとに知るということが大事なのである。

そのためには、個々の豆をひととおりイタリアンローストまで煎り上げ、それぞれのローストの段階で味をチェックし記憶しておく必要がある。そしてその豆の個性を最大限引き出せるベストポイントを自分なりに割り出すのだ。

ケニアやコロンビアといった肉厚で含水量の多い高地産の豆を、わざわざ浅煎りにして、「この豆は酸味が強すぎる」と不平を鳴らしている人をよく見かけるが、豆にも向き不向きの焙煎度があって、不向きと思われる焙煎度でおいしく仕上げるのは至難の業といっていい。ここでは、一般的に普及している8段階焙煎度（現在アメリカでは8段階の「アグトロン＝SCAA」方式による焙煎度分類を使うケースが多くなった）を紹介する。

▲ライト／シナモン（浅煎り）

酸味の目立つ焙煎度で、最近はあまり好まれなくなっている。ライトは1ハゼの手前まで、シナモンは1ハゼの中間ぐらいまでの焙煎度。この焙煎度の難しさは酸味だけでなく渋味やえぐみが強く出がちなこと。だから渋味の出にくいキューバやハイチ、ドミニカといった成熟度や精製度の高いカリブ海系の豆を使うといい。つまり浅煎りには低地産の、含水量の少ない、肉薄の豆が向く。ほどよく枯らしたオールドクロップなどもいいだろう。

▲ミディアム／ハイ（中煎り）

ミディアムは1ハゼが終わった時点の焙煎度。ハイローストは豆のシワが伸び、香りが変化する手前のポイント。ここも含水量の少ないカリブ海系の豆や自然乾燥式のブラジルなどが向いている。コロンビアやケニアなど豊かな味わいをもつ高地産の豆より、やや味のふくらみに乏しい中低地産の豆のほうが適している。コーヒーらしい味や香りはこの焙煎度あたりから出てくる。

▲シティ／フルシティ（中深煎り）

浅煎りを好んだアメリカなどでも、この中深煎りへの回帰が見られ、イタリアのエスプレッソもほとんどシティローストにシフトしている。苦味、酸味のどちらにも偏らない味に仕上がり、コーヒーの味が一番豊かに出る。シティは2ハゼまでの焙煎度。フルシティはちょうど2ハゼが終わった頃のポイントだ。マンデリンやハワイ・コナといった個性の強い豆が向いている。

▲フレンチ／イタリアン（深煎り）

フレンチは黒みの中にまだ茶色が残っている段階。イタリアンは茶色がなくなり、黒くなるまでの段階。苦味が突出し、味はやや単純化してくる。場合によってはいぶり臭がついてしまうこともある。肉厚で酸味の強い高地産の豆、すなわちケニアやコロンビア、グアテマラなどが向いている。イタリアンローストと呼んでいるが、呼び名に反してイタリアのエスプレッソはだんだん煎りが浅くなってきており、最近ではシティ～フルシティがふつうだ。

焙煎度を判断するSCAAのカラーディスク。
（http://www.scaa.org/index.cfm?f=h）

表15 Agtron = SCAA方式による焙煎度分類

Bulk Roast Classification	Agtron Number M-Basic	Color Disk Values
Very Light	100 95	Tile#95
Light	90 85	Tile#85
Moderately Light	80 75	Tile#75
Light Medium	70 65	Tile#65
Medium	60 55	Tile#55
Moderately Dark	50 45	Tile#45
Dark	40 35	Tile#35
Very Dark	30 25	Tile#25

●アグトロンは赤外線領域の波長を用いてコーヒーの焙煎度を測定する光学機器で、コーヒーのもつ糖質のカラメル化による化学反応に感応し、数値化する。図表では深煎り～浅煎りまでのレンジが25～100とあるが、SCAAの技術標準化委員によると、コーヒーの風味を識別できる範囲としては下限30～上限90が実際的であろうとしている。

3-2 よいコーヒーとわるいコーヒー

コーヒーの「うまい・まずい」は個人の嗜好の問題で議論の土俵にのりにくいが、「よい・わるい」なら明確に規定できる。プロが優先すべきは「よい・わるい」で「うまい・まずい」の議論はその後でいい。

■焙煎はコーヒー加工の「要」

コーヒーの味、すなわち酸味や苦味の質と幅、香りの強さと質、渋味のあるなし、コク、さらにはカビ臭や発酵臭という欠点も含めた、コーヒーの素質ともいうべきものはすべて生豆の段階で決まってしまう、とはすでに述べた。焙煎というのは、それぞれの生豆がもっている可能性を正しく把握し、どの風味をどの程度殺し、どの程度引き出すか、そしてどんな味のコーヒーにするかをイメージし、そのイメージに向かって生豆を加工していく作業のことをいう。

ただしイメージをいくら豊かに膨らませ、高度な焙煎技術を駆使しても、ブラジルがコロンビアに変ずることはなく、発酵臭のついた豆を正常な豆のように煎り上げることはできない。人間の性格があらかじめ組み込まれた遺伝子情報に制約を受けるように、焙煎も決して万能ではなく、あくまでも生豆特性の範囲内での味づくりにとどまる、ということは理解しておくべきだろう。

そうはいっても「カッティング」や「抽出」の工程に比べれば、コーヒーの味づくりに関わる「焙煎」の比重は各段に大きいものといえる。カッティングや抽出は焙煎によって生み出された有効成分を、いかに減ずることなくコーヒー液に移し替えるかの作業でしかなく、味をクリエートするという積極的な意味合いはやや薄い。つまり私たちが生豆生産に直接関与できない以上は、焙煎こそがコーヒー加工工程の要であり、すべてなのである。

私は紅茶もきらいではない。が、コーヒー党か紅茶党かと問われれば迷わずコーヒー党と答える。紅茶が私にとっていささか魅力の薄いものに思えるのは、すでに発酵とブレンドの済んだ紅茶には抽出とアレンジの楽しみしか残されていないためだ。しかしコーヒーは違う。焙煎という決定的な味づくりの工程に参加する自由が残されている。この自由な権利を行使しない手はあるまい。

してみると、すでに焙煎のほどこされたコーヒー豆は、調理済みのレトルト食品みたいなもの、ということができる。焙煎業者から煎ったコーヒー豆を仕入れている喫茶店やスーパーで真空パックのコーヒーを買う私たち消費者は、つまるところ調理済みのレトルト食品を手にしているにすぎない。

私が「焙煎」の二字にこだわるのは、焙煎に自ら関わらない限り、コーヒーの生産から抽出までのすべてを見渡すことは不可能だからだ。繰り返すが、焙煎は単に釜に豆を入れて焙く作業にと

よい生豆（左）とわるい生豆

コーヒーの味を損なう欠点豆は徹底して除去。粒の揃った完熟豆を使う

どまらない。生豆に関する知識はもちろんのこと、仕入れに関する知識、カッティングの知識、抽出の技術というように、コーヒーに関する知識のすべてを身につける必要がある。逆に煎り豆を業者から仕入れているカフェやレストランは、肝心かなめの焙煎を人任せにしているため、ついにこれらの知識を学ぶきっかけがつかめない。

■「よいコーヒー」「わるいコーヒー」とは

私はしばしば「よいコーヒー」と「わるいコーヒー」という言い方をする。赤ワインのきらいな人間にとっては、ボルドーの高級ヴィンテージ物も「まずい」という外なく、同様に、酸味のきらいな人間にとっては良質の酸味を出すコーヒーでも「まずい」コーヒーと切り捨てるしかない。「うまい・まずい」は個人の嗜好の問題であって、そこには客観的な評価そのものが介在しにくい。しかし、酸敗しかかったワインと新鮮なワインとを比べれば、新鮮なワインのほうが確実に「よい」ワインである、ということはいえる。「よい・わるい」という土俵上なら、いくぶんは客観的な議論ができるというわけだ。コーヒーの場合も「よい・わるい」の視点を優先させるべきで、「うまい・まずい」の判断はその後でいい。では、「よいコーヒー」とはどんなコーヒーなのか。私は次の4つの条件を提起してみたい。

1 欠点豆のない良質な生豆（発酵豆やカビ豆などの欠点豆が少ない生豆のことで、必ずしも値段の高い生豆を意味しない）

2 煎りたてのコーヒー（コーヒーの賞味期限は焙煎後2週間以内が目安。豆のままで保存し、抽出する直前に粉に挽く）

3 挽きたてのコーヒー

4 いれたてのコーヒー

つまり「よいコーヒー」とは、《欠点豆を除去した良質な生豆を適正に焙煎し、新鮮なうちに正しく抽出されたコーヒー》と定義づけることができる。

平然とたておきのコーヒーを温め直して出す店や、焙煎後数週間以上経過した豆を悪びれずに配達する業者をよく眼にすることがあるが、このような「わるいコーヒー」は健康面からも駆逐されるべきで、コーヒーのプロたる者はまず「おいしいコーヒー」より「よいコーヒー」の提供を心がけなくてはならない。「よいコーヒー」は必ずしも「おいしいコーヒー」とはいえないかも知れないが、「わるいコーヒー」は間違いなく「まずいコーヒー」である、ということはいえるだろう。

よい焙煎豆（左）とわるい焙煎豆

よい煎り豆は粒と色合いが揃っている。
わるい煎り豆にはまだら模様の煎りムラが

●焙煎度の話

焙煎度を大まかに分けると1浅煎り、2中煎り、3中深煎り、4深煎りの4段階になる。それをさらに2段階ずつ分けると8段階になり、3段階で分けると12段階になる。

カフェ・バッハはどんなふうに分けているかというと、実務的には4×3＝12の12段階でこなしている。言い方としては「浅煎りの1、2、3」とか「上中下」といったもので、いわゆる煎り止めのストライクゾーン（115頁参照）を思い起こしてもらえるとわかりやすい。

ストライクゾーンというのは煎り止めのベストポイントを中央に挟んで、その前後数秒のオーバーローストとアンダーローストは許容しよう、という考え方だ。いうならば内角いっぱいと外角いっぱいの球をストライクに数えるのと同じである。「中央」という概念は前後があって初めて確定するもので、3つに分けてみないとわからない。しかしこの12段階の煎り分けはバッハでは初級コース。中〜上級クラスになると24段階に煎り分けることができる。

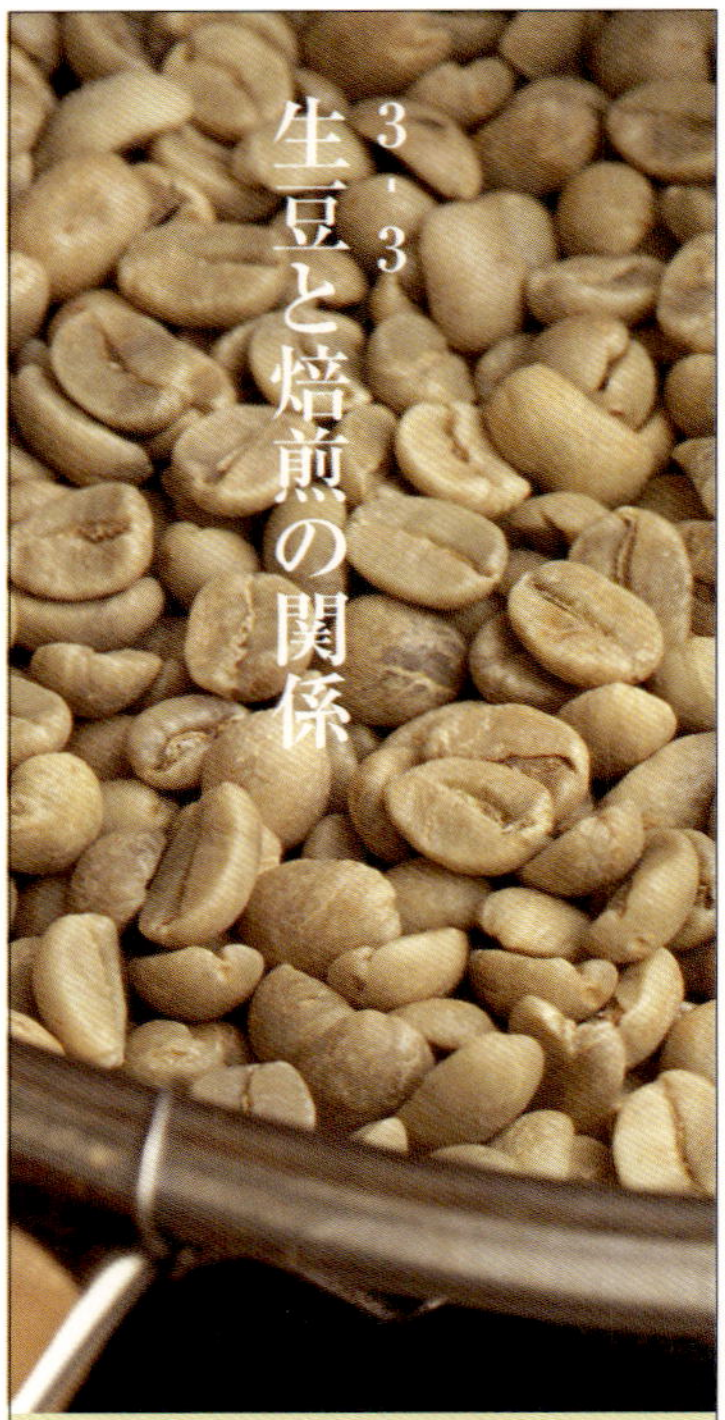

3-3 生豆と焙煎の関係

水分が多く大粒で厚みのある水洗式の生豆は煎りにくく、その逆は煎りやすい。またコーヒー本来の豊かな世界は浅煎りになく、中深煎りになって初めてその本領を発揮する。

■苦味と酸味のバランス

浅煎りにすると酸味がきつくなり、深煎りにすると苦味がきつくなる——焙煎度によって味が変化するというこの《基本法則》は、最も単純にして重要な法則といえるものなので、よくよく頭にたたき込んでおいてほしい。

私はいつもムリのない自然な焙煎を心がけたいと思っている。ムリのない焙煎というのは、たとえば酸味の強いコーヒーを浅煎りにして、酸っぱくないコーヒーをつくる、というような考え方を極力排するということだ。冒頭に述べた基本法則にしたがえば、焙煎度が浅ければ、酸味は強くなる。したがって酸味の強いコーヒーを浅煎りに使えば、当然ながら口をすぼめたくなるほど酸っぱいコーヒーができあがってしまう。

その酸っぱさを焙煎技術によって無理やり取り除こう、というのだから、なるほどやりがいがあるには違いない。焙煎する者にとっては、あえて難しいことにチャレンジしたという、なにがしかの達成感は得られるかも知れないが、ムダといえばこれほどムダなことはあるまい。浅煎りにして酸味が多いから少なくしたいのなら、初めから酸味の少ない豆を選べば済むことなのだ。そのほうが焙煎の省力化にもなるし、味もつくりやすく安定する。

趣味や道楽で焙煎するのならいざ知らず、お客さま相手の商売で、まっとうなコーヒーを提供したいと思うのなら、自然な流れに逆らうような自己満足的な技術に陶酔していてもしようがない。そうしたアクロバット的な技術を身につけることは、実はとてもムダなことなのである。

大変な苦労をしてようやく煎り上がったコーヒーが、さて実際に売れ始めてしまったらどうなるのか。コントロールの難しい焙煎を月に数百kgもこなすとなれば、大変な根気とエネルギーを要する。それより、浅煎りにはこんなコーヒーが適しています、といった、それぞれの焙煎度にふさわしい生豆を選べば、より安定したコーヒーが作れることになる。わざわざ遠回りしてムダな苦労をすることはないのだ。この章では、どんなコーヒーをどんなふうに煎ったらいいのか、生豆と焙煎との関係にふれてみる。

冒頭の基本法則によれば、深煎りになるにつれ苦味は増してくる。ならば深煎りのコーヒーには酸味の強いコーヒーを使えばいい、という理屈になるのだが、おわかりいただけるだろうか。コーヒーの醍醐味というのは、つまるところ苦味と酸味のバランス、といってもいい。どのコーヒー豆にも必ず苦味と酸味の成分が含まれていて、それぞれのコーヒーを苦味の強いコーヒーと酸味の強いコーヒーという具合にグルーピングすることができる。で、コーヒーを深く煎る場合には、あえて酸味の強いコーヒーをぶつけ、酸味を減らすことで全体のバランスをとるのである。浅煎りの場合は、逆に苦味のコーヒーを使う。ただでさえ酸味が出やすい焙煎度なので、強い苦味成分を緩衝剤にして、全体のバランスをとるのである。

■豆の個性に合わせた焙煎

それでは酸味を出すコーヒー（＝深煎り向きのコーヒー）というのはどんなものなのか。その特徴を挙げてみると、

1 含水量の多い豆

表16　生豆と焙煎の関係

	焙煎	
	しやすい	しにくい
サイズ	【小】 一般的に大より味は劣る 例）モカ（バラついている豆）エチオピア・シダモ・ウォッシュトなど	【大】 味はよい 例）コロンビア、グアテマラ、ケニアの高級品など。同時に肉厚でもある。［味がでない］という相談の対象はこういう豆の場合が多い。
厚み ※1	【うすい】 火が通りやすい。 例）中米系、豊かな風味は少ない。 ブラジル・ナチュラルは同時に小振りで含水量も少ない。	【あつい】 コク、甘味風味が豊かだが、一粒の内外の芯残りが生じる。 例）コロンビア、グアテマラ、 ケニアの高級品など。これを適正に焙煎できるのが焙煎技術といえる。
含水量	【少ない】 焙煎過程はゆっくりで煎りムラは少ない。同じ焙煎過程で煎り止めしたとき、色が明るくあがる。 例）グアテマラよりメキシコ、エルサルバドルの方が含水量が少ないので焙煎しやすいが、味は少ない。	【多い】同じ焙煎過程で煎り止めしたとき、色は暗く黒ずんであがる。十分な水分抜きが必要である。芯残りしやすい。
精製方法	【自然乾燥法＝ナチュラル】 クオリティは低く、欠点豆やバラつきが多い。 例）ペルーなどは乾燥ムラが多く、煎りムラしやすいが、芯残りは少ない。	【水洗式＝ウォッシュト】クオリティは高い。味を一定にするのにはよい。色合いでの煎りムラは少ないが、芯残りしやすい。
クロップ	【オールドクロップ＝古いコーヒー】 コーヒーの持つ味は、時間が経てば減っていく。同時に欠点の味も減る。 【油性分少ない＝揮発成分が少ない】	【ニュークロップ＝当年物のコーヒー】 味の豊かさを持っているが、同時に欠点豆の味もたくさんでる。 【油性分多い＝揮発成分が多い】 脂肪分がカラメル化して風味が高まる。排気能力がよく、焙煎装置全体のバランスがとれていない場合、とても焙煎しにくい。同じ味をだしにくい。煎りブレの味の変化が顕著にでる。
成熟度合	【よい】 例）南方低産地は煎りやすく、よく成熟しているが味は少ない。 例）カリブ海系　成熟度合がよく、酸味が良質で一定なので、味作りしやすい。（ブルーマウンテンが浅煎りに使われる所以）	【わるい】 ヴェルジは論外としても、未成熟な豆、シワのたくさんでる豆、センターカットのシワシワの豆は、とても焙煎しにくい。また、同じ味をだしにくい。わるいコーヒーほどえぐみが強く、そういうものほど深煎りにしないと味を調えにくい。 例）高地産は焙煎しにくいが味は豊か。
木の品種	枝の少ないティピカなどの時代は煎りやすく味の調節もしやすかった。	カトゥーラ、カトゥアイなどは、陽の当たりが悪く、完熟度が低い。味の豊かさが少ない。
煎りムラ	目に見える煎りムラ	目に見えにくい煎りムラ（芯残りなど）一粒の内外の煎りムラで発見しづらい。
焙煎方法 ※2	概ね標準焙煎でうまくあがる。	微妙な火力調節が必要。

※1大きくて薄いものは煎りやすいが、小さくて厚いものは厄介で、焙煎ブレを引き起こすもとになる。
※2バラツキの要素が重層的に絡み合って入り交じっていると、焙煎機の中だけでは調節しきれない。バラツキの種類と割合を見極め、できるだけバラツキの少ないものを仕入れることが大切である。

2　ころっとした肉厚の堅い豆
3　収穫年の新しい豆

ということになる。

大粒ならどんな豆でも酸味が強いというわけではなく、扁平で肉の薄い豆は酸味が少ないのである。それと新しい豆ほど酸味が多いということもいえる。つまり濃緑色をしたニュークロップ（当年物）は酸味が多く、枯れた豆は酸味が少ないということだ。ムリのない焙煎という考え方に沿えば、枯れたコーヒー豆は浅煎りに使い、新しい豆は深煎りに使えばいいということになる。こうするとバランスのとれた味づくりがしやすくなり、技術的にも時間的にもムリとムダがなくなる。

ただしこれはあくまで目安の一つで、枯れたコーヒー豆を深煎りに使ってはいけないということではない。10年以上枯らしたオールドコーヒーが名物で、深煎りにしたものをネルドリップで丁寧に抽

浅煎りの基準となるコーヒー
キューバ・クリスタルマウンテン

中煎りの基準となるコーヒー
ブラジル・ウォッシュト

中深煎りの基準となるコーヒー
コロンビア・スプレモ

深煎りの基準となるコーヒー
ペルーEX

出してくれる名店もある。

　コーヒーには浅煎りに向く豆、深煎りに向く豆というのがある。私はかつて手に入る限りのコーヒー豆をひと通りイタリアンローストまで煎り上げ、それぞれのローストの段階で味をチェックし記録したことがある。その時にわかったのは、それぞれの豆には個性を最大限発揮できるベストポイントとも呼ぶべき焙煎度がある、ということであった。

　そして、浅煎りに向く豆、中煎りに向く豆、中深煎りに向く豆、深煎りに向く豆というようにランダムにグルーピングしていったら、そこにはいくつかの共通した特徴が見いだせたのである。それを発展させていったのが第2章の「システムコーヒー学」という考え方であった。

　たとえばここにキューバ、ハイチ、ジャマイカ、ドミニカといったコーヒー豆がある。よく見ると成熟度が高く精製度も申し分ない。豆も大きく見面もよいため、とても立派な豆に見える。焙煎したコーヒー豆を販売する場合は、豆の見てくれというのは大事な要素で、その意味でも大きくて見栄えがするというのは貴重なセールスポイントといえる。

　これらの豆―私は「カリブ海系のコーヒー」と呼んでいるが―は焙煎してみると、煎りムラも少なく、よくハゼて豆のふくらみ具合もいい。火の通りがいいのは、大粒であっても肉が薄いためだ。色づきも時間とともになだらかに変化していくので、焙煎過程を観察するにはうってつけの豆といえる。カリブ海系のコーヒーの特徴は、よく伸びて十二分にふくれてくれるので浅煎りに向く。酸味と渋味が少ないという点も浅煎り向きといえるだろう。

　一般に、浅く煎ると渋味が出やすい。渋味の少ない豆というのは、成熟度の高い完熟した豆である。精製度の低いところのコーヒーは、未熟な青い豆もいっしょに混じってしまうので、渋味が端的に出る。しかもえぐみがある。カリブ海系の豆は総じて生育状態がよく精製度も高いので、浅煎りにしても渋味が出ないという特長をもっている。浅煎りのコーヒーというのは、どちらかというとコーヒー初心者にとっての〝入門コーヒー〟という色合いが強い。だから、苦すぎても酸っぱすぎてもいけない。渋味や酸味といった飲みにくい要素があると、どうしてもミルクや砂糖を多く入れがちで、ますますコーヒー本来の味から遠ざかってしまう。浅煎りコーヒーを上手につくるコツは、あまり重層的で複雑な味を出さず、すっきりとわかりやすい味にすることなのだ。

　ここで浅煎り向きのコーヒー（＝酸味の少ないコーヒー）の特徴を整理すると、以下のようになる。

1　酸味と渋味の少ない豆
2　やわらかくて肉の薄い豆
3　サイズや含水量のバラツキが少ない豆

　含水量が少なく、肉の薄い豆はよく伸びてふくらんでくれる。オールドクロップ（収穫されてから年数の経ったコーヒー）が浅煎り向きとされるのはそのためである。

　カリブ海系のコーヒーの特徴は、飲みやすくてバランスのとれた味にある。が、力強さとか、複雑精妙な味わいとなると、やや物足りなさが残る。ワインでいえば早熟型のボジョレー・ヌーボーのようなもので、熟成型の高級ワインに見られるような、「うーん、ワイン（コーヒー）にはこんな世界があるんだ……おお、神様！」

というような複雑にして洗練された味わいには乏しい。重層的で複雑な味わいを求めるのなら、さらに焙煎度の高い中深煎り～深煎りの世界にステップアップしなければならない。

コーヒーの豊かな風味とフレーバーが一番出やすい焙煎度は中深煎りだろう。深煎りになるとややスモークフレーバー（焦げ臭）が強くなって、コーヒーの甘い香りが減殺《げんさい》されてしまう。

中深煎りに向くコーヒーは個性の強い豆だ。たとえばマンデリンやモカ・マタリ、ハワイ・コナといった個性派で、他には中米高地産のグアテマラやメキシコの高地産、さらにはコロンビアやタンザニアといった肉厚で酸味の強い豆がふさわしい。コーヒー豆は深く煎るにつれて成分がどんどん少なくなっていく。そのためコーヒー成分の少ない低地産の肉薄の豆はどうしても薄味になってしまう。中深煎り～深煎りには高地産の肉厚でかたい豆がふさわしい、というのは、換言すればその焙煎度に耐えられるだけの強くて豊かな味わいをもっている、ということでもある。

浅煎り～中煎りまでの段階では、コーヒー豆自体に個性がありすぎると逆にそれが抵抗になるのだが、中深煎り以上では豆に濃度と個性がないとつとまらない。味わいの重厚さという点では深煎りより中深煎りのほうに軍配が上がるだろう。深煎りのコーヒーはどちらかというと味が単純化していてサッパリしている。個性による差といったものもあまり感じられない。個性よりもむしろ味が豊かに残ってくれそうなものを選ぶといい。私はケニアやコロンビア、高地産のグアテマラといった肉厚の豆を奨めたい。

■味の基準となるコーヒーを設定

さてバッハコーヒーでは、4段階に分けた焙煎度のそれぞれに基準となるコーヒーを設定している。その豆よりも酸味が強いとか苦味が強いといったように共有できる味の基準をあらかじめ作っておくと、味づくりもスタッフへの指導もやりやすくなる。以下は基準に設定したコーヒーである。

- ●浅煎り……キューバ・クリスタルマウンテン
- ●中煎り……ブラジル・ウォッシュト
- ●中深煎り……コロンビア・スプレモ
- ●深煎り……ペルーＥＸ

キューバも同様だが、ブラジルは比較的味がフラットなため、中心に据えるには都合がいい。味の幅が狭ければ、たとえ味がブレるようなことになっても、その狭い味の範囲の中でしかブレないので、調整はしやすくなる。できるだけ各焙煎度の段階で味のフラットなものを中心に据えていけば、味のブレを最小限にとどめることができる。

コーヒーも飲み慣れてきて舌のゲージが開発されてくると、嗜好のベクトルは浅煎りから深煎りの方向へと確実に向かっていく。その歩みは一足飛びではなく、半歩ずつがいい。浅煎りのコーヒーも反復して飲んでいれば、次第にもっと濃いもの重厚なものがほしくなる。その自然な流れにまかせて半歩ずつ前に進んでいけばいいのだ。そうすることでコーヒー人口の底辺を着実に広げていくことができる。

●炭火焙煎コーヒーの話

今でも炭で焙いたコーヒーは炭の香りがついておいしい、といわれている。本当だろうか？焙煎中の豆は励起しているので高温に熱せられた気体中の成分や香りが豆に移ることはないのだ。つまり炭の粉でもまぶさない限り、炭の香りがすることはないということだ。

それでもなお炭火焙煎コーヒーがもてはやされるのは、別の要因が考えられる。ひとつはウナギの蒲焼きや七輪で焼いたサンマのイメージとだぶらせたメーカーによる巧妙なイメージ作戦である。ウナギだって炭で焼けばうまいのだから、コーヒーだってそうであるに違いない。もうひとつは、高額販売が可能なため、良質な生豆を使えることだろう。さらには焙煎機が小型のためストックが少なく、いつでも豆が新鮮なこと。あるいは煎りが深いため、苦味と酸味のバランスがよくなり、香りも高まるという点も考えられる。これらの要因はすべて小規模自家焙煎店のやってきたことだ。事情通は言ったものだ。「炭火焙煎コーヒーは、大手メーカーが自家焙煎店に対抗するために放った苦肉の策」なのだと。

3-4 手網焙煎に挑戦

焙煎入門者には手網がいい。煙の抜けはいいし、火力調節も自由自在。豆が色づいていくようすをつぶさに観察することもできる。機械焙煎をする前に、まずは手網で肩ならし。

■手網焙煎のすゝめ

蕎麦好きが高じると、自ら蕎麦を打ちたくなるのと同じように、コーヒー好きも〝狂〟の字がつくくらいになると、煎り豆を買ってきて抽出するだけでは満足できなくなり、「焙煎」というかつてはプロの領域とされた工程に手を染めてみたくなる。嘘だと思ったら、インターネット上のウェブサイトをこっそり覗いてみるといい。そこにプロアマ入り交じっての焙煎の講釈がにぎやかに繰り広げられているのを発見するだろう。

人気があるのは、比較的素人でもチャレンジしやすい手網焙煎のサイトで、中にはガス台を囲む独自の風防を開発したマニアもいれば、冷却ファンに工夫を凝らした人もいる。みなそれぞれ経験からはじき出した蘊蓄があるようで、いってみれば妍《けん》を競うような趣がある。

手網というのは金物屋やホームセンターなどで〝ぎんなん煎り〟として売られているもので、時にはハンドロースターなどと呼ばれていることもある。この手網でぎんなんならぬコーヒー豆を煎るのである。手網など、とバカにしてはいけない。手網焙煎によって焙煎のおもしろさに目覚め、本格的な機械焙煎にのめり込んでいった人は数え切れないくらいいる。手網焙煎は本格焙煎への登龍門というべきものなのである。

手網のどこが優れているかというと、まず煙の抜けがいい。煙が抜けずにこもってしまうと、いわゆる「ガスごもり」が起こり、いぶり臭いコーヒーができあがってしまう。

名店と呼ばれる自家焙煎店の中に、完全密閉された手廻しロースターで煎ったコーヒーを売り物にしているところがある。この店のコーヒーはまずまっ先にいぶり臭さが鼻をつく。ロースターの構造からしても、排煙設備の不備からしても、煙の逃げ場がないのは素人目にもわかることで、いぶり臭いコーヒーができあがるのは当然の結果といえる。

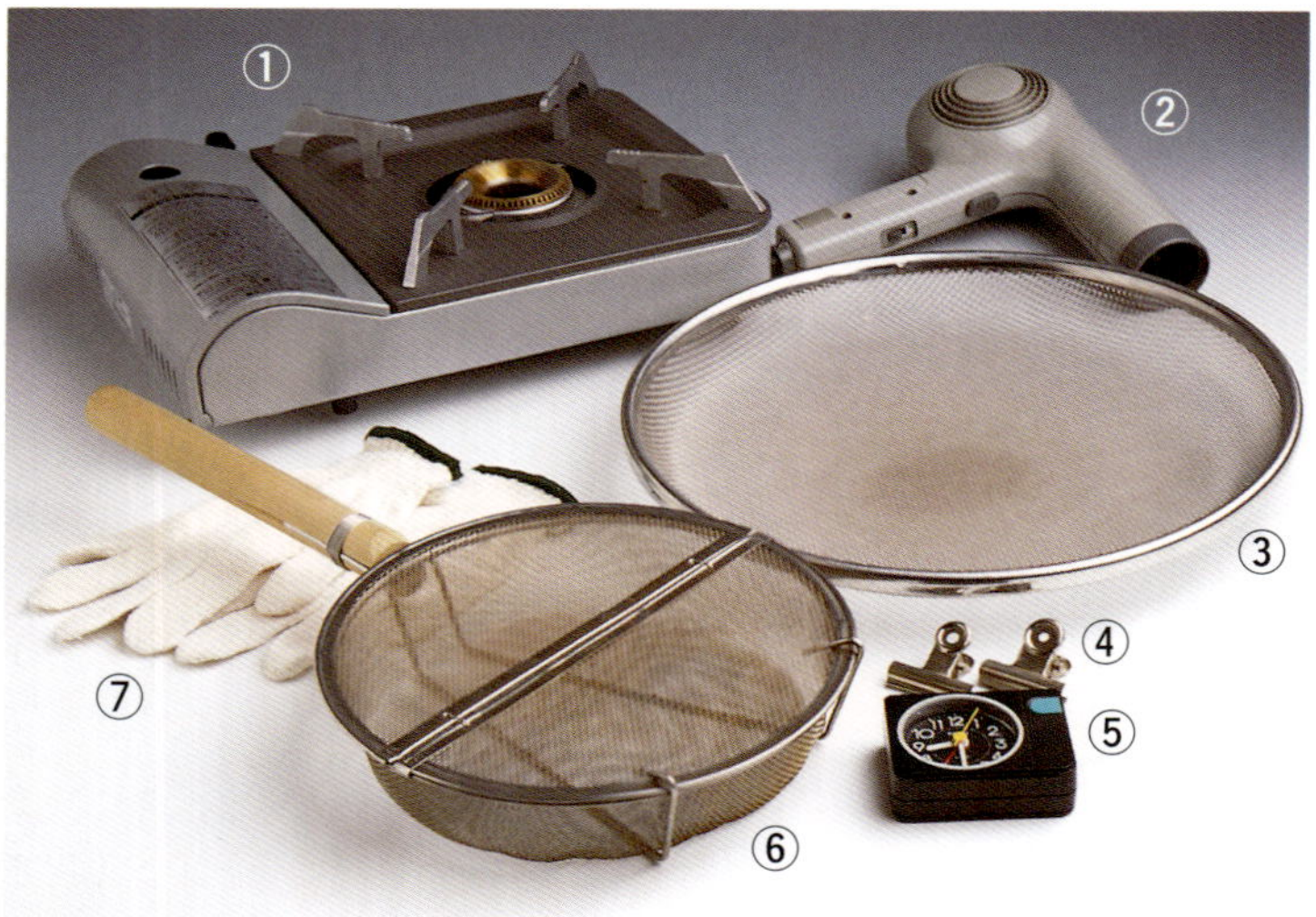

手網焙煎のための道具類
① 家庭用の簡易カセットコンロ
② 冷却用のヘアドライヤー
③ 冷却用の金ザル
④ 手網のふたを固定するためのクリップ
⑤ 焙煎時間を計る小型時計
⑥ 直径23cm、深さ5cmの手網
⑦ 軍手

ところが手網といういかにも原始的な道具は、この初歩的なミスであるガスごもりに最も遠いところにある。見かけはいかにも頼りなげで、これで本当においしいコーヒーが煎れるのだろうかと、にわかに不安におそわれるかも知れないが、心配はご無用。煙の抜けはいいし、火力の調節も自由自在。外から豆の変化をつぶさに観察することだってできる。実験観察という一点だけをとれば、これほど理想的な構造をもった〝ロースター〟は他にないのだ。

ならばフライパンや陶製のホウロクはどうかというと、泣き所がいくつかあり、及第点を与えるには至らなかった。ホウロクという道具は、なるほど熱伝導が安定していて煎りやすいが、本来、火鉢の上でトロトロと大豆やぎんなんを煎るための道具で、コーヒー豆となるとやや荷が勝ちすぎるように思える。水分抜きには適しているが、焙煎度別に煎り分けていくコーヒーのような豆には容易に対応できないのである。それにフレンチ~イタリアンの段階まで煎り進めるには、よほど火力を強めてやる必要があるが、ホウロクはもともと弱火でじっくり煎るためのものだから強火に即応できない。浅煎りまでがせいぜいなのである。

フライパンや中華鍋にもウィークポイントがある。コーヒー豆を煎る場合は、煎りムラを防ぐために豆を絶えず転がす必要があるが、フライパンのように底が平らなものは豆が底面を横すべりするばかりで宙に躍ってくれない。その結果、底にくっついた面ばかりが黒く焦げてしまうという、いわゆる肌焦げ現象が起きてしまう。

それにフライパンや中華鍋は1kg以上の重さがあり、よほどの力自慢でない限り20分近くも同じリズムで振り続けることはむずかしい。また、焙煎の初期段階にはチャフと呼ばれる薄皮がはがれ落ちてくるが、鉄鍋だとチャフの逃げ場がなく鍋の表面を覆ってしまうため、豆のようすがわかりにくいという欠点もある。

しかし同じ鉄鍋でも軽くて煽りの利く底の円いものであれば手網並みに煎れないことはない。現に私は、ボンチョル（燔鉄）という朝鮮半島生まれの鉄鍋（直径21cm×深さ7cm×厚さ1mm、重さ490g）を使って申し分のない深煎りコーヒーをつくることができる。むしろ手網よりも心もち豆がふくらんだくらいなのである。ただ菜箸や木べらで絶えずかき回していなくてはならず、それが唯一の欠点であった。

■手網焙煎の道具と生豆

手網焙煎をするための道具は以下のとおりである。

◎手網（直径23cm×深さ5cm。金物屋やホームセンターで通常〝ぎんなん煎り〟として売られている）
◎家庭用の簡易カセットコンロ（屋外でやる場合は風防が必要になることも）
◎冷却用のドライヤー
◎冷却用の金ザル
◎クリップ2個（手網のふたを固定する）
◎軍手
◎時計（焙煎度ごとの経過時間を計る）
◎生豆（150gくらい）

手網の振り方

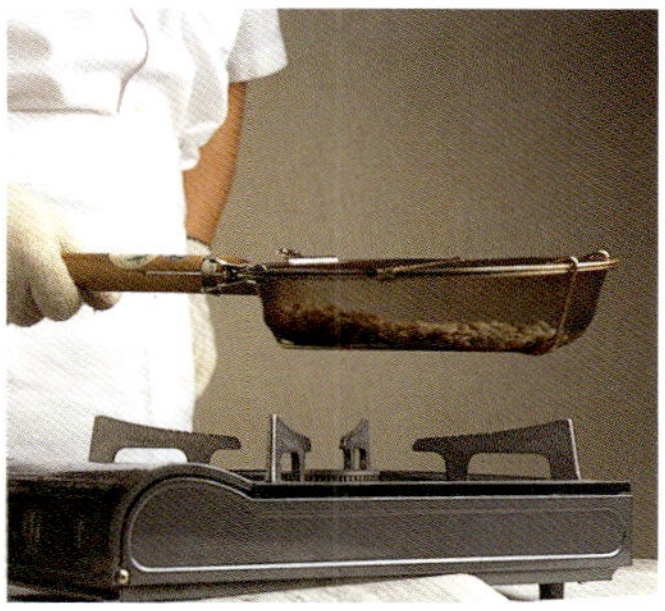

①手網の底面はコンロの火と平行にし、前後にリズミカルにふる。火力は中火。最初は網を遠火にし、いくぶん時間をかけて焙く。

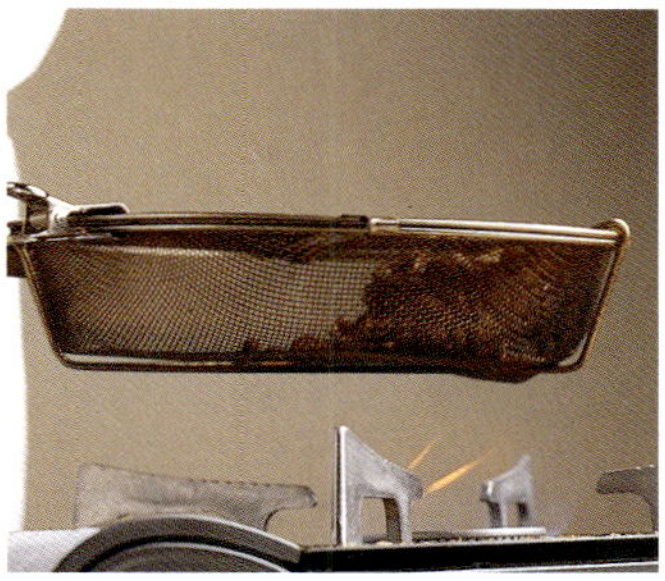

②手網は、中火（途中から強めの中火に）のコンロの火から10～15cmほどの位置を保ちながら、楕円を描くような感じで動かす。

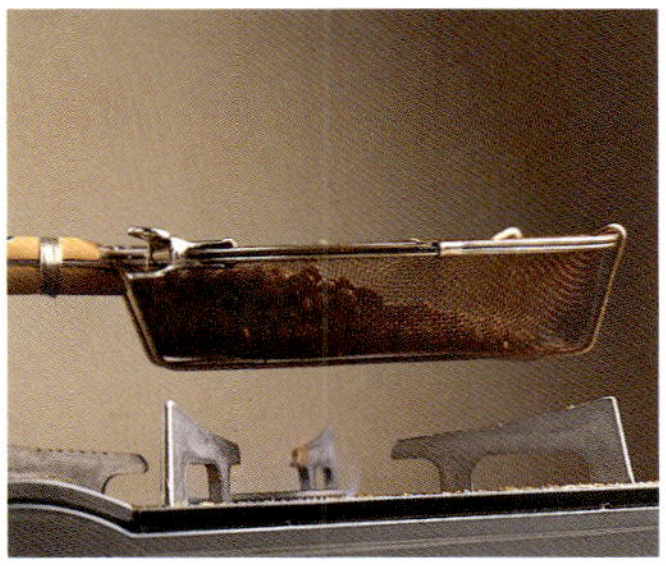

③豆全体に均等に火が当たるようにしないと、底の豆だけが煎られ、煎りムラができてしまう。網を振るスピードは1分間に120回くらい。

道具が揃ったらさっそく生豆を煎ってみよう。その前に生豆には煎りやすい豆と煎りにくい豆がある、ということは「システムコーヒー学」の中でも繰り返し述べた。もう一度おさらいすれば、見た目が白っぽく、よく生育していて肉薄の豆（Aタイプ）であれば比較的煎りやすい。〝カリブ海系〟の豆であるキューバ、ドミニカ、ハイチ、ジャマイカといった豆がそれで、中南米系の豆では同じ理由からニカラグア、エルサルバドルなどが挙げられる。

逆に肉厚で含水量が多く、豆の大きさにバラツキがあるものは煎りにくく、中南米系でも高地産のグアテマラは難易度の高い部類に入る。他はコロンビアやタンザニア、ケニアといったやはり高地産の堅い豆で、煎りムラや芯残りが起こりやすい点からすると、焙煎初心者にはやや手強い豆といえる。含水量でいえば、自然乾燥式の豆やエイジングした枯れた豆なども煎りやすい。もっとも自然乾燥式の豆は欠点豆が多いため、ハンドピックによる少なからぬ目減りを覚悟しなくてはならない。

焙煎時間はどんな焙煎度に仕上げるかによって違ってくる。おおよその時間であれば、浅煎りから深煎りまで14〜24分間の範囲を目安にすればいいだろう。焙煎時間は選ぶ生豆によっても変わってくる。水分量の多いダークグリーン系の豆は時間が長くかかり、小さい豆より大きい豆のほうが当然ながら長い時間を要する。

■手網焙煎のこつ

火加減は強めの中火に固定してしまうのがいい。飯炊きの際の「初めチョロチョロ、中パッパ……」のように初め弱火、次いで強火、最後に中火というようなこまめな火力調節をおこなうと、かえって煎りムラの原因になる。釜の飯を炊く際には有効かも知れないが、手網焙煎の場合は火力を一定にしておいたほうがいいのだ。炎の高さを一定にしておいて、火力は炎と手網との高低差によって調節するのである。

手網の位置はコンロの火と平行に保ち、いたずらに上下動させたり、ローリングさせないことが大事だ。もっとも頭ではわかっていても、腕が疲れてくれば当然ながら反復スウィングの一定したリズムが刻めなくなり、上下動や横揺れが起きてくる。生身の人間が20分近くも手網を振り続けるのだ。手元が狂ってくるのは当然のことだろう。もともと手で振って煎るという方法には不確定要素が多すぎて、失敗した場合の原因を特定することがむずかしい。で、その検証を少しでも容易にするため、「火力の一定」という確定要素をあらかじめ条件に組み込んでおくのである。

それでも初心者は十中八九、煎りムラを起こす。ムリもないことだ。コーヒーは豆ごとにかたさや大きさ、含水量がバラついている。手網の振り方だって人によって千差万別。最初から巧く煎れなくても悲観するにはおよばない。多少の煎りムラがあっても、熱が芯まで通り豆がよくふくらんでいれば、へたな市販のコーヒーなどよりはるかにうまい。鮮度のよさがわずかな欠点を十二分にカバーしてくれるのである。

煎りムラを避けるには、まず〝水分抜き〟をほどこしてやることだ。生豆というのはおおむね豆の大きさや厚さ、含水量などにバラツキがあり、よほどの上級品でない限り一定の状態に揃って

キューバ豆の手網焙煎

いることはまずない。色や形状など見た目のバラツキは比較的わかりやすいが、やっかいなのは外見だけでは判別できないバラツキ、すなわち豆の内部の含水量のバラツキだ。このバラツキに気づかずに焙煎してしまうと、いわゆる煎りムラと芯残りを招き、コーヒーの味を著しく低下させてしまう。

そのため、初めから含水量はバラついているものと想定し、バラツキをなくすためのひと工夫を凝らすのである。それが水分抜きという操作だ。手網焙煎の場合、1ハゼが始まる前のおよそ10分間は網を遠火に保ちゆっくりと火を通す。こうして豆の水分を蒸発させ、含水量のバラツキをなくしてやるのである。この水分抜きは、もちろん機械焙煎でも同様におこなう。私は勝手に〝蒸らし〟と呼んでいるが、ダンパーを閉めぎみにし、弱火で水分をゆっくりと抜いてやる。水分抜きを始めた生豆からは少々生臭いにおいが立ちのぼってきて、豆が黄色みを帯びると自然に消える。繰り返すが、コーヒー豆の焙煎においては、

《最初の10分間は水分抜きのための時間》

と覚えておこう。

手網焙煎の注意点は、慣れるまではどうしても煎りが浅くなってしまうことだ。煎り止めは豆の「色」だけでなく「音」を参考にするといい。手網にしろ機械にしろコーヒー豆を煎ると必ず〝ハゼ〟が2回起こる。ハゼというのは豆が収縮・膨張してハジけることで、このハゼによって豆は大きく膨らむ。

力強い「パチパチ」という音の1ハゼが終わったころがミディアムローストで、「ピチピチ」という音の2ハゼが終わるころがフルシティローストだ。いくら浅煎りのコーヒーが好きだからといって、1ハゼ前に煎り上げてしまうのは感心しない。まだ豆が十分に膨らんでおらず、多分に芯残りしている可能性があるからだ。芯残りしたコーヒーはいやな渋味とえぐみがあり、重い感じのコーヒーになってしまう。煎り止めのこつは第4章でさらに詳しく説明する。

手網焙煎プロセス（例＝キューバ）

① 生豆を手網に入れる。最初はゆっくりと加熱し、豆全体から水分を抜くような感じで網をふる。

② 水分が抜けてくると豆が白っぽくなる。網を少し火に近づけて焙くとチャッチャッという軽い音が。チャフがはがれ始める。

③色が黄色から茶色に変わる手前。チャフはほとんど出なくなるが、香りはまだ青臭い。網の動きをいくぶん速くする。

④ 豆が茶色に色づき、香ばしさも出てきた。そろそろ1ハゼが起こる時間帯。疲れても手を休めてはいけない。

⑤15分前後に起きる1ハゼは「パチパチッ」という音がする。1ハゼ後は変化が急で、間もなく2ハゼが始まる。

⑥ 2ハゼの始まりから終わりまではおよそ2～3分。写真は2ハゼの最盛期を少し過ぎたあたりのフルシティロースト。

⑦豆の表面が真っ黒になり、炭化が始まった。いわゆるイタリアンローストで、トルコ式コーヒーなどに用いられる。

⑧ 冷却は3分ほど。焙煎の成否は豆を割ってみて判定する。豆の内外の色が同じなら合格で、2層になっていたら芯残り。

3・5 ブレンドの技術

ブレンドはコーヒーの「産地銘柄」でおこなうのではない。同じ「焙煎度」同士でおこなうのである。また配合比率も等配合を基本にしておけば、組み合わせも味の微調整も簡単にできる。

■ブレンド配合比の迷信

昔はコーヒーのブレンドにおいても奇妙な〝公式〟がまかり通っていた。ブレンドの黄金トリオというのもその一つで、コロンビア・メデリン、モカ・マタリ、ブラジル・サントスの3種を上手に組み合わせれば、もうそれだけで調和のとれた味ができるというお手軽な公式だった。

またジャワ・ロブスタは〝よい苦味〟を出す名脇役の豆だから、20〜30%程度は混ぜたほうがよいという公式もあり、無邪気に信じられていた。平凡な二級品に一級品の個性でアクセントをつける、というのもあった。一級品の個性というのは、おそらくモカやマンデリンを指したものと思われるが、いずれにしろブレンドには主に二級品とロブスタが好んで使われていたことがよくわかる。無知とはいえ、実にのどかであっけらかんとしたものであった。

「酸味のブレンド」とか「苦味のブレンド」もマニュアルのように配合パターンが決まっていた。前者はモカ50%＋コロンビア30%＋ブラジル20%が代表で、後者の中にはジャワ・ロブスタ30%＋ブラジル・サントス30%＋コロンビア・メデリン20%＋モカ・ハラー20%などというロブスタ主体の安価な配合例もあった。

今から思えばずいぶん単純な公式がまかり通っていたものだが、30年ほど前の日本のコーヒー業界はまだ発展途上の段階で、生豆に関する知識や焙煎技術は驚くほど未熟なレベルにとどまっていた。したがって「ロブスタ＝よい苦味」だとか「モカ＝酸味」といった迷信が何の疑いもなく信じられていたのである。

繰り返しになるが、ロブスタを20〜30%混ぜたブレンドが〝わるいコーヒー〟であることは明々白々だし、酸味のモカであっても焙煎度の深浅によっては苦味のモカにもなり得る、ということはすでに述べたとおりである。重要なのは《産地や銘柄による味の違いよりも〝焙煎度の深浅〟による味の違いのほうが大きい》ということだ。旧来のコーヒー学には、その視点がみごとに欠落していた。

■ブレンドは新しい味の創造

日本の自家焙煎店の特徴はストレートコーヒーを数多く揃えている、ということだろうか。バッハコーヒーも常時30品目近いストレートコーヒーを提供していて、それぞれの豆ごとにペルー党やブルンジ党といった根強いファンをもっている。コーヒーを産地別に単味で楽しむという文化は、おそらく日本独特のものかも知れない。欧米のコーヒー文化は明らかにブレンド中心で、日本のようなストレートコーヒーを味わい分けて賞味するという習慣は育っていない。

もっとも喫茶店に入れば「ホット！」が合い言葉になっているくらいだから、ストレートコーヒーの愛好家などまだまだ少数派なのかも知れない。現にバッハコーヒーでも実際の売れゆきを見ると約6割がブレンド（ふつうの喫茶店は9割以上ブレンドだろう）で、ブレンドこそが店の屋台骨を支える主軸メニューであることがあらためてよくわかる。

今も昔も、ブレンドは〝平均化〟するという考えが根強くある。南米系のコーヒーとアフリカ系のコーヒーを足して二で割る、といった考え方で、いわゆる〝同系色〟をきらい、まったく別のタイプのものを組み合わせて平均をとるというやり方だ。厳密にいうと〝南米系のコーヒー〟といってもいろいろあり、ひと括りにすること自体が意味をなさないのだが、そのことはひとまず措く。

ブレンドの目的は単に味を平均化したり、ブレを調整したりする後ろ向きのことばかりではない。カッコ良くいうと単味を超えた新しい味の創造こそがブレンドの真骨頂なのである。ストレートコーヒーの場合は、豆の個性をどう引き出すかが重要であった。が、ブレンドにおいてはその個性ある豆をどう組み合わせ、調和のとれた味を創り出すかで真価が問われる。組み合わせ方は一瞬のひらめきや気まぐれなどではなく、あくまで数式や化学方程式のように論理的な計算に基づいておこなう。

■ブレンドの手法

さて具体的なブレンディングの方法について述べる前に、一つだけやってほしいことがある。頭の中でネオンサインのように明滅しているブラジル・サントスだとかハワイ・コナといったコーヒーの「産地銘柄」を、すべてきれいサッパリ消去してほしいのである。そしてもう一度、《コーヒーの味を特定するものは産地銘柄よりむしろ焙煎度の違いによる》という法則を思い起こしてほしいのだ。

繰り返すが、「モカというコーヒーは良質の酸味をもち、かくかくしかじかの味がする」というのでは説明が不十分である。たしかにモカは酸味のコーヒーと呼ばれているが、その持ち味を発揮するのは、ある特定の焙煎度に煎られた場合に限っての話で、どの焙煎度でも豊かな酸味と香気を放つわけではない。

つまり「浅煎りのモカはこんな味がするけど、中深煎りのモカはこんな味がする」というように、ある焙煎度で規定されて初めてモカという豆の味が特定される。コーヒーの味は《初めに焙煎度ありき》で、産地銘柄などは影響度の順位からいえばずっと後のほうなのだ。私たちはあまりに長い間、モカだのキリマンジャロといった産地銘柄に惑わされてきた。産地銘柄よりは焙煎度。そのことをまず頭にたたき込んでおけば、次なるブレンドの手法はすんなり理解できるだろう。

ブレンディングの方法はそれこそ多種多様で、ブレンダーの数だけ存在するといってもいい。その気になれば、無限の味の冒険ができるわけだが、私は常に「味の再現性」を重要視しているため、再現できそうにない味づくりは極力排し、できるだけシンプルな配合を心がけている。以下、初心者向けにブレンドの基本原則を挙げてみる。

1 焙煎度を揃える
2 等配合を基本にする
3 3~4種の配合にとどめる

1の焙煎度でいえば、実際にバッハコーヒーでは焙煎度の特性を際立たせるため4種類のブレンドコーヒーを用意している。タイプ別の産地銘柄名と配合比率は以下のようになる(写真参照)。

●天日乾燥の話

コーヒー生産国では数多くの乾燥場を見てきた。天日乾燥もあれば機械乾燥もあり、蚕棚みたいに棚を段々状にして乾燥させているところもあった。昔から何代も続いているようなコーヒー農園は雨季と乾季の境がハッキリしていて、収穫の時期がちょうど乾期にぶつかるようになっている。

天日で乾燥させるのは非水洗式と半水洗式の豆だけではない。水洗式の豆でも機械ではなく天日で乾燥させるところはいっぱいある。これは私の実感だが、天日乾燥させた豆のほうが、機械で乾燥させたそれより火の通りがよく、煎りムラが少ないような気がする。もちろん芯残りは少なく、豆の内と外とが均質に焙ける。

米でも魚の干物でも、あるいは高級カラスミなどにもいえることだが、機械乾燥のものよりやはり天日乾燥させたもののほうがはるかにうま味がのっている。コーヒーも同じで、天日で干したものは甘みののり方が少しばかり違っているのである。天日乾燥させた豆は概ねセンターカットが黒く焦げる。これが天日か否かを見分けるポイントだ。

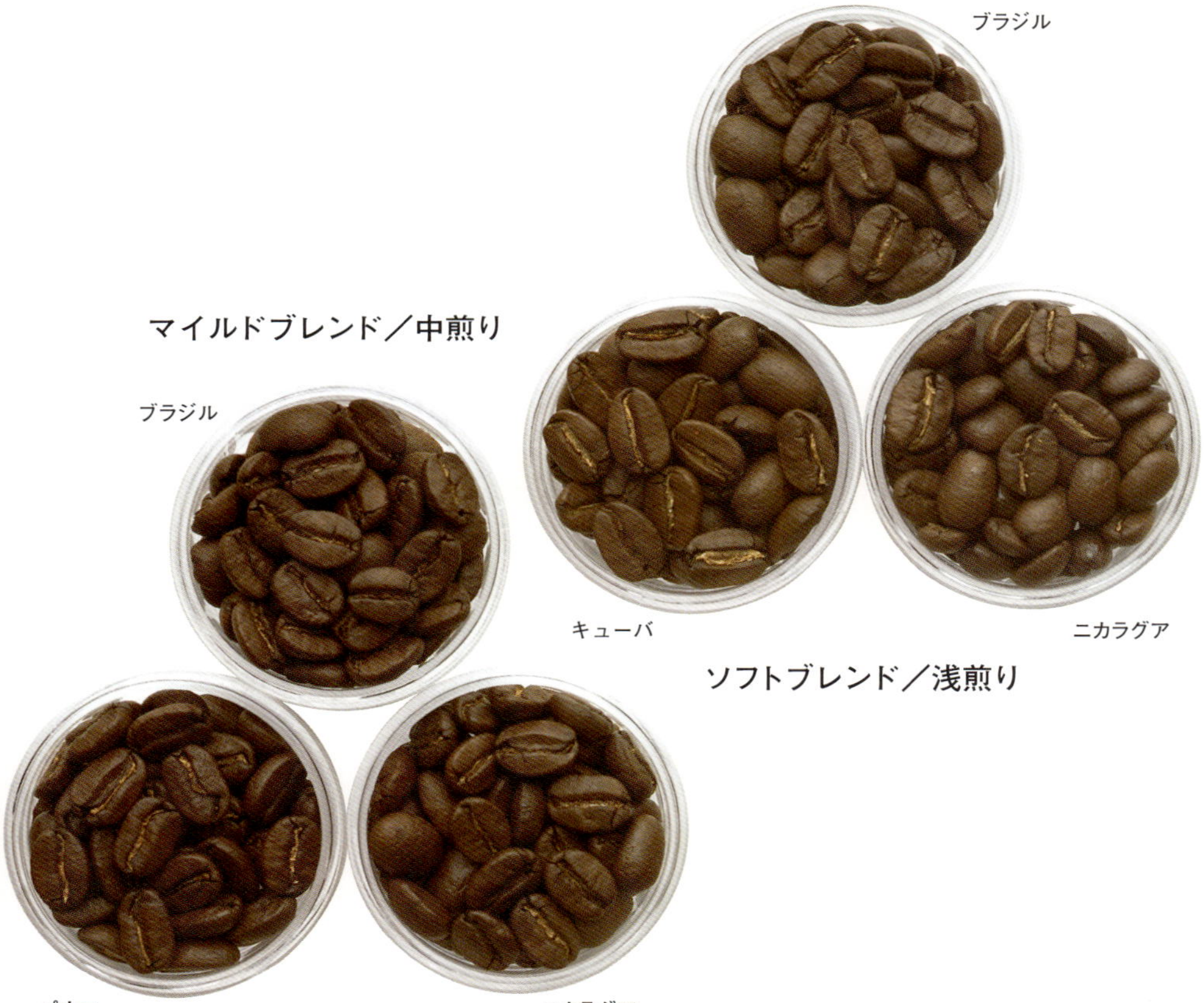

ソフトブレンド／浅煎り

マイルドブレンド／中煎り

●ソフトブレンド（浅煎りの3種配合）
ブラジル2（Cタイプ）
キューバ2（Bタイプ）
ニカラグア1（Bタイプ）

●マイルドブレンド（中煎りの3種配合）
ブラジル2（Cタイプ）
ニカラグア1（Bタイプ）
パナマ1（Aタイプ）

●バッハブレンド（中深煎りの4種配合）
ブラジル1（Cタイプ）
コロンビア1（Dタイプ）
グアテマラ1（Dタイプ）
ニューギニア1（Dタイプ）

●イタリアンブレンド（深煎りの3種配合）
ブラジル2（Cタイプ）
ケニア1（Dタイプ）
インディア1（Bタイプ）

ここでは便宜的に産地銘柄名を出しているが、モカブレンドとかブルマンブレンドといった表記は意図的に排したつもりだ。理由は先に述べたようなことで、本来なら焙煎度とタイプ別特性を前面に出し、「浅煎りBBCブレンド」とか「深煎りBCDブレ

●産地のコーヒーについて

コーヒーについては産地の者が一番詳しく知っていそうなものだが、決してそんなことはない。農園の者は貴重な換金作物だけに、良質なものを輸出用にまわし、規格外でハネられた欠点豆だらけの豆を自家消費分に当てている。またコーヒー鑑定士と呼ばれる者たちにしても、カップテスト用のほとんど生煎りのコーヒーしか飲んでいないのだから、本当のコーヒーのおいしさなど知るよしもない。

どの国のコーヒー鑑定士もその国のコーヒーしか飲んだことがなく、他の生産国のコーヒーを飲むことはほとんどない。ましてや消費国でどんなふうに飲まれているかなど、ほとんど知らない。日本では世界各国のコーヒーをいろいろな焙煎度に煎って飲ませている。私がある生産国を訪ねて、その国のコーヒーを一番おいしい焙煎度に煎って飲ませてやったら、「俺たちの国のコーヒーはこんな味で飲まれてるのか」と、目を丸くして驚いていた。生産者がコーヒー通というのは、ほとんど迷信である。

イタリアンブレンド／深煎り

バッハブレンド／中深煎り

ンド」とでも表記したいくらいなのである。

■焙煎度を揃えてブレンド

1に記したように、焙煎度はできるだけ揃えたほうがいい。それぞれのローストを微妙に変えた立体的なブレンドづくりを提唱している者もいるが、初心者は焙煎度を揃えることにまずは力を注ぐべきだろう。数種類の豆を一つの色に合わせるだけでも十分な手間と技術がかかっている。難易度の高い技術の修得は正確な煎り止めができてからでも遅くはない。

焙煎度を微妙に変えるブレンドは格別新しい試みとはいえない。私も過去に幾度となく試みたことがあるが、結論からいうと、煎りムラのあるコーヒーをわざわざつくっているようなものだった。飲んでみるとそれぞれのコーヒーがてんでんに主張し合っていて、渾然一体とした統一感が感じられないのだ。ブレンドの真価は〝調和美〟にある。単体同士の味がツッパリ合っていては元も子もないのである。

焙煎度を変えるという話が出たついでに、

《ストレートコーヒーは実はブレンドコーヒーでもある》

という反語じみた話をしてみよう。

たとえばブラジルという豆がある。焙煎前にハンドピックをしても、サイズや形状、含水量などは微妙に異なり、ミクロ的に見れば一粒一粒の組成ですら一様ではない。それらを同じ釜の中で焙煎すれば、当然ながら煎りが早く進むもの、煎りの進行が遅いものが出てくる。これはブラジルに限らずどの豆にもいえることだ。

それでもベストポイントと思える一点で煎り止めれば、見た目は同じような色合いに見えるかも知れない。が、つぶさに観察すると決して足並みを揃えて煎り上がっているわけではない。時間にするとホンの数秒に過ぎない範囲（私はストライクゾーンと呼んでいる）内で微妙に焙煎度の濃淡があるのだ。

しかし少なくともこのストライクゾーン内であれば、球が高めにいこうが低めに決まろうが同じストライクということなので、個々の豆の微妙な焙煎度の差（色合いとしてはほとんど同じに見える）は気にもならないが、微視的に見れば焙煎度の異なる豆の寄せ集めということはいえる。つまり異なる豆同士ではなく、同じ豆で焙煎度の違ったブレンドコーヒーをつくったのと同じことになるのである。

このように考えると、焙煎度を揃えるということがどれだけ大変かおわかりいただけるであろう。ちょっとのズレも、そのズレがたくさん集まれば大きなズレになってしまう。焙煎度が違えば抽出スピードにもズレが生じてくる。結果は、バラバラでまとまりのない味のコーヒーになってしまうのである。

■ブレンドの基本は等配合

焙煎度が揃ったら、次は2の「等配合」だ。バッハコーヒーのブレンド4種の中で等配合をしているのは一番人気のバッハブレンドだけだが、実はどのブレンドも原形は等配合で、そこから派生したものばかりなのである。

複雑な配合比率などはいっさい忘れて、どの豆も均等に混ぜてしまう。均等だから組み合わせは自由自在。味の微調整だって簡単にできる。等配合の長所は、なんといってもこの簡便さにある。

たとえば中深煎りのバッハブレンド（コロンビア、ブラジル、グアテマラ、ニューギニア）がいつもの味にならず、微調整が必要になったとする。その場合、まずそれぞれの豆を計量スプーンに一杯ずつ取って混ぜ合わせ、抽出したコーヒーをカップテストする。そこでたとえばニューギニアの苦味がやや突出していたとしたら、焙煎度を心もち低めにとったり、コロンビアやグアテマラの焙煎度をやや高めにとったりして調整する。それでも効き目がなかったら、配合の量を少し変えてみる。そんなふうに1品目10gを基本に調整していくのである。これが〈4対3対2対1〉などという複雑な配合になると、簡単な調整というわけにはいかなくなる。

バッハコーヒーのブレンドも最初はみな等配合だった。しかし豆によっては、突然青々としたニュークロップに変わってしまうことがある。蕎麦のように秋になれば一斉に新蕎麦が出てくる、というのであれば豆をすべて新豆にしてしまえば済むことだが、コーヒーの場合は、生産地域が赤道を挟んで北か南かによっても収穫期が異なるし、国内在庫の調整などによっても生豆の入手時期が数か月ずれる。新豆といっても豆ごとに入手時期が数か月ずれることはふつうなのだ。

ニュークロップというのは概ね荒々しく味も濃いため、ブレンドにするとその豆だけの味が突出してしまうことがある。そこでダブル焙煎（１００頁参照）をかけたりして味を軽くし、他の豆との足並みを揃えるのである。

表17　カフェ・バッハのブレンド4種

ブレンド例	豆	タイプ	比率	焙煎度
◎浅煎り（ソフトブレンド）	キューバ	B	2	（浅）
	ブラジル	C	2	（浅）
	ニカラグア	B	1	（浅）
◎中煎り（マイルドブレンド）	ブラジル	C	2	（中）
	ニカラグア	B	1	（中）
	パナマ	A	1	（中）
◎中深煎り（バッハブレンド）	コロンビア	D	1	（中深）
	グアテマラ	D	1	（中深）
	ニューギニア	D	1	（中深）
	ブラジル	C	1	（中深）
◎深煎り（イタリアンブレンド）	ブラジル	C	2	（深）
	ケニア	D	1	（深）
	インディア	B	1	（深）

※ベースになるブラジルは各焙煎度に煎り分けている。

ブレンドコーヒーの強みの一つは、味が安定していること（ストレートコーヒーは毎年味がぶれる）だが、もしも微調整が必要となれば、以下の順位で調整するといい。

1 焙煎度を変える
2 ダブル焙煎をほどこす
3 配合比率を変える
4 コーヒー豆の産地を変える
5 抽出法を変える

1はもちろん苦味と酸味の調整（＝浅く煎ると酸味が強まり、深く煎ると苦味が強まる）が主たる目的で、2のダブル焙煎は渋味を抜いたり味を軽くしたりする効用がある。味の調整法の中では1の威力が最大で、いわゆるストライクゾーン内で焙煎度をちょっと変えただけでも味は大きく変動する。1と2を実行しても、まだ調整が足りない場合は、ブレンドの配合比率を変えてみるといい。この場合も等配合であれば容易に配合の変更ができる。

それでもだめなら豆の産地を変えることだ。といっても、Aタイプのパナマの代わりにDタイプのケニアをもってきたのではよけい具合がわるくなる。「システムコーヒー学」で学んだように、代替する豆は同じタイプの豆の中から選ぶというのが原則だ。

そして最後の砦が5の抽出だ。粉のメッシュや湯の温度、湯量を変えたりして調整するわけだが、ここでの調整にあまり期待をかけてはいけない。《下位プロセスの調整は、そのすぐ上のプロセスの調整におよばない》という原則があるからだ。

■ブレンドする豆は3～4種類に

配合する豆の種類は3～4種にとどめることが重要だ。かつてマンデリンとモカ、ブラジルとメキシコといった2種配合がもてはやされた時期があったが、味の再現性からいうとあまり奨められない。

2種類の豆を等配合すれば豆の個性は50％ずつ発揮されるが、片方の豆が欠品になったり何らかの不都合に見舞われる確率は50％と高率になる。これが3種配合であれば約33％になり、4種配合では25％とかなりリスクが軽減される。つまり配合する豆の種類が多くなればなるほどリスクが少なくなり、安定度が増すことになる。だが、それに反比例してそれぞれの豆の個性は薄められていくため、限りなく没個性的なものになってしまい、新しい味を創造するという当初のブレンドの意味が失われてしまう。結論としては、3～4種の配合が最も理にかなった配合ということになる。

●生豆の仕入れの話

生豆の仕入れに関しては、昔と今とでは天国と地獄ほどに違う。もちろん今が天国に決まっている。自家焙煎がまだ一般に認知されていない頃は、ほとんど趣味の世界もしくは道楽といわれた。餅は餅屋にまかせればいいものを……ともいわれた。でも肝心の餅屋の餅がおいしくなかったら、自分で餅をつきたくなるのは当然だろう。

道楽といわれたのは、原材料費が高すぎて利益が出なかったからである。今なら円高で、輸入価格が安くて済むが、昔は円の力がそれほど強くはなく、関税の問題もあった。それに自家焙煎店などは総じて問屋の仕入れた豆のいわば“おこぼれ”をいただいているようなかっこうで、あの豆がほしいこの豆がほしいといった贅沢は言えなかった。ほしくても年間200～400袋でないとお断り、といわれたら小規模自家焙煎店などはお手上げだ。つまり生豆はほとんど問屋のあてがいぶちだったのである。

ところが今はどうだ。その気になれば国際インターネット・オークションで20袋でも30袋でも買えるし、問屋の持てないような高級品まで個人で買うことができる。攻守逆転ではないが、おかげで問屋も少量販売に応じてくれるようになった。昔を思えば隔世の感がある。

第4章 焙煎 小型ロースターによる

手網焙煎のコツをつかんだら、次は小型焙煎機で焙煎の奥義を究めたい。よくもわるくもコーヒーの味は焙煎で決まってしまう。ケレン味のないオーソドックスな焙煎法を貴重なデータとともに公開する。

4-1 焙煎機の分類

焙煎機には大きく「直火式」と「熱風式」、そしてその変形の「半熱風式」がある。熱源もガスあり電気あり木炭ありとさまざま。使う用途や目的に応じ、自分に合った焙煎機を選ぼう。

■焙煎機の種類

焙煎機は生豆を入れて焙煎をほどこす「回転ドラム」、燃焼させる「バーナー」、排気筒（煙突）の空気量を調節する「ダンパー」からできている。これに通常は「冷却機」がセットされており、焙煎が終わるとすぐに煎り豆を冷却できるようになっている。他には焙煎機の排気筒に接続され、生豆に付着していたチャフやシルバースキンを集塵する「サイクロン」（集塵機）がある。主な機器とその機能は以上のようなものである。

焙煎機の熱源にはガス、電気、炭、赤外線、灯油などがある。焙煎するうえで大事なのは燃焼温度をいかにコントロールするか。それにはガス式の焙煎機がいちばん適している。これは余談だが、一時期、炭による焙煎が流行ったことがある。炭はガス（約1300℃）に比べ燃焼温度が高く（約3000℃）、おまけに加熱されたガス体が水分を含まないため、生豆投入直後の〝水分抜き〟には最もふさわしい、といわれた。

しかし炭焼きコーヒーと鰻の蒲焼きを同列に並べ、高級イメージをふりまくがごときはいささか筋違いというべきだろう。ガスや炭といった熱源による味の変化はほとんど期待できず、炭で煎ったからおいしくて高級、とする根拠がもともと薄いからだ。ましてやコーヒー豆に炭の香りを移すことなどできやしない。焙煎中は「励起《れいき》」といって、高温に熱せられた気体中の成分や香りが豆に移ることは絶対にない。どうあっても炭の香りをつけたければ、炭の粉をまぶすしかないのである。

さて焙煎機は大きく3つの方式に分けられる。

1 直火式
2 半熱風式
3 熱風式

1は回転ドラムがパンチ（穴）の入った網目状になっていて、ガスバーナーの火が直接豆に当たる方式。2は豆に直接火が当たらないように、回転ドラムに鉄板が巻かれていて、ドラム後方から熱風を吸引し、豆を煎る。3は燃焼室が別に設けられ、熱風がダクトからドラム後部および側部に送り込まれる。メーカーの工場などで使われる100kg規模の大型焙煎機はほとんどこれだ。

特殊な3はひとまず措き、1の直火式と2の半熱風式の違いを比べると、

●直火式……コーヒーの味と香りがストレートに出やすい。構造が単純なため故障しにくい。豆に直接炎が当たるので、外部は色づきやすいが、内部の焙煎が進んでいないこともある。豆が焦げやすく、深く煎るとスモーキーな臭いがつく。豆のふくらみ具合がやや弱い。バランスのとれた焙煎コントロールがむずかしい。

●半熱風式……火が直接豆に当たらないので、香ばしい香りが出にくい。マイルドで均一な味に仕上がるが、時に画一的な味になることも。焙煎コントロールは容易で、水分量の多いニュークロップなども比較的煎りやすい。豆のふくらみはいい。

いずれの機種にも一長一短があり、どちらが優れているとは一概にいえない。むしろ焙煎室の吸気量や煙突の排気量を含めたトータルな意味でのバランス機能が求められていて、バランスさえとれていれば、煎られたコーヒーの味に大差はない。ちなみにバ

ッハコーヒーではフジローヤルの半熱風式を使っている。

■新しい焙煎機

それでも小型焙煎機は「外気の影響を受けやすい」「微妙な味づくりがむずかしい」「煎りムラが起こりやすい」といった問題を抱えていて、それをクリアするのが私の積年の夢だった。そこで岡山の大和鉄工所と共同で開発したのが新型焙煎機の「マイスター」（5kg用と10kg用の2種類）である。

外気温度の影響は断熱カバーを二重にすることで解決。さらにダンパーを2つにし、より広範に排気をコントロールすることで、安定した焙煎が可能になった。また回転ドラム内の攪拌羽根にひと工夫を加えることにより、均一な攪拌と十分な排気をもたらすことができた。

マイスターはコンピュータ制御の焙煎機。あらかじめ焙煎に必要なデータを入力しておけば、生豆投入から2ハゼまでを自動で焙煎することができる。しかし、すべてがフルオートというわけではない。最初から手動でやることもできるし、煎り止めの時だけ手動に切り替えることもできる。職人技を発揮させる余地は十分に残してあるのだ。

最近は十分な排気を確保しようと、いたずらにバーナーの本数を増やしたり、排気ファンを増設したりする者もいるようだが、根本的な問題解決にはほど遠く、不要なコストを強いられるだけのように思える。

小型焙煎機（1～10kg）には国産メーカーのものだけでも1kg用、3kg用、4kg用、5kg用、8kg用、10kg用がある。使う用途や機能、焙煎する量、立地条件などに応じて、最もふさわしいと思われる機種を選んでほしい。機種の選択を誤ると、費用と時間のムダになる。

焙煎機の空気の流れ（直火式）

図-4

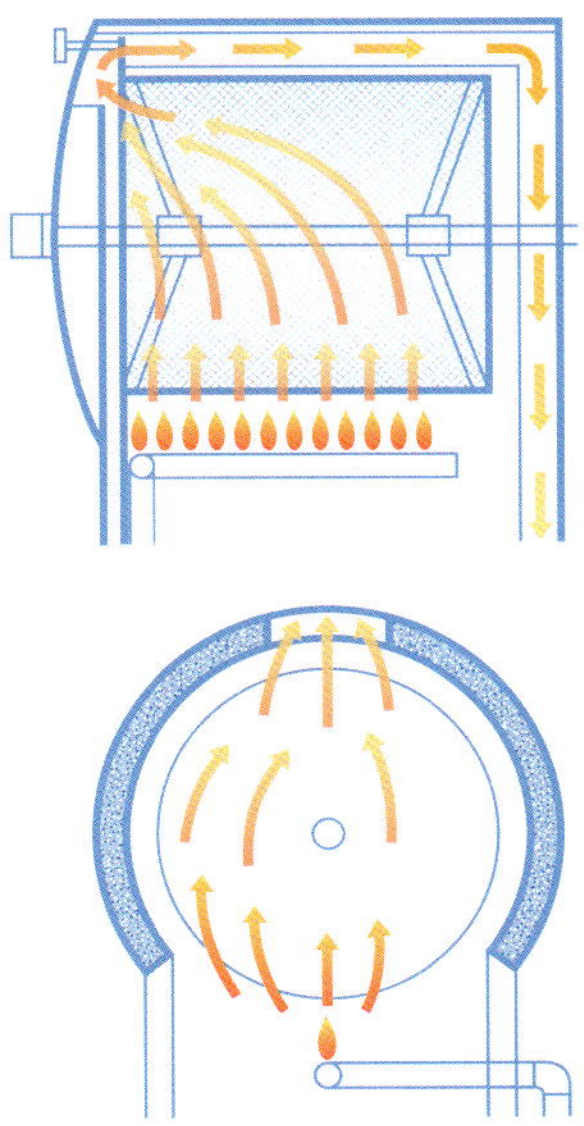

バーナーで熱せられた空気と煙はドラムの穴から直接内部に入り、シリンダー上部から強制的もしくは自然に排気される。

焙煎機の空気の流れ（半熱風式）

図-5

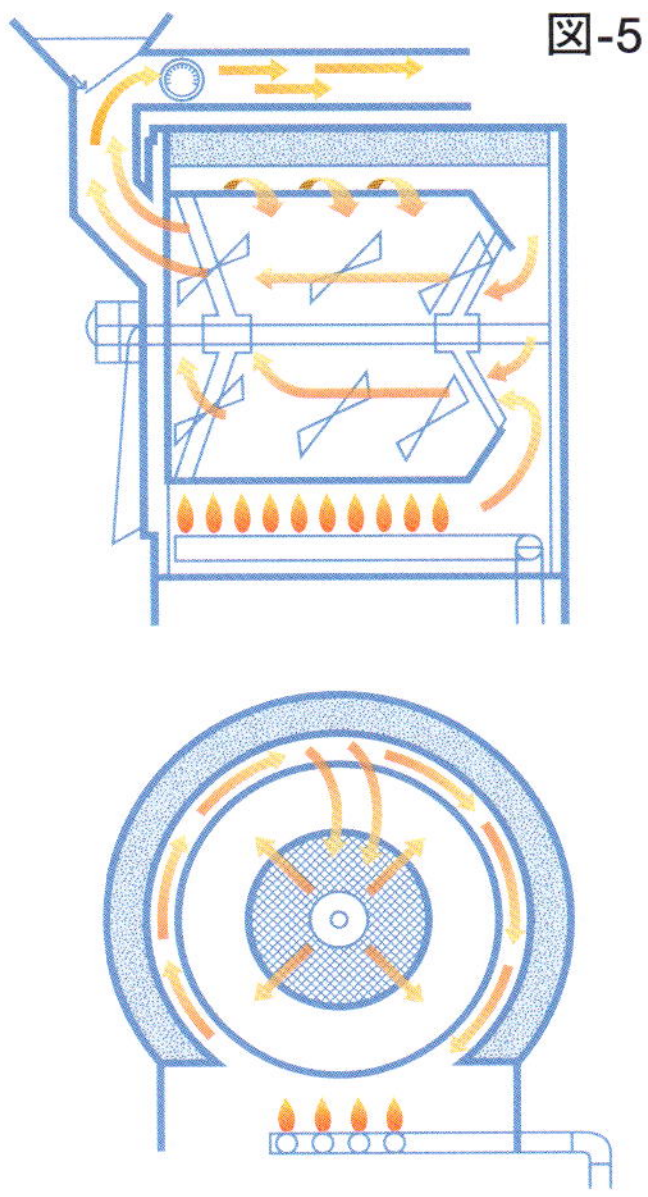

遮炎板によってバーナーの火は直接ドラムに当たらない。熱風はドラム後方から内部に入り、前方に抜けていく。

（マイスター）
大和鉄工所と共同開発した新型焙煎機「マイスター」。この焙煎機を使うと、かつて10年かかった修業が数カ月に短縮できる。

（フジローヤル）
自家焙煎店への普及度NO.1がこの機種。本稿ではフジローヤルの5kg焙煎機を基にしたデータをのせている。

4-2 焙煎機の構造

焙煎機は構造的に見ると、「熱を加える部分」と煙や微塵などを「排気する部分」の2つから成っている。回転ドラムとガスバーナーが前者で、後者は排気ダクトとダンパーというコンビだ。

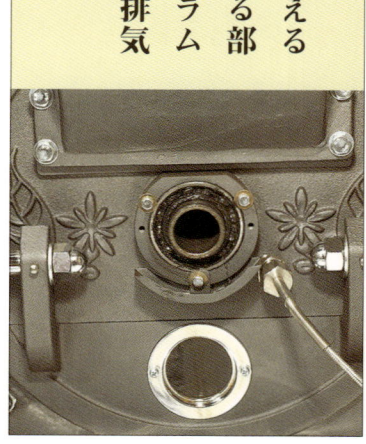

見た目はごつくて操作も煩雑そうに思える焙煎機も、構造自体はいたって単純で、だれにでもすぐ扱うことができる。

まずは電源のスイッチを入れ、ガスに火をつけ、釜の中で回転するドラムに生豆を投入する。火力調整と排気調整をおこないながら、ときどきスプーンを引き抜いては焙煎度をチェックし、豆が煎り上がったと判断したら、冷却機のスイッチを入れ釜から豆を引き出す。焙煎の流れはざっとこんなものである。そこで焙煎機本体の主だった部位を取り上げ、その役割と問題点を述べてみる。

●ダンパー

ダンパーの役割は大きく3つある。煙やチャフなどのゴミを排出する排気機能と、豆の燃焼に必要な酸素量の供給、それとドラム内の熱量調整である。基本的には《ダンパーを開ければドラム内の温度は上がり、閉めれば下がる》という機能をもっている。生豆投入直後に、豆の足並みを揃える（粒の大きさや含水量にバラツキがあるので、ひとまず均一にならすこと）ために、しばしば「蒸らしダンパー」（ダンパーを閉めぎみにする）という操作をおこなうが、これもダンパーの重要な役割の一つだ。

ダンパーには排気と冷却が共用になっている共用型と、それらを別々にもっている独立型がある。85頁写真のフジローヤル（5kg用、半熱風式）もそうだが、一般に10kg未満のマシンには共用型が多く、排気経路もダクトもひとつで間に合わせる。つまり焙煎中は「焙煎・冷却切り替えハンドル」のレバーを焙煎用にし、冷却時にはレバーを冷却用に切り替える（図7・8参照）。切替

図-6　焙煎機の構造と豆の流れ

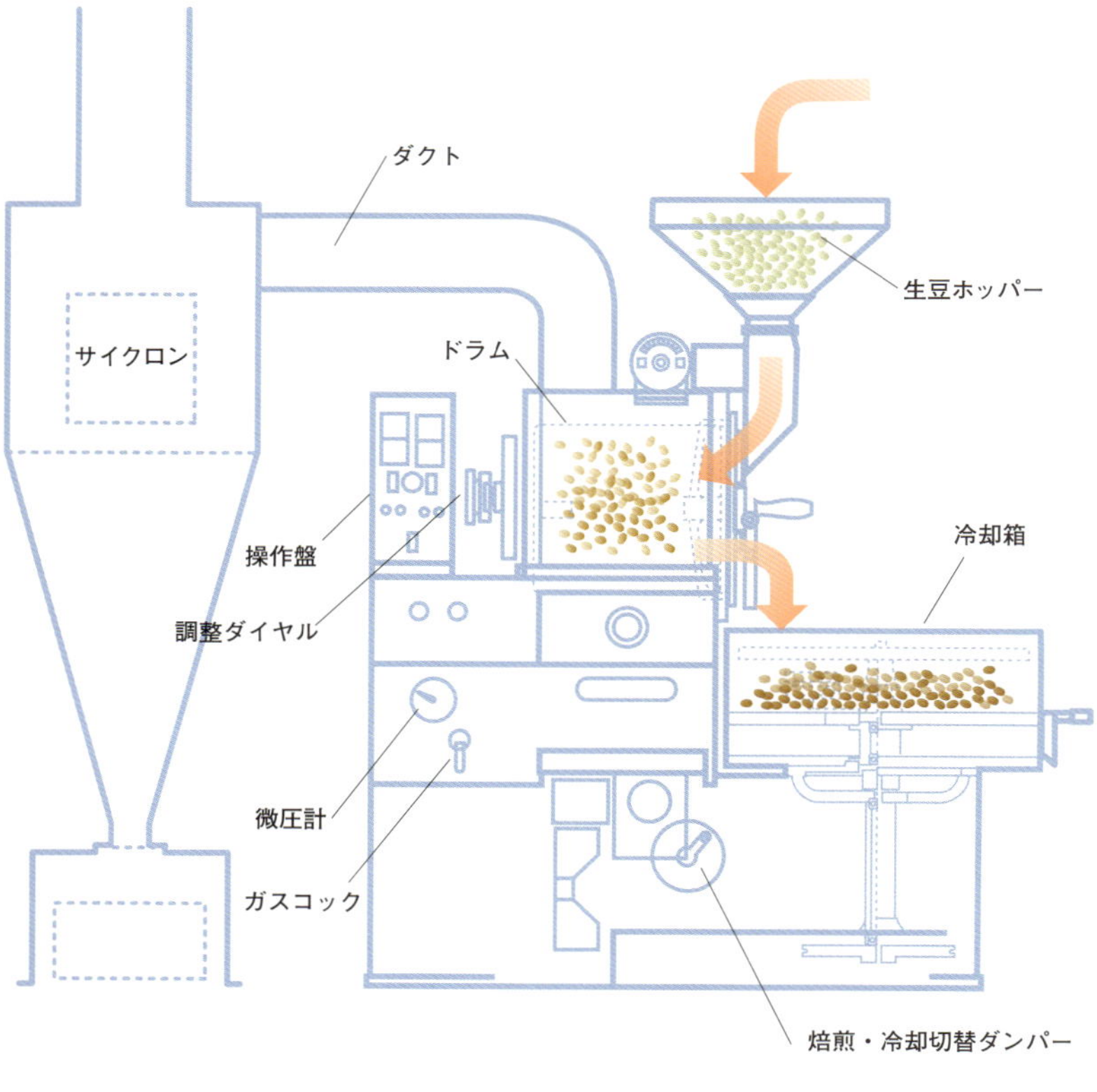

排気筒（煙突）の高さをどう設定するかは焙煎機の設置条件にもよるが、煙突に十分な高さをもたせないと適正な焙煎ができなくなることは確かだろう。特に煙突は曲がりのところで乱流が発生するため、できるだけ直線的にのばすことが肝要。しばしば「横引きの長さの2倍以上の高さ」をもたせるべし、とされるのは、いわゆるドラフト効果（煙突効果）を狙ったものだ。気体は熱せられると密度が低くなり、強力な上昇気流を発生させる。その際、煙突が長いほど強い上昇気流が生まれる。しかし最近は送風機による強制排気が主流なので、煙突の高さにそれほどこだわる必要はなくなった。

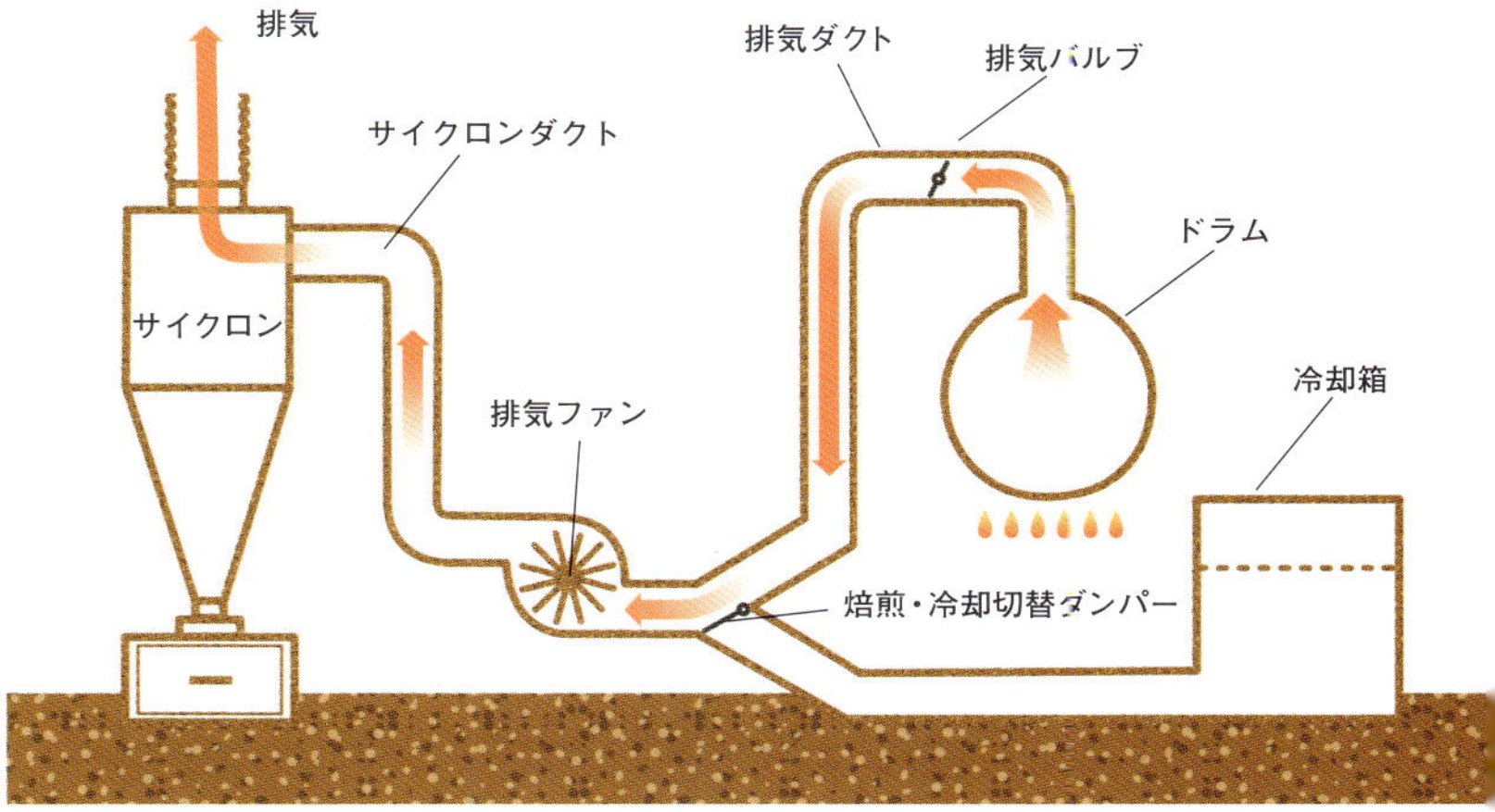

図-7　焙煎機の空気の流れ（焙煎中）

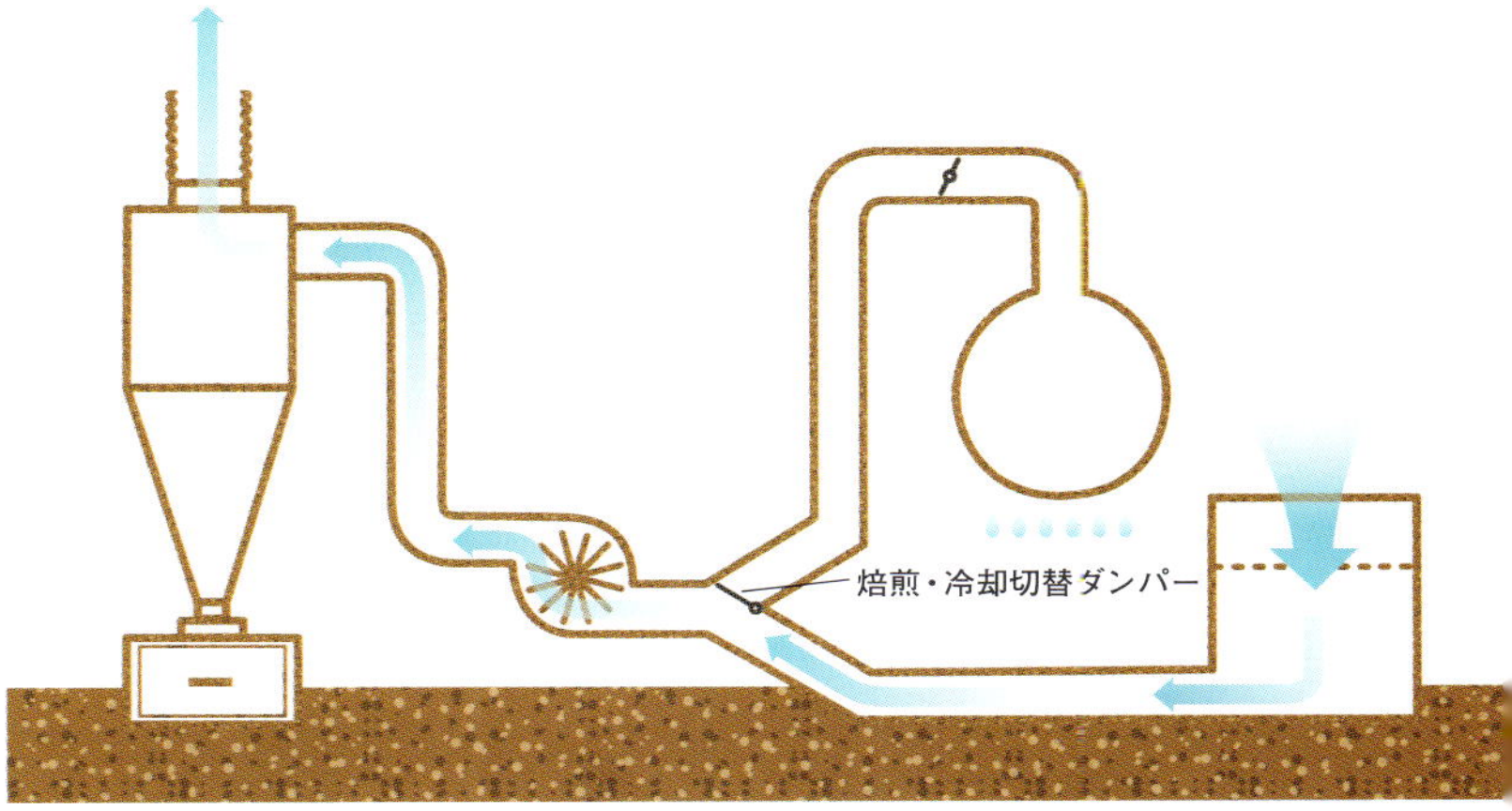

図-8　焙煎機の空気の流れ（冷却中）

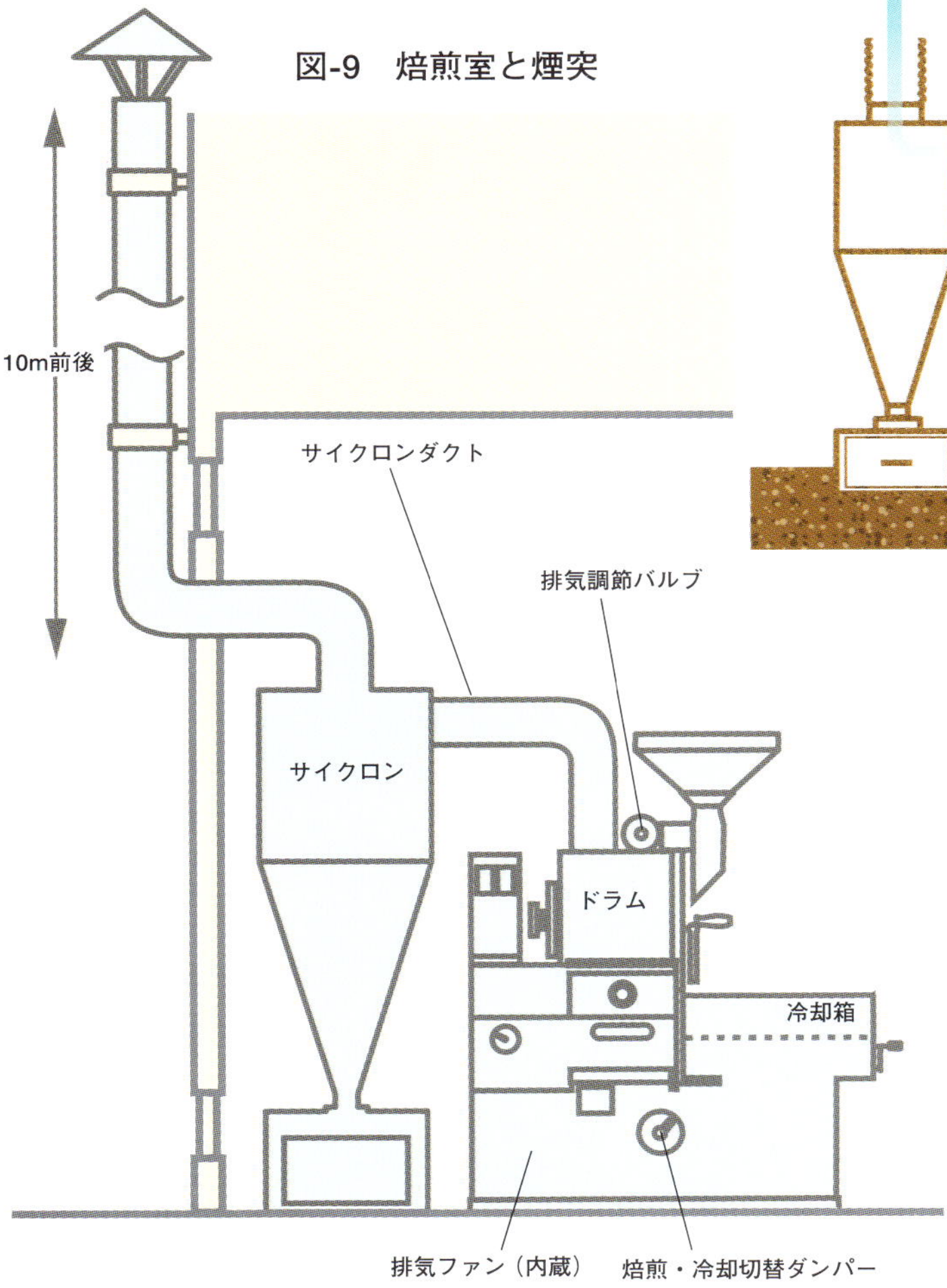

図-9　焙煎室と煙突

焙煎機の主な部位

①排気ハンドル　②アロマメーター
③ガス圧計　④ガスレバー
⑤リミッター（ガス元栓）

テストスプーン（別名サシ）

煎り豆の取り出し口

ふたを外した前ベアリング部分

サイクロン
（集塵機）

生豆投入用
ホッパー

シリンダーの軸調整ダイヤル

冷却箱

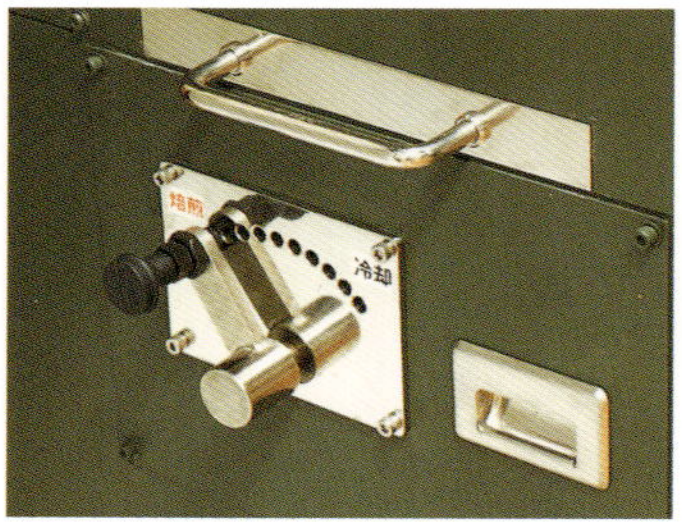

焙煎・冷却切替ハンドル

生豆投入ダン
パー

冷却箱出し口

液晶タッチパネル式操作盤

不要な独立型が主流になるのは10kg以上の焙煎機だ。

新型焙煎機の「マイスター」にはもう一つのダンパー（アロマメーター）を設置してある。カメラでいうなら、さしずめ露出補整といった役割を担っていて、微妙な味や香りを調整したいときに威力を発揮する。焙煎の良し悪しは「火力」と「排気」と「焙煎時間」のバランスで決まる。いずれにしろダンパーひとつで排気をコントロールするのは至難の業といえる。

●回転ドラム

ドラムの構造は直火式と半熱風式とでは異なるが、基本的に求められる条件は豆を均一に煎ることができる撹拌羽根と、適正な回転数である。しかし焙煎機によっては、容量どおりに生豆を投入すると煎りムラを起こしたり、排気に困難をきたすものもある。原因の多くは撹拌羽根の構造にある。回転による遠心力で豆がドラム前方に押しつけられ、だんご状に固まってしまうのだ。羽根の取り付け場所や形状にはよほどの工夫が要る。

●排煙設備

焙煎中には生豆についていた埃やチャフ、シルバースキンが相当量出る。サイクロン（集塵機）はその塵を集めるための設備で、焙煎機にダクトパイプで水平につなぎ、さらにそこから屋外の煙突につなぐ。煙突はアールの部分（曲がったところ）に乱流が発生するため、できるだけ直線的に設置し、十分な高さをもたせる。煙突は単なる排気口ではない。サイクロンにたまった空気（排ガス）を吸い上げる役目をもっている。

煙突が短いと煎りムラだけでなくガスごもりにもなりやすい。その現象は5kg焙煎機で5kgの生豆をフルに焙煎したときなどに顕著に表れる。もっとも最近の焙煎機はファンによる強制排気をおこなっているため、煙突の口径が十分に確保され、焙煎機から水平にのばしたダクトがごく短ければ、煙突の高さにさほど神経を使わなくてもすむようになった。

排気がスムーズにおこなえないと適正な焙煎はできない。近頃は排気効率を上げようと、排煙ダクトを必要以上にのばす者があるが、場合によってはドラフト（煙突効果）がつきすぎて容易に釜が暖まらないという弊害を生む。火力を最大にしても逃げていく熱量が多すぎて適正火力を保てないのだ。また一定量を越えた冷たい二次空気が釜の中になだれ込むと、これまたドラム内の温度が不安定さを増す。排気能力はありすぎてもなさすぎても困りもの。適正能力を正確に把握しておく必要はあるだろう。

●冷却装置

煎り終わった豆はすぐに冷却しないと、豆自体にこもった熱でさらに焙煎が進んでしまう。焙煎が進んだぶんだけ苦味は強くなる。

●火力装置

焙煎機の温度コントロールはバーナーによる火力とダンパーとの複合調整でおこなう。火力設定はガス圧計でおこない、微調整はダンパーでおこなう。理論的にはバーナーが強火でダンパーが全開のときに最大熱量となり、逆に弱火でダンパー全閉のときに最小熱量となる。

●新型ロースター開発の話

コーヒーの焙煎は熟練を要する技術で、修得までには長い年月と経験が必要とされる。私もこの30年、ずいぶんと試行錯誤を繰り返してきた。マシンの改造にも取り組んだ。最新の焙煎機には排気温度と焙煎温度の両方を計測するセンサーが標準装備されているが、昔の焙煎機は排気温度しかわからず、焙煎温度用のセンサーをわざわざ特注で作らせたり、ダンパーを使いやすいように改造したりした。

使い勝手のいい新型焙煎機の開発は20年も前から考えていて、今回、岡山の大和鉄工所との共同でマイコン制御の「マイスター」の開発にこぎつけることができた。私は焙煎機だけでなく、パンやケーキを焼くオーブンの開発も手がけたことがある。小型・省スペースながら大型オーブン並みの機能を持ったマシンで、89年に1号機を世に出した。マイスターの完成は2001年。この焙煎機を使えば、かつて10年かけて習得した技術が、たったの数か月でマスターできる。ファッション性やデザイン性も重視したので、店に置いてもサマになるのが売りである。

4-3 焙煎機の使い方

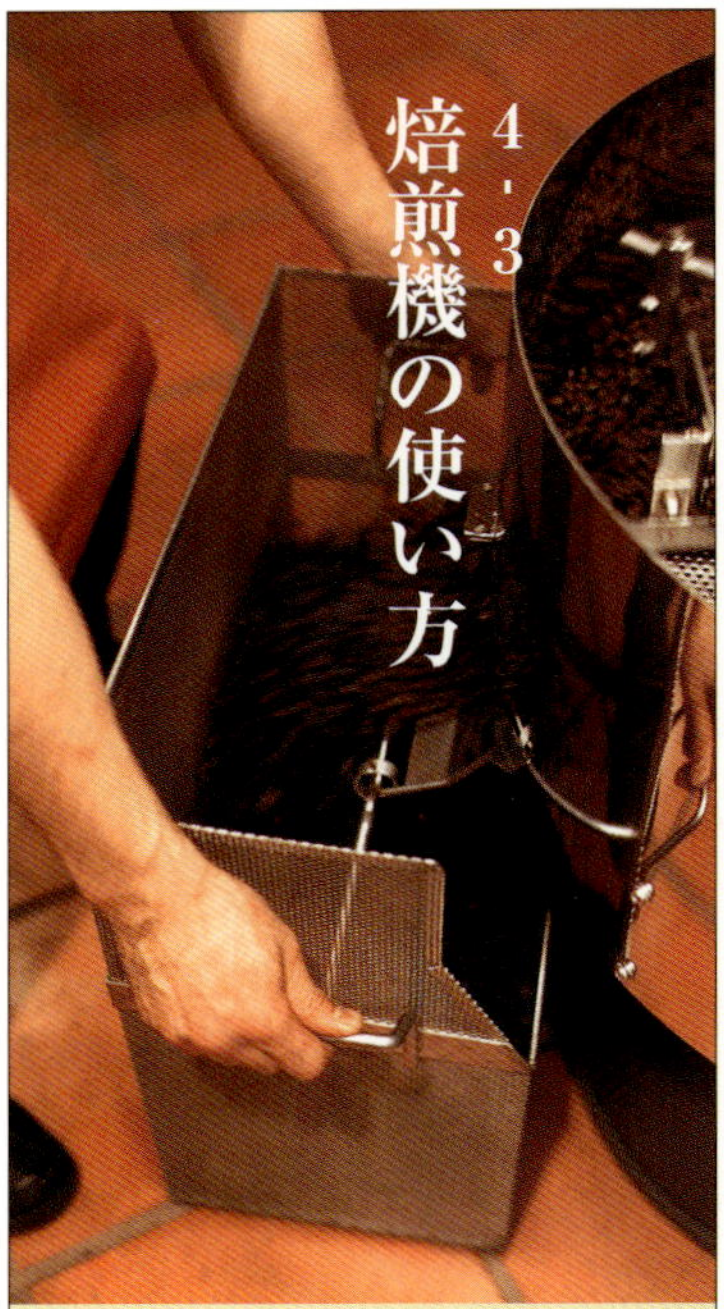

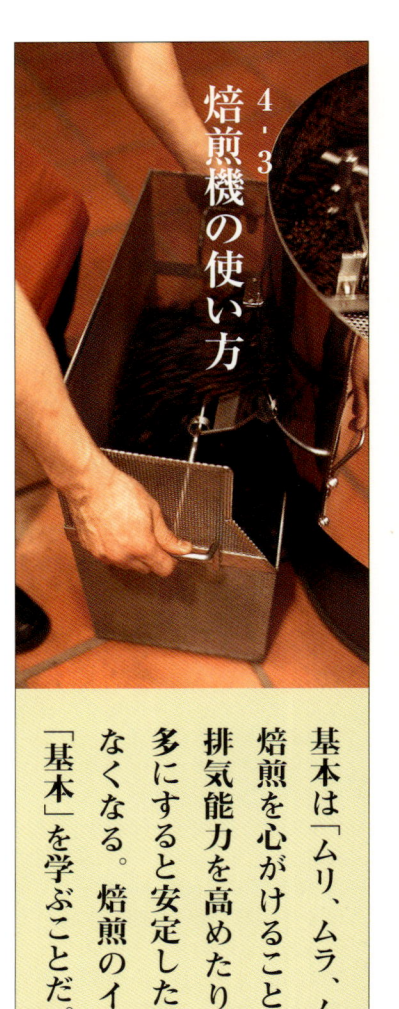

基本は「ムリ、ムラ、ムダ」のない焙煎を心がけること。むやみに排気能力を高めたり、火力を過多にすると安定した焙煎ができなくなる。焙煎のイロハはまず「基本」を学ぶことだ。

ひとくちに焙煎といっても、それこそ十人十色で、いろいろなやり方がある。生豆を釜に入れる前に米を研ぐみたいに水洗いする人もいれば、煎り上がる寸前にドラム内にバターを放り込む人もいる。また最初から最後までダンパーを全開にしたまま焙く人がいれば、煎り上がる直前に火を止め、１分間予熱で焦がしてから冷却箱に落とす人もいる。

まさしく百家争鳴の観がなきにしもあらずだが、どう転んでも焙煎者の数だけ焙煎法はあるわけで、どれが正しくてどれが間違っている、というものでもない。いろいろな焙煎法はあってもいい。あってもいいが、基本は「ムリ、ムラ、ムダ」のない焙煎だろう。

以下は私が「基本焙煎」と呼ぶところの、ごくオーソドックスな焙煎法である。もちろんこのメソッドも、百家が唱えるうちの一つにすぎない。わかりやすいように焙煎過程をおよそ５つの段階に分けてみた。ちなみに焙煎機は５kg用の半熱風式を使うものとする。

■焙煎の準備

車に暖気運転があるように、焙煎機にもそれがある。釜の温度を安定させるためには最低15～20分のアイドリングが必要だ。バッハコーヒーではマイスター（５kg用、10kg用）で約30分間、フジローヤル（５kg用）で20分間の暖気運転をおこなっている。火力は弱火～中火。

１回に煎るコーヒー豆の量は釜の容量の80％くらいを目安にするといい。多すぎても少なすぎても煎りムラが起きやすい。５kg釜なら４kg、３kg釜なら２kgというところか。焙煎量が少量なら問題はないが、10kg釜で８～10kg前後の生豆を連続焙煎するとなると、ホッパーまで生豆を持ち上げるだけでも重労働で、へたをすると腰を痛めてしまう。で、開発したのがジブクレーンだ。生豆を自動的に持ち上げ、ホッパーまで運んでくれる（92頁写真１・２）。

豆を連続して焙く場合の順序は、肉質がやわらかく焙煎度の浅いもの（ＡかＢタイプ）から、肉質の堅い焙煎度の深いもの（ＣかＤタイプ）へと煎っていく。量的にも少ないものから多いものへと焙煎していくと作業ロスや燃料ロスが少なくてすむ。

１ 焙煎ステージⅠ（０～５分）

釜の温度が１８０℃で、生豆を４kg投入。火力は弱火。温度カーブはいったん下降し、２分30秒で豆温度95℃、排気温度１５４℃まで下がって底を打つ。この間、ダンパーの開度は４分の１～３分の１と閉めぎみにし、いわゆる「蒸らしダンパー」にする。蒸らしダンパーの目的は主に生豆の水分抜き。生豆のサイズのバラツキや乾燥度のバラツキを、この〝蒸らし〟によって均してやる。

およそ４分ほど経ったら、ダンパーを１分間ほど全開にし、生豆からはがれ落ちたチャフ（薄皮）を飛ばす。そしてまたダンパー開度を４分の１くらいまで閉め、１ハゼまでそのままの状態でもっていく。

豆は5〜6分で色づいてくる。もっともこのステージⅠの段階では濃緑色の豆が薄緑になり、白っぽい豆がさらに色落ちするていどで、いきなり茶色に変わるわけではない。香りも初めは青臭いにおいで、1ハゼの手前で青臭さがなくなる。音も堅いチャチャチャから、サッサッサッとやわらかい感じになる。

2 焙煎ステージⅡ（5〜10分）

理想的な焙煎は、放物線を描くように温度がなだらかに上昇していくような焙煎だ。途中でアップダウンがあるような焙煎は「ムリ、ムダ」のある焙煎といっておく。この段階でも熱量を庫内に閉じこめるようにダンパーをやや閉めぎみにしておく。「蒸らし」は時に「足並みを揃える」と表現されたりするが、要は含水量や体積の異なる豆を焼き揃える作業をいう。蒸らしはおよそ7〜9分くらいかける

コーヒーは蒸らしを終えた1ハゼの手前くらいで若干縮む。1ハゼでふくらみ、2ハゼの手前でシワがのび一段と大きくふくらむ。豆の色は全体に肌色になっていく。水分の多い豆は水分の抜けたところだけが肌色になっていく。青臭いにおいは少なくなってくる。

3 焙煎ステージⅢ（8〜15分）

豆の色が黄土色から薄い茶色に変わっていく。1ハゼ前になるとセンターカットの白い部分が目立ってきて水分が抜け、豆が縮む。体積的には一番小さくなっている段階だ。12分前後に、パチパチパチという豆がはぜる音とともに1ハゼが始まる。ダンパーをいくぶん開けぎみにし、温度を上げていく。排気温度は１８０℃。香ばしい甘い香りが漂ってくる。豆の色も茶色が濃くなってくる。1ハゼはおよそ2分間続き、2ハゼもやはり2分間くらい続く。

このステージからが本格的な焙煎の始まりで、それ以前は焙煎の準備段階といったところか。ダンパーの開度は2分の1〜2分の1強。これは焙煎をスムーズに進行させるための開度で、私は「焙煎ダンパー」と呼んでいる。

コーヒー豆は通常2度はぜる。1ハゼは一般に「パチパチパチ」という力強い音がし、次の2ハゼは「ピチピチピチ」という音がする。したがって1回目のハゼと2回目のハゼは容易に聞き分けられる。

もちろんこの間、テストスプーンを使って何度も豆色を確認する。ふつう生豆を投入するホッパーが付いた焙煎機には、前面にスプーンがついている。豆色を確認するときはスプーン面を上向きにして抜き出し、サンプルの色と見比べて煎り止めのタイミングを判断する。見終わったら、スプーン面を下向きにして豆を空ける。焙煎中はスプーン面を必ず下向きにしておく。

4 焙煎ステージⅣ（15〜20分）

2分間の1ハゼが終わると、およそ2分間のインターバルがあり、すぐに2分間の2ハゼが始まる。この間、ダンパーを開きぎみにし（開度は2分の1くらい）、温度を１８０℃〜１９０℃〜

●水とコーヒー

水に関してはずいぶん研究した。井戸水を使ったこともあれば名水と呼ばれる水、ミネラルウォーターとひととおり何でも試してみた。

結論から先に言ってしまうと、良質な自然水が一番ということになる。私がいう自然水とは、浄水器を通した加熱殺菌されていない水道水のことで、決して特殊な加工をされたものではない。

浄水器といってもピンキリで、濾過材の種類によっても浄水効果に微妙な差が出てくる。一般的なものは石炭や椰子殻などの活性炭による浄水だが、塩素の除去には効果はあっても赤サビやバクテリアはほとんど除去できない。他に活性炭と中空糸膜（中が空洞になっている糸状の繊維）を組み合わせたものやセラミックを組み合わせたもの、あるいは逆浸透膜と活性炭を組み合わせたものなどがあるが、それぞれ一長一短があり、どれがよいとは一概にいえない。

基本的には軟水でカルキを含まない自然水がよく、特にミネラルウォーターを使う必要はない。外国産の中には硬水のものもあり、かえってコーヒーの味を損なってしまう。湯は必ず沸かしたてを使うこと。湯冷ましを再沸騰させると味の重いコーヒーができてしまう。

焙煎機（マイスター）の操作手順

① 付属のクレーンのホッパーに生豆を入れる

② ホッパー上昇ボタンを押し続け、上まであげる

③ クレーンのホッパーのストッパーを外し、生豆を焙煎機のホッパーに投入する

④ ドラム内に生豆を投入

⑤ 立ち上げ時にアフターバーナーを点火（10kg用のみ）

⑥ ダンパーをやや閉めぎみにし、いわゆる「蒸らしダンパー」に設定する

⑦ チャフを飛ばすためダンパーを全開にする

⑧ 1ハゼ時の「焙煎ダンパー」にする

⑨ 2ハゼ時の「排気ダンパー」にする

２００℃と徐々に上げていく。香りも強くなり、豆の表面を覆っていた黒いシワが少しずつ消えていく。組織の細胞がつぶれ、細胞と細胞の間が広がっていく感じだ。

２ハゼに入るのは16分前後だ。その手前あたりからダンパーの開度を３分の２、もしくは全開にし、ドラム内に発生する揮発成分と煙を排出する。この操作が「排気ダンパー」だ。豆の色は茶色がやや黒みを帯びてくる。ツーンとしたコーヒーの香りが鼻孔をくすぐる。

５　焙煎ステージⅤ（20〜25分）

２ハゼが終わるのが18分前後。ここで煎り止めると、コーヒーの味と香りが一番豊かに出るフルシティ（中深煎り）の焙煎度になる。さらに煎り進めると、だんだんスモークフレーバーが強くなり、煙が盛んに出てくる。焙煎度がフレンチ、イタリアンといった深煎りで、焙煎する量がフルロースト（５kg釜なら５kg目一杯に入れる）の場合、焙煎時間は20分前後かかるのがふつうで、焙煎量が釜の容量の半分〜８割前後であれば18〜19分で煎り上がる。また生豆の含水量の多少によっても焙煎時間は変わってくる。

冷却装置は煎り止めの約１分前からスイッチを入れ準備しておく。冷却は粗熱を取るだけなら５分、完全に冷やしきるには７〜８分かかる。

以上の作業手順を順にまとめると以下のようになる。

１　本体の電源スイッチを入れ、ドラムを回す。
２　バーナーに着火する。
３　予熱火力調節。着火は眼で確認する。
４　ダンパーを調節する（蒸らしダンパーに）。
５　ドラム焙煎豆取り出し口の閉鎖を確認。
６　検量した生豆をホッパーに投入する。
７　所定温度でドラム内に生豆を投入する。
８　焙煎を開始する。
９　連続焙煎する場合は、次の生豆をホッパーに投入。ダンパー

⑩ 煎り止めのサンプルを採る

⑪ 煎り豆を冷却箱に取り出す。5kgの場合は焙煎・冷却切替ダンパーを切替える。

⑫ 冷却した煎り豆を専用容器に取り出す

●コーヒーとお菓子の関係

日本では「コーヒーとお菓子」より「紅茶とお菓子」のほうが受けがいい。しかしフランスにしろオーストリアにしろ、お菓子先進国は揃ってコーヒーの国で、日本がなぜ紅茶に肩入れしているのか今ひとつ判らない。オーストリアにはザッハトルテという有名なチョコレート菓子がある。私もウィーンの「カフェ・ザッハ」で何度か食べたことがあるが、このケーキはカフェ・モカというエスプレッソのような苦味の強いコーヒーと合わせて初めて真価を発揮する。初めから苦味のコーヒーとの組み合わせが前提だから、紅茶と合わせると甘みだけが突出してしまうのだ。

日本のお菓子類が総じて甘みと風味に欠けるのは、おそらく紅茶との組み合わせが想定されているからだろう。紅茶との相性もけっこうだが、コーヒーとの相性にもこだわってほしい。でないと、日本のケーキは甘さも風味もない薄っぺらな菓子に成り下がってしまう。

を調節する（焙煎ダンパーに）。

10 焙煎の火力を調節する。

11 テストスプーンで色づき具合を確認する

12 必要があれば、再度火力を調節する。

13 煎り止め前に冷却装置のスイッチを入れる。

14 冷却箱の煎り豆取り出し口の閉鎖を確認。

15 テストスプーンで煎り止めを確認する。

16 すばやく取り出し口を開け、冷却箱内に落とす。

17 火を消す。

18 焙煎豆の冷却を開始する。

19 排気と冷却のダクトが共用型の場合、切替ハンドルを「冷却」にする。3分以上経過したら、2回目の焙煎に入る。

20 ドラム内に生豆を投入。2回目の焙煎開始。

あとはこれの繰り返しだ。

■焙煎機の保守点検

焙煎機には定期的な保守点検が必要だ。使い込んでいけば、自然と煙道にチャフがたまり、モーターのベアリング部分にもカスがたまっていく。チャフやススがたまる煙突内部を掃除せずに放っておけば、チャフに火がついて火災を起こす場合もある。また、ベアリング部分のカス取りをせず、油だけをさし続けていると、しまいにはカスが詰まり、焙煎中にドラムの回転が止まってしまうこともある。こうなると焙煎がストップするだけでなく、たちまち商売にも影響する。

時には「火力を上げたときの温度上昇が異常なんですが……」という問い合わせを受けることがある。これも調べてみたら煙道にたまったカスが原因だった。血管にコレステロールがたまり、血圧が上がってしまうように、ダクトにカスがたまるとその抵抗で、バンパーをちょっと開いただけでもドッと温度が上がってしまう。きめ細かな温度コントロールができなくなってしまうのである。

焙煎機の保守点検は、手間がかかりめんどうなことから、つい後回しにされやすいものだが、正しく精確な焙煎をするためには、定期的な保守点検がどうしても欠かせない。以下は主な点検箇所と点検のしかたである。

1 ダンパーの油さし（図10）

ダンパーの心棒の真上にある2㎜ていどの小穴に油をさす。油は熱に強いエンジンオイルを使うといい。この油さしを怠ると、焙煎中に出る排煙が徐々に付着し、スムーズな開け閉めができなくなる。力を入れて操作するようになるため、しまいには止めピンがこわれ、ダンパーの開閉ができなくなったり、車のハンドルにある遊びのような遊間ができ、ダンパー開度が精確さを欠くようになる。

2 ベアリングのグリースアップ（図11）

前ベアリング部分のグリースを交換する。ドライバーや細い棒で古くなったグリースを掻き出し、丹念に汚れを拭き取ってから、ビニール手袋をした指で新しいグリースを塗り込んでいく。このグリースアップを怠ると、心棒が早く摩耗してしまい、回転運動が不規則になるだけでなく、ついには回らなくなってしまう。なお、古いグリースの除去は、事前に焙煎機を暖めておくとやりやすい。

3 煙突の掃除（図12）

最初は3か月くらいで一度点検をする。そのころは焙煎量も少なく、煙突の内側もなめらかなものだが、一定期間が過ぎるとチャフやススがだんだん付着してくる。点検は1か所だけにとどまらず、屋外のタテ煙突まで確実におこなう。屋外の煙突は、タテ1mていどの高さのところにススがたまりやすく、つい見落としがちになってしまう。

掃除は煙突の口径に合わせたブラシでおこなう。長く継ぎ足しできる掃除棒やワイヤブラシもあるので、ていねいにススを落とす。煙突がつまると、排気能力は著しく低下し、ダンパー操作による火力と排気のコントロールができなくなる。一歩間違えば着火の恐れもある。

4 温度センサーの清掃（図13）

定期的に温度計センサーを引き抜いて掃除する。ススが層になってこびりついていると、温度を精確に感知できなくなる。センサー部分の汚れを落としたら、中性洗剤で洗ってやる。

温度計には排気温度計と豆（釜内）温度計がある。昔は排気温度計だけのものが多かったが、より精確さが求められ、ドラム内にセンサーが挿入されるようになった。このセンサーに豆が当たることで、豆の温度を測るのである。しかしこれとても精確というわけではない。センサーは豆がとどまっている位置に差し込まれているわけではないため、焙煎する豆の量によってもセンサーに当たる豆の密度が違ってくる。ここに実際の豆温度と表示される温度とのズレが生じてしまうのだ。さてセンサーの掃除に話を戻すが、かつてだんごのようにチャフがこびりついていた例があった。先端にこびりつくとセンサーそのものの抜き差しができなくなる。くれぐれも曲げないように気をつけたい。

5 サイクロン（集塵機・図14）

まずはサイクロン本体を外してから掃除をする。図14にあるような掃除孔があるので、これを開けて内部をのぞき、チャフが内面に層をなしていたら、ハンマーで軽くたたきゴミを落とす。ついでにブラシなどで掃除する。チャフの付着はいざというときの着火の原因になるので、煙突内とサイクロン内は必ず点検を忘れないこと。

6 冷却箱（図15）

冷却箱の吸気の穴を掃除する。冷却箱は少しばかり重いが、焙煎機から外して、裏側にたまったチャフなどを掃除機で吸い取る。

●自家焙煎と公害対策

初めて焙煎機を購入しようとする者の中には、サイクロン（集塵機）や煙突などを別物と考える者があるが、別物どころか、煙突を含めたすべての付帯設備一式を1つの焙煎装置のセットと考えるのが順当な考えというものである。

焙煎機は煙突なしでは考えられない。ドラム内で発生した煙やチャフは煙突を通して外に排出され、煙突を通して空気量が調節されるからだ。が、実はこの煙突が一番問題になるのである。人里離れた山奥で焙煎するのならともかく、ビル街や人家の密集した住宅街で煙突をのばすとなると「公害」の二文字に面と向き合うことになる。

公害対策用の設備としては、5kg以下の焙煎機用に静電気フィルタークリーナー（消煙のみで、消臭はなし）があり、消臭用に活性炭フィルターのクリーナーがある。また焙煎機が10kgを超えるとアフターバーナーが必要となり、そのいずれもが数百万円もする代物で、へたをすると焙煎機本体より高くつく場合がある。これからの時代に、近所迷惑な自家焙煎など考えられない。

焙煎機のメンテナンス

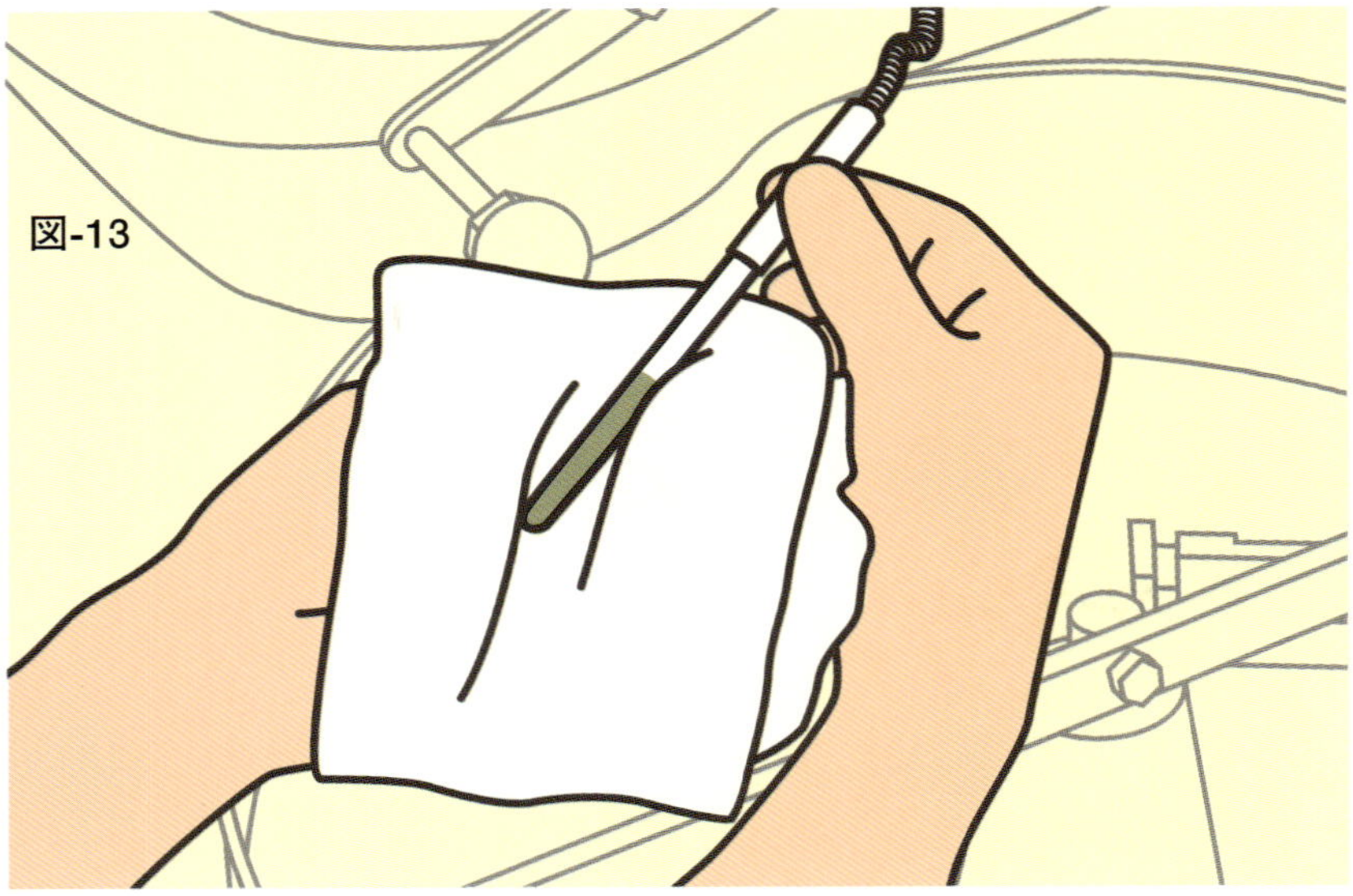

図-13

温度センサーを布で
拭いておく

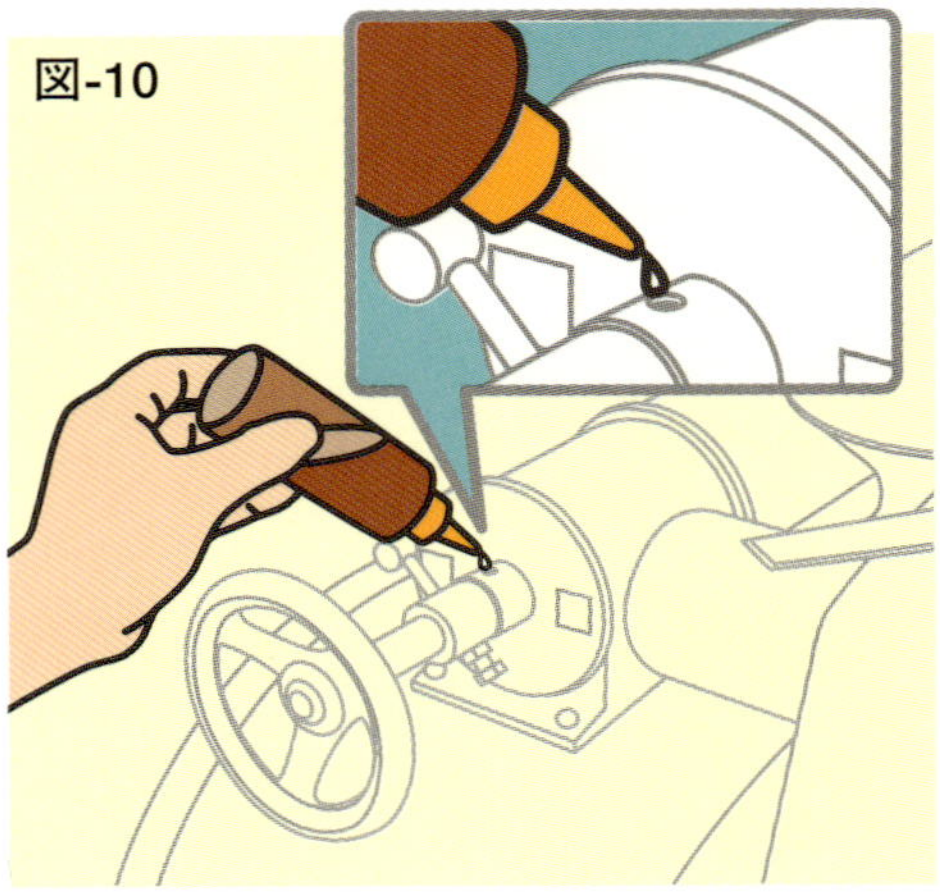

図-10

ハンドルが固くなる前にダンパーに油をさしておく

図-14

サイクロンの点検用穴から小帚もしくはハンドブラシを入れ掃除する

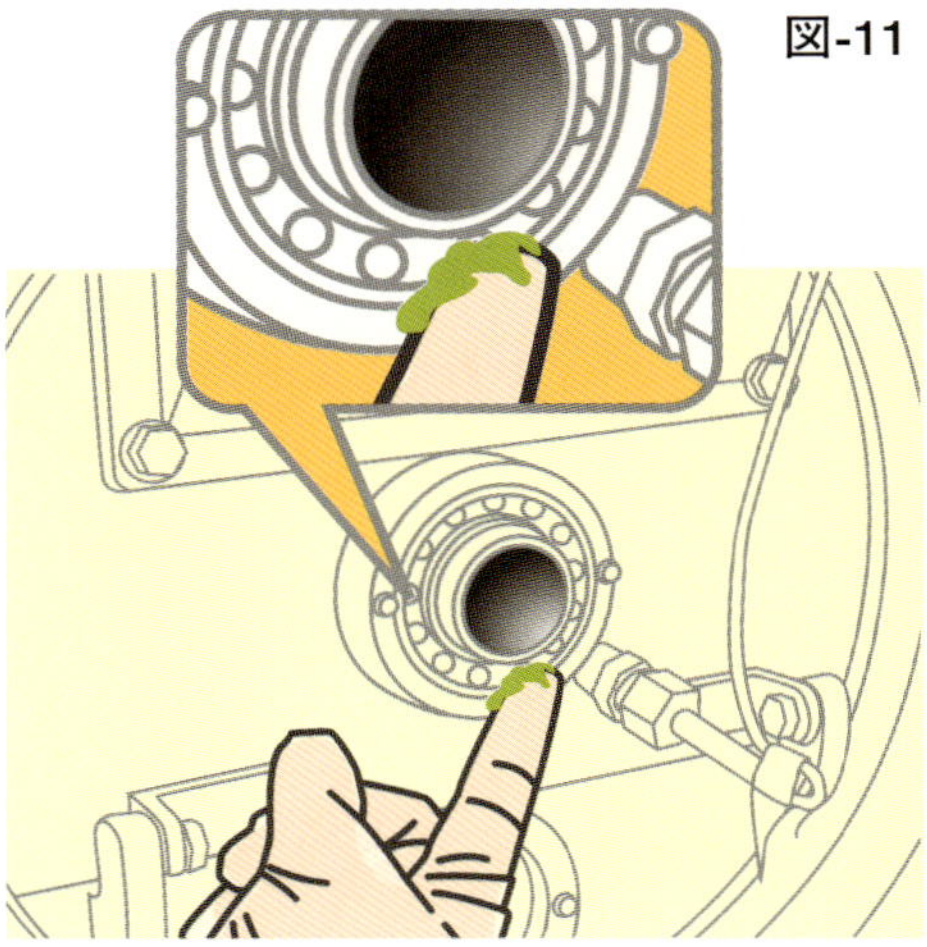

図-11

前ベアリング部分のグリースを交換。ドライバーや棒で古いグリースをかき出し、ビニール手袋をして新しいグリースを塗り込む

図-15-2

冷却箱の吸気の穴を掃除する

図-15-1

冷却箱の掃除

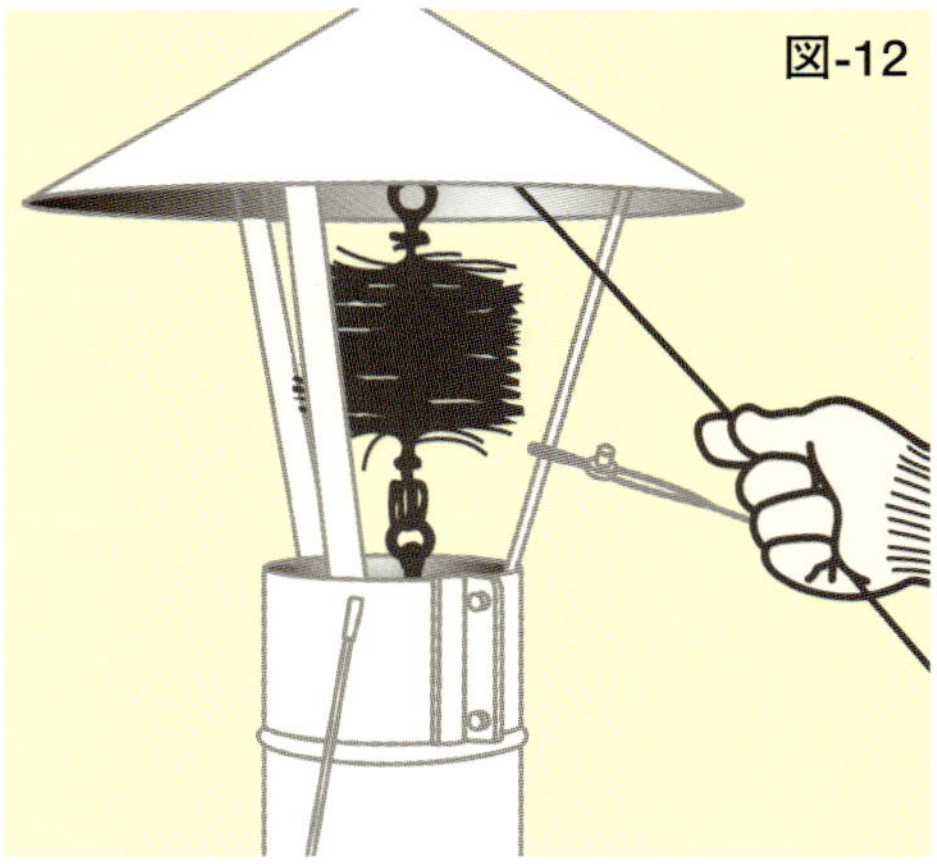

図-12

外の煙突をワイヤブラシを使って清掃する

図-16-1

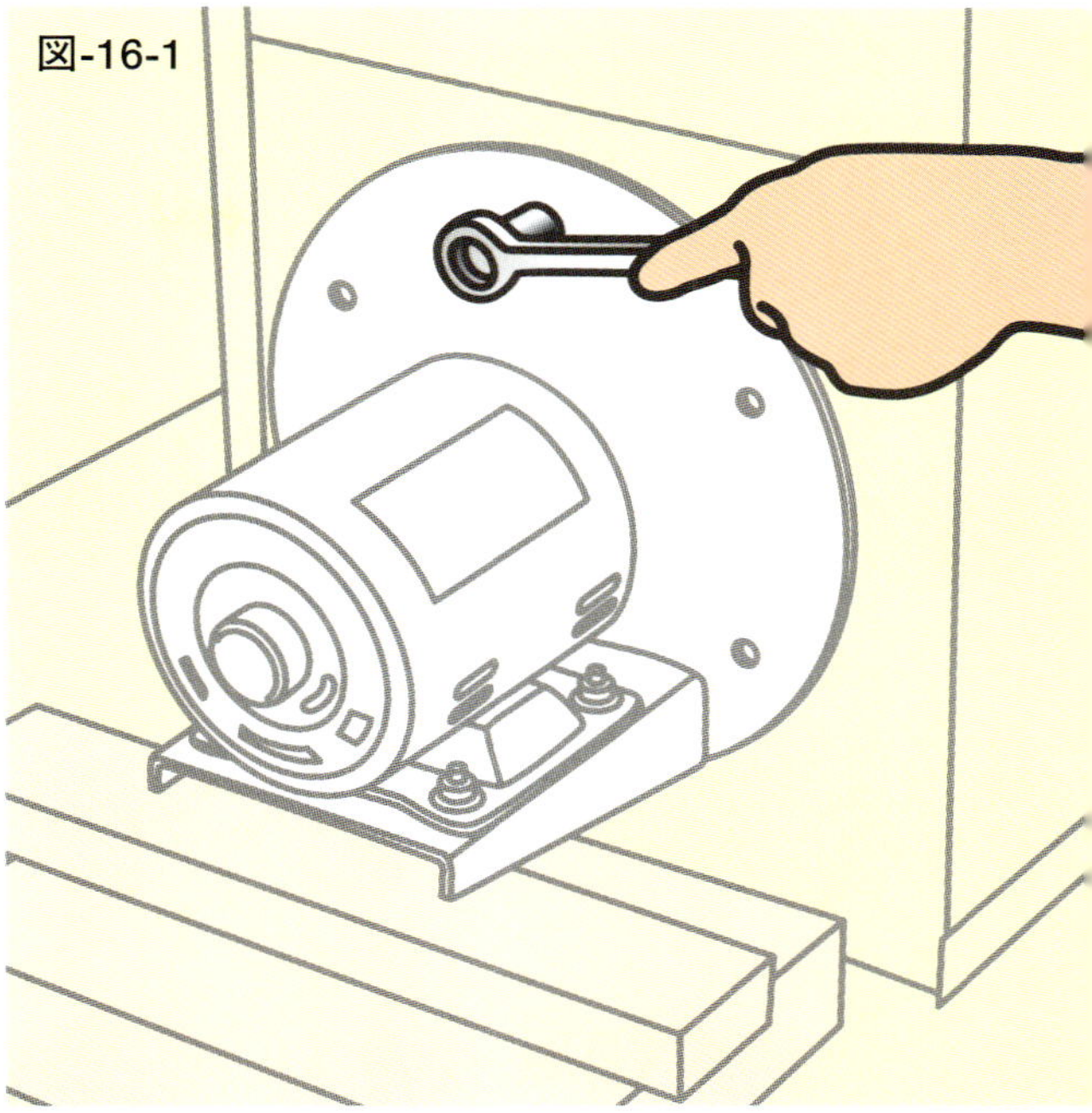

排気用ブロワーのモーターを外す

図-16-2

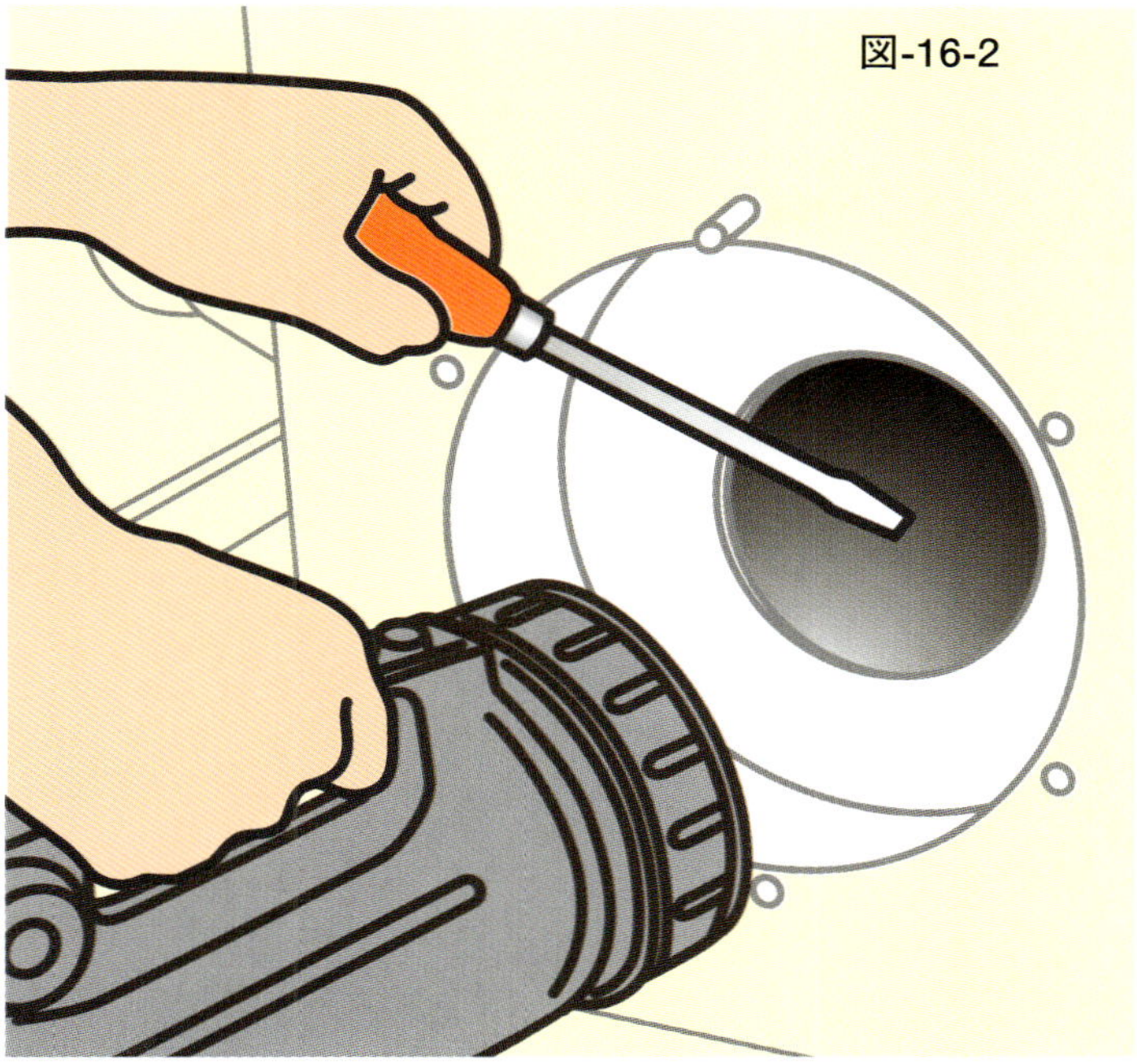

モーターを外したら、内部を掃除する

7 排気用ファン（図16）

モーターと連結していて、これまた重い。重いが、モーターごと外して、中の排気ファンの羽根にチャフなどがこびりついていないかどうか確認する。チャフの付着をそのままにしておくと、まったく排気ができなくなったり、モーターが動かなくなったりすることがある。

排気ファンを取り外すときは、真上のボルトから外さないこと。あらかじめ下支えしておかないと、ボルトを外してファンを抜く際に、モーターの重みでネジが曲がったり、焙煎機との接続部分がゆがんだりして、元のように取り付けられなくなることがある。取り付けは真上のボルトから締めていくが、1本1本をきつく締めず、まずはすべてのボルトを軽く締め、その後、それぞれの対角線上のボルトを締め直していく。

以上が、主要なパーツの点検法だ。こうした点検を日々怠らなければ、焙煎機は各段に長持ちする。焙煎機は決して安価なものではない。できるだけ長く使えるようにしたいものである。

4-4 さまざまな焙煎法

焙煎にはさまざまな手法がある。単品での焙煎もあれば、あらかじめ複数の豆を混ぜてから煎る方法もある。また2度にわたって煎るダブル焙煎も。邪道などない。どれもが味づくりの大事な技法の一つなのだ。

ひとくちに焙煎といっても、目的や用途に応じてさまざまな方法がある。小型焙煎機を使い、少量の生豆を比較的低い温度で30分ほど煎ってゆく長時間焙煎（＝低温焙煎）があれば、1バッチbatch（ひと釜分）数百kgの生豆を、たった5～6分で焼き上げる大手コーヒーメーカーの高速焙煎（＝短時間焙煎）もある。

またブレンドを作る際には、通常、個別にローストした豆を混ぜ合わせるが、経済性の優先から、2種類以上の生豆をあらかじめ混ぜておき、いっしょに焙煎する混合焙煎という手法もある。大手コーヒーメーカーが量産、工業用に多く用いている焙煎法だ。

以下、各種の焙煎法について、その特徴と利用法を説明する。

1 単品焙煎

他の豆と混ぜずに1種類のコーヒー豆だけを煎る焙煎法。生豆は産地や作柄、収穫年によっても豆のサイズや含水量、香味などが異なる。それぞれのコーヒーの持ち味を引き出すには個別にローストする他なく、一般的にはブレンドコーヒーも単品焙煎したもの同士を混ぜるのが基本とされている。カップテストによって焙煎度の違いによる味の特徴を知るのもこの焙煎法で、私のいう「基本焙煎」はすべてこの焙煎法に拠っている。

2 混合焙煎

2種類以上のコーヒーを生豆の段階で混ぜてしまい、いっしょに焙煎する。主にブレンド用に使われる焙煎法だ。混合焙煎の良さは1回の焙煎でブレンドが作れること。ただし当然ながら含水量やサイズ、豆の硬軟といったバラツキがあるため、煎りブレする恐れはある。ブレンドは単品焙煎したもので作るのがベスト、とされるのは、混合焙煎によって起こり得る煎りブレも少なく、雑味も出にくいからだ。

なぜ煎りブレが起こるのか。少し専門的になるが、一般的にはコーヒー豆それぞれの「比熱差」によって起こるとされている。「比熱」というのは、《ある物質1gの温度を摂氏1度だけ高めるのに要する熱量》のことで、含水量の多い豆少ない豆、粒の大きい豆小さい豆では、同じ熱量を加えても、比熱差があるため煎りあがりに差が出て、ムラができてしまう。ましてや種類の異なる豆をいっしょに煎るとなると、煎りムラが起きないほうがふしぎ、ということになる。

混合焙煎は、その煎りブレを承知でおこなう焙煎で、基本的にはコーヒーの味がやや重くなる傾向がある。もちろん煎りブレがあるため、抽出もむずかしい。救いがあるとすれば、大手メーカーは大釜を使い一度に数百kgもの焙煎をしてしまうことだろうか。一般に、大釜で高速大量焙煎をする場合は、混合焙煎の弊害が出にくいとされている。

もしも小釜で混合焙煎をする場合は、次の点に留意したい。

●豆のタイプが似たもの同士の場合

2章のシステムコーヒー学にあるように、Aタイプの豆ならAタイプ同士、Cタイプの豆ならCタイプ同士で混ぜるといい。たとえばAタイプならパナマとドミニカ、Cタイプならメキシコとコスタリカ、エクアドルといった組み合わせにする。要は含水量や豆の大きさ、堅さなどの似ているもの同士を混ぜてみる。うまくいくまでは2種混合から練習したほうがいいだろう。

●豆のタイプが異なるもの同士の場合

Aタイプの豆とDタイプの豆を混ぜてそのまま煎れば、間違いなく煎りムラが起きるだろう。そこで、次に紹介する「長時間焙煎」と同じ技法を使い、焙煎スピードの足並みを揃える。焙煎時間を長くすると豆面はよくなるが、場合によっては異臭が出たり、味がスカスカになってしまうこともある。

3 長時間焙煎

比較的火力を抑え（低温焙煎と同じで、一般には180℃以下を保つ）、30〜40分の長きにわたって焙煎し続ける手法。苦味の調節に効果があり、同じ焙煎度でより苦味を出したいときにおこなう。また、豆の芯までゆっくり熱が吸収されるので、よくシワがのび、ふくらんでくれる。豆の形や大きさを揃えるには有効だろう。

タイプによって2通りの使用法がある。

●「1ハゼ手前」まで、いわゆる〝蒸らし〟の時間を長くとる方法

蒸らしは通常の焙煎でもおこなうが、特に乾燥ムラがひどい場合や酸味を抜きたいとき、ニュークロップの水分を抜きたいときなどにおこなう。やや味が平板になり、時間をかけすぎると異臭が出る場合もあるが、焙煎テクニックとしては基本中の基本。この手法をマスターすると、味のコントロールが容易になる。

●「1ハゼ〜2ハゼ手前」までの間で時間をとる方法

1ハゼからの温度上昇を抑え、焙煎スピードをゆっくり目にする。渋味抜きや、ニュークロップなどにあるタングtongue（舌を刺す味）の除去などに有効。飛び抜けて強い味を調節したり、欠点のあるわるいコーヒー豆の調節に効果を発揮する。ただし高度な技術を要するので、焙煎中はつきっきりでコントロールしなければならない。

注意すべき点は、温度を抑えても決して下げないこと。温度が低すぎると発色や香りがわるくなり、味も重くなって使用不可能なコーヒーになる。そうならないためには、技術の習得などよりむしろ、こうした焙煎法の助けを借りずに済むような良質のコーヒー豆を購入することだろう。そのことのほうが何倍も重要なのである。

4 低温焙煎

3の長時間焙煎の「時間」を「温度」に言い換えただけで、手法はまったく同じ。

5 短時間焙煎

3と4とは逆に焙煎スピードを速くする手法だ。酸味の加減をするときに有効なテクニックで、同じ焙煎度であれば、高温で短時間に上げたほうが酸味が残りやすい。ただし温度を上げすぎると煎りムラやいぶり臭の原因になるので、短時間といっても自ず

と限界はある。使い方は以下の2通りがある。

●〔1ハゼまで〕の場合

豆がゆるむ前から高温にすると煎りムラの原因になるので、豆がゆるんでから始めるのがコツ。やわらかく、形が揃っていて、含水量も一定し、よくふくらむ豆が適している。タイプでいうとAかBタイプの豆か。

●〔1ハゼ後〕の場合

バラツキのある堅い豆に向いている。1ハゼ前までは蒸らしを入れて足並みを揃え、1ハゼを過ぎてから高温にする。

6　ダブル焙煎

いわゆる濃緑色をした収穫後間もないようなニュークロップは、どうしたって含水量が多く、強い渋味と酸味をもっている。こうした生豆をいきなり火にかけると煎りムラが起きたり、重い味のコーヒーになったりする。これを避ける方策の一つが、1ハゼまでの時間を長くとる、いわゆる〝蒸らし〟と呼ばれるダンパー操作だが、似たような補整技術にダブル焙煎という手法がある。

ダブル焙煎とは文字どおり二度煎りすること。1回目の焙煎は、中火で数分、豆の色が少し抜けて白っぽくなるまで煎る。煎った豆は一度火からおろして冷却し、2回目は通常どおりの焙煎をおこなう。ダブル焙煎の目的は以下のようなものだ。

◎渋味を抜きたい
◎強すぎる味や香りを抑えたい
◎豆の色合いを揃えたい
◎浅煎り～中煎り段階で酸味のバランスをとりたい
◎水分抜きをし、煎りムラを避けたい

生々しいグリーン（生豆）の中には、そのまま焙煎すると色も味も香りも強く出過ぎてバランスを欠く豆もある。たとえば4種類のコーヒーをそれぞれ単品焙煎してからブレンドしようという時、4種類すべてが酸味も渋味も強烈なニュークロップであったら、おそらく味と香りの強すぎるコーヒーになってしまうだろう。それを避けるため、4種類のうちたとえば2種類にダブル焙煎をほどこし、風味をいくぶん軽くしてやるのである。

またコロンビアやケニアといった肉厚で堅いDタイプの豆は、浅煎りにするとどうしても酸味が残って飲みにくくなる。もともとDタイプの豆は浅煎りには向かない、とシステムコーヒー学の章でも再三述べた。もちろん浅煎りにできないことはないが、焙煎のコントロールが非常にむずかしい。慣れていない者は、ゴールが見えないうちに混乱してしまい、浅煎りの味をイメージできないまま投げ出してしまう。こんなとき、ダブル焙煎の技術があれば、いやな酸味や渋味の抜けたおいしい浅煎りコーヒーの像を曲がりなりにもつかむことができる。Dタイプのコーヒーを浅煎り～中煎りにしたいとき、このダブル焙煎の技術は思いの外、威力を発揮してくれる。

逆に肉薄でやわらかいAタイプの豆はどうか。このタイプの豆は焙煎時間をかけすぎると味も香りもどんどん抜けていってしまう。だから短時間で煎り上げたい。が、高温で短時間の焙煎をす

●ドリッパー開発の話

私は職人的な技術を一般の人にまで求めるのは酷だと思っている。お客さんはプロの職人ではないからだ。高度な技術がなければおいしいコーヒーがいれられない、というのではコーヒーが日常飲料として普及するわけがない。だから道具というものはできるだけ簡便で、かつ高性能でなくてはならない。

ペーパードリップの欠点はペーパーフィルターに注いだ湯が少なくなると透過する力が弱くなってしまうことだ。メーカーによっては穴の大きさが楊枝ほどのものしかなく、そのぶん湯が溜まりやすくオーバー抽出になってしまう危険性を孕んでいる。これでは濾過というより浸漬というべきだろう。

私が理想とするのは吸い込み力の強いドリッパーだった。そこで考え出したのがドリッパーの内側に刻まれたリブを高くすることと、底部の“へそリブ”に工夫を加えることだった（135頁参照）。狙いはみごとに成功。以前よりも格段に安定感のあるスッキリした味のコーヒーになったのはいうまでもない。

D タイプ 2回目 ← 1回目　C タイプ 2回目 ← 1回目　B タイプ 2回目 ← 1回目　A タイプ 2回目 ← 1回目

(2回目の焙煎が)
深煎り
中深煎り
中煎り
浅煎り

Aタイプの豆を深く煎りたいときは、1回目の焙煎はごく浅煎りにとどめ、2回目で深く焙き込むといい。逆に浅煎りにしたいときは、1回目で1ハゼ直前まで煎り、2回目に軽く煎り止めればいい。次にDタイプの場合、深煎りにしたいときは1回目をやはり浅煎りにとどめ、2回目で深くもっていく。浅煎りにしたいときは、1回目で1ハゼ寸前まで、あるいは1ハゼに突入してしまう場合もある。こうしておけば、Dタイプ特有の酸味がほどよく抜けて、すっきりした味の浅煎りコーヒーになる。ダブル焙煎のよさは1回目の焙煎で十分に渋味を抜き、シワをのばしてから2回目の焙煎に進めるところ。マイナス面もあるが、プラス面のほうが大きい。

れば、煎りムラの恐れが出てくる。こんなときにもダブル焙煎の技術が大いに役に立ってくれる。

ダブル焙煎の技術は主に浅煎りコーヒーをつくるときに用いるといい。シワの伸びのわるい豆をきれいに焙煎しようとすると、つい時間がかかり、焙煎が進みすぎてしまう。こうした手強い豆を、予定どおり浅煎りにとどめる技術がダブル焙煎なのである。

ダブル焙煎をすると水分が抜け、渋味が抜け、香りが薄まり、強い味が弱くなる。そのことをもって、「コーヒーの持ち味でもある香りが飛び、味が平板になる」と邪道扱いする者もいるが、むしろプラスに評価し、これも味づくりの大事な技法の一つなのだ、と考えたほうが賢明だろう。

たしかに生々しいニュークロップは焙煎しにくい。そのため生豆を何年か寝かせ、水分を抜くというエイジングの効用が一方で唱えられているのだが、生豆を仕入れるたびに右から左へ寝かせるわけにはいくまい。

多少乱暴な言い方になるかも知れないが、ダブル焙煎は、手間ひまかけず、ニュークロップをたちどころに枯れ豆にしてしまう技術、ということもできる。言い換えるなら、何年分かのエイジング作業を、たった数分間に圧縮してしまう技術なのである。

ところで中国料理には「過油」もしくは「泡油」という、いわゆる油通しの技術があることをご存じだろうか。なぜこうした技術があるかというと、中国料理には強火で短時間に調理する炒め物が殊のほか多いからだ。油通しというのは、あらかじめ材料に6〜7割方の熱を通し、バラバラだった材料の比熱差、つまり熱の入り方を同じにしてしまう。その上で、仕上がりの加熱調理をおこなうのである。この油通しの技術は、コーヒーの焙煎でいうなら「蒸らし」の技術であり、ダブル焙煎であればファースト焙煎（1回目の焙煎）に相当する。いったん油通しすることによって、異なる材料の比熱差をなくし、足並みを揃えるのだ。

ダブル焙煎は決してむずかしい技術ではない。1ハゼの手前で1回目の焙煎を中止し、完全に冷やしてから2回目の焙煎をするだけでいい。ポイントは、コーヒー豆のクセが強く、欠点や問題を多く抱えているほど、1回目の煎り止めを1ハゼの手前まで限りなく近づけること。時には1ハゼまで突入させることもある。逆に欠点の少ない豆であれば、ほんの5～6分、豆がゆるみかけた程度で切り上げてしまえばいい。

ダブル焙煎した豆は、概ねいやな酸味や渋味を出さず、豆面もきれいにあがる。豆のふくらみもよく煎りムラも起きないため、コーヒー豆販売に力を入れている者にとっては、必要不可欠な技術といえる。

写真はA～Dタイプの豆を浅煎り、中煎り、中深煎り、深煎りと4つの焙煎度に煎り分けたものだ。それぞれの基本法則は、

《セコンド焙煎（2回目）を深煎りにするなら、ファースト焙煎（1回目）は浅めに煎る》であり、

《セコンド焙煎を浅煎りにするなら、ファースト焙煎を深めに煎る》

ということだ。

ファースト焙煎とセコンド焙煎の間隔は、最低1日以上置いたほうがいい。煎り豆の内部に残っている熱を吐き出させるためだ。これをやっておかないと、豆の表面温度と内部の温度に差が出てしまい、結果的に芯残りの原因になってしまう。

逆にインターバルのマキシマムは、1ハゼの手前で煎り止め、完全に冷却さえしてあれば2～3週間はそのままの状態で大丈夫だ。ただ、1ハゼに限りなく近づいた豆に限っては、できるだけ早めに2回目の焙煎に入ったほうがいいだろう。

●中国のコーヒーの話

上海から昆明へ、さらに雲南省の保山へと飛行機を乗り継ぐ。保山からは車で3時間半。ミャンマーとの国境に近い峻険な山の中だ。そこに小さな村があり、一面にコーヒー畑が広がっていた。ちょうど秋の収穫の時期で、赤い実を摘み採るべく大勢の村人たちが畑に出ていた。

聞けば、かつては煙草の生産地であったが、次第に輸出が振るわなくなり、コーヒーへの転作が試みられたのだという。コーヒーは伝統品種のティピカ。行く前までは、どうせ大したコーヒーではなかろうと高をくくっていたが、どうしてなかなか立派なコーヒーなのである。

直火式の手づくり焙煎機で煎ったコーヒーのおいしかったこと。コクがあり、風味がある。かつて日本にもあった懐かしい味がした。中国雲南省のコーヒーは日本ではまだまだ珍しいが、どの焙煎度にも対応する、侮りがたいコーヒーと見た。

4-5 焙煎のケーススタディ

タイプの異なる２つの豆の焙煎を通して、実際の焙煎過程を追ってみる。同じ味の再現に必要なのは克明な焙煎の記録だ。焙煎の手始めはすべてのコーヒー豆の焙煎記録表を作ることに始まる。

バッハコーヒーでは使用する生豆はすべて単品焙煎し、１ハゼ後からイタリアンローストまで、使用する焙煎度の豆をサンプリングし、必ずカップテストを実施している。もちろん焙煎記録カードで逐次記録を取り、同じような過程をたどる生豆を分類したり、味の再現性をキープするためのデータとして活用している。

ここでは「システムコーヒー学」の中で分類した浅煎り向き［Aタイプ］の豆の中からパナマＳＨＢを、深煎り向き［Dタイプ］の中からタンザニアＡＡを抽出し、それぞれの焙煎過程を追ってみた。

●パナマＳＨＢの場合

焙煎機／フジローヤル５kg釜（半熱風式）

焙煎量／４kg

生豆含水率／９・８％

（１）予熱を作る。いわゆる暖気運転をする。ダンパーは閉じぎみの〝蒸らしダンパー（全開の４分の１程度）〟にし、弱火から中火でおよそ15~20分、排気温度２５０～２７５℃、もしくは焙煎温度（豆温度）２００℃まで上げていき、釜を十分に暖める。暖気が完了したら火を止め、所定の温度まで下がったところで再着火する。

（２）釜の温度が１８０℃になったら生豆投入。火力の基準が取れるまでは最初の火力設定は弱火のほうがいい。火力が強いと１ハゼまでの途中で煎りムラが起きてしまう。

（３）その後、排気温度が下がりきったところが１５０℃前後になる。この間、およそ３分。ここまではダンパーは閉じぎみの蒸らしダンパーになっている。４分経ったところで、１分間、ダン

パナマSHBの焙煎

① いわゆる「蒸らし」によって豆がゆるみきった状態

② ゆるんだ後にいったん縮んだ状態

③ 1ハゼの直前の状態

④ 1ハゼが終わった状態

⑤ 2ハゼの始まった状態

※A～Dは109頁焙煎過程表参照

パーを全開にしてチャフなどを一気に排出する。そしてまた元の蒸らしダンパーに戻す。基本的に1ハゼまでは蒸らしダンパーを維持する。

（4）この間、豆の色は初めの薄緑白色から青白色へ、さらに9分前後には肌色に変わっていく。豆がゆるみ、肌色が濃くなる。蒸らしはまだ続いている。蒸らしが終わる頃には青臭いにおいが香ばしい香りに変わる。蒸らしの終わりが近いことが予測される。

（5）蒸らしの終わったこと（排気温度は200℃近くまで上がり、センターカットが開いてくる状態）を確認したら、ダンパーを焙煎ダンパー（全開の2分の1程度）にする。

（6）19分後、1ハゼが始まる。バチバチバチッという音が厚い

表18　ローヤル5kg焙煎記録表（パナマ）

焙煎者	2003年 8 月 12 日 AM PM（PMに丸） 3 時 00 分	天候 ○ ⊗ ◎	気温 29.5℃
コーヒー名 パナマ	焙煎量 4.0 Kg　R-5（丸）・M-10 ⇒ 2 回目	生豆水分 9.8 %	室温 28.7℃
目的 焙煎過程検査	焙煎度合 S☑　CpT 00 01 Ber Bst	Tipe D C B A（Aに丸）	湿度 %

微圧計 0設定	0.75	1	2	3	4	5	6	7	8	9	10	11	12	13	14
	14	15	16	17	18	19	20	21	22	23	24	25	26	27	28
バルブ 0設定	3	1	2	3	4 10	5 3	6	7	8	9	10	11	12	13	14
	14	15	16	17	18	19 5	20	21	22 8	23	24	25 10	26	27	28

中点	1ハゼ⇒		2ハゼ⇒		終了	Cpt 00 01 Ber Bst
2分45秒	19分20秒	21分16秒	23分49秒	24分20秒	25分52秒	＋・－ ⇒ . 、
焙 88	焙 179	焙 190	焙 203	焙 208	焙 218	NewRor
排 146	排 204	排 218	排 228	排 229	排 238	NewUse

焙煎温度	00 80	01 108	02 98	03 89	04 94	05 102	06 108	07 115	08 120	09 125	10 130	11 135	12 140	13 145	14
	14 150	15 155	16 160	17 165	18 171	19 177	20 183	21 189	22 194	23 199	24 207	25	26	27	28
排気温度	00 181	01 154	02 150	03 146	04 148	05 155	06 158	07 161	08 164	09 168	10 171	11 175	12 178	13 182	14
	14 185	15 189	16 192	17 195	18 199	19 202	20 209	21 217	22 221	23 225	24 230	25	26	27	28

温度設定 投入⇒ 1ハゼ⇒ 2ハゼ⇒	①	③
バルブ設定 全開⇒ 蒸らし⇒ 1ハゼ⇒ 2ハゼ⇒	②	④
204（豆）　228（排気）　23:52（時間）		

表19　ローヤル5kg焙煎記録表（タンザニア）

焙煎者	2003年 8 月 12 日 AM PM（PMに丸） 2 時 34 分	天候 ○ ⊗ ◎	気温 29.6℃
コーヒー名 タンザニア	焙煎量 4.0 Kg　R-5（丸）・M-10 ⇒ 1 回目	生豆水分 12 %	室温 28.7℃
目的 焙煎過程検査	焙煎度合 S☑　CpT 00 01 Ber Bst	Tipe D C B A（Dに丸）	湿度 %

微圧計 0設定	0.8	1	2	3	4	5	6	7	8	9	10	11	12	13	14
	14	15	16	17	18	19	20	21	22	23	24	25	26	27	28
バルブ 0設定	3	1	2	3	4 10	5 3	6	7	8	9	10	11	12	13	14
	14	15	16	17	18 5	19	20	21	22 8	23 10	24	25	26	27	28

中点	1ハゼ⇒		2ハゼ⇒		終了	Cpt 00 01 Ber Bst
2分34秒	18分01秒	20分23秒	22分00秒	23分52秒	24分50秒	＋・－ ⇒ . 、
焙 86	焙 178	焙 189	焙 198	焙 210	焙 218	NewRor
排 147	排 199	排 216	排 224	排 234	排 240	NewUse

焙煎温度	00 180	01 106	02 98	03 88	04 95	05 103	06 110	07 117	08 123	09 129	10 135	11 140	12 145	13 150	14
	14 155	15 161	16 166	17 171	18 177	19 183	20 187	21 192	22 198	23 205	24 213	25	26	27	28
排気温度	00 184	01 155	02 150	03 148	04 152	05 157	06 160	07 164	08 168	09 171	10 175	11 178	12 181	13 184	14
	14 188	15 190	16 193	17 196	18 199	19 208	20 214	21 218	22 223	23 230	24 236	25	26	27	28

温度設定 投入⇒ 1ハゼ⇒ 2ハゼ⇒	①	③
バルブ設定 全開⇒ 蒸らし⇒ 1ハゼ⇒ 2ハゼ⇒	②	④
206（豆）　231（排気）　23:24（時間）　Best Point		

鉄板を通して聞こえてくる。甘い香りが漂ってきて、豆がふくらんでくる。豆色は肌色から茶色へ。1ハゼはおよそ2分間続く。ダンパーの開度は50%を維持、シワがぐっと伸びてくる。

（7）22分後、タイミングを見ながら排気ダンパー（開度は3分の2～全開）にする。排気ダンパーは2ハゼの手前でおこない、揮発成分や煙を排出する。

（8）23分後、2ハゼが始まる。音はピチピチッというやや小さな音。豆は大きくふくらみ、色もやや黒みを帯びてくる。この2ハゼ以降は30～40秒間隔で焙煎が急速に進む。2ハゼはおよそ2分間続く。この間、煙と揮発成分が盛んに出てくる。ダンパーを全開にする。

（9）豆の色がどんどん黒くなっていく。いよいよイタリアンローストの段階まで入ってきた。25分後、煎り止め。冷却槽の攪拌スイッチを入れる。一気に豆を落とし、切り替えダンパーを「冷却」にして、豆を冷却する。

※焙煎のポイント

　Aタイプの豆は比較的やわらかいので、多少焙煎技術が拙くても、火力が強すぎない限り煎りムラになることはない。よくハゼて豆のふくらみ具合もよく、色づきもなだらかについていくので煎り止めのタイミングが取りやすい。堅い豆のDタイプにあるような黒いシワはほとんど出てこない。

●タンザニアＡＡの場合

焙煎機／フジローヤル５kg釜（半熱風式）

焙煎量／4kg

生豆含水率／12%

（1）暖気運転をし予熱を作る。

（2）火力は弱火で。ダンパーは蒸らしダンパー（全開の4分の1程度）にする。

（3）釜の温度が１８０℃になったら生豆を投入。その後排気温度が下がりきったところが１５０℃前後。時間で見ると、この間、2分30秒。

（4）4分後、ダンパーを全開にし、チャフを飛ばす。1分後に、再び元の蒸らしダンパーの開度に戻す。

（5）この間、豆の色は濃緑色の状態から肌色に変わり、11分前後で焦げ茶色に変わっていく。黒ジワが出てきて、センターカットの白い部分が目立ってくる。水分が抜けてくるといったん豆は収縮し、体積的には一番小さくなる。16分前後まで蒸らしたら、ダンパーは開度50%の焙煎ダンパーにする。

（6）18分後、1ハゼが始まる。バチバチバチッという力強いハゼ音。豆はひとまわり大きくふくらんできたようだが、シワはまだ伸びない。1ハゼはおよそ2分間続く。

（7）甘い香ばしい香りが鼻孔をかすめていく。焦げ茶色だった色が次第に薄茶になり、さらに茶色へと変わっていく。だんだんと煙が出てくる。2ハゼが始まる少し手前で、タイミングを見ながら排気ダンパー（開度は3分の2～全開）にする。茶色が濃くなり、黒いシワが少しずつ消えていく。しかしまだ表面がゴツゴ

タンザニアAAの焙煎

① 豆がゆるみきった状態

② 水分が抜けて縮んだ状態

③ 1ハゼに入る手前の状態

④ 1ハゼが終わった状態

⑤ 2ハゼが始まった状態

※※A～Dは109頁焙煎過程表参照

ツしている。
（8）22分後、2ハゼ開始。ピチピチと小さなハゼ音がせわしなく続く。どんどん温度が上がり、煙と揮発成分が盛んに出てくる。豆の色が黒みを帯び、ようやくシワも伸びていく。2ハゼは2分間続く。
（9）23分後、ダンパーを全開にし、煙と揮発成分を排出。24分後、フルローストで煎り止めする。煎り豆はすばやく冷却する。

※焙煎のポイント

タンザニアやコロンビアといった肉厚で堅いDタイプの豆は、火の通りのわるい分だけ煎りにくい。中煎り程度の焙煎度ではのびがわるく、黒いシワが残ってしまう。このタイプの豆の焙煎のコツは、黒いシワが残らないように蒸らし時間をたっぷり取り、

表20　マイスター5kg焙煎記録表（パナマ）

焙煎者	2003年 8 月 12 日 (AM) PM 9 時 10 分		天候 ○ ⊗ ◎	気温 29.8℃
コーヒー名 パナマ	焙煎量 4.0 Kg	(M-5)・M-10 ⇒ 2 回目	生豆水分 9.8 %	室温 27.4℃
目的 焙煎過程検査	焙煎度合 S☑	CpT 00 01 Ber Bst	Tipe D C B (A)	湿度 %

微圧計 0設定	0.95	1	2	3	4	5	6	7	8	9	10	11	12	13	14
	14	15	16	17	18	19	20	21	22	23	24	25	26	27	28
バルブ 0設定	1.0	1	2	3	4 10.0	5 1.0	6	7	8	9	10	11	12	13	14
	14	15	16 4.0	17	18	19 7.5	20	21	22	23	24	25	26	27	28

中点	1ハゼ ⇒		2ハゼ ⇒		終了	Cpt 00 01 Ber Bst
1分37秒	16分40秒	19分00秒	23分40秒	25分10秒	27分08秒	＋・－ ⇒ . ⸌
焙 89	焙 178	焙 189	焙 204	焙 209	焙 212	NewRor
排 183	排 206	排 206	排 209	排 212	排 214	NewUse

焙煎温度	00 180	01 92	02 92	03 103	04 112	05 120	06 127	07 132	08 138	09 142	10 147	11 151	12 156	13 161	14
	14 165	15 170	16 175	17 181	18 186	19 189	20 192	21 195	22 198	23 202	24 205	25 207	26 210	27 212	28
排気温度	00 230	01 188	02 181	03 179	04 179	05 174	06 178	07 182	08 185	09 187	10 189	11 192	12 194	13 197	14
	14 199	15 202	16 205	17 207	18 208	19 207	20 205	21 205	22 207	23 208	24 210	25 211	26 213	27 214	28

温度設定　投入⇒ 180　1ハゼ ⇒178 2ハゼ ⇒ 188	①	③
バルブ設定　全開⇒4'00" 蒸らし⇒ 1.0　1ハゼ ⇒4.0　2ハゼ ⇒ 7.5		
199（豆）　207（排気）　22:38（時間）　Best Point	②	④

表21　マイスター5kg焙煎記録表（タンザニア）

焙煎者	2003年 8 月 12 日 (AM) PM 9 時 50 分		天候 ○ ⊗ ◎	気温 29.5℃
コーヒー名 タンザニア	焙煎量 4.0 Kg	(M-5)・M-10 ⇒ 3 回目	生豆水分 12 %	室温 27.0℃
目的 焙煎過程検査	焙煎度合 S☑	CpT 00 01 Ber Bst	Tipe (D) C B A	湿度 %

微圧計 0設定	0.95	1	2	3	4	5	6	7	8	9	10	11	12	13	14
	14	15	16	17	18	19	20	21	22	23	24	25	26	27	28
バルブ 0設定	1.0	1	2	3	4 10.0	5 1.0	6	7	8	9	10	11	12	13	14
	14	15 4.0	16	17	18 7.5	19	20	21	22	23	24	25	26	27	28

中点	1ハゼ ⇒		2ハゼ ⇒		終了	Cpt 00 01 Ber Bst
1分39秒	16分19秒	18分11秒	22分18秒	25分00秒	26分51秒	＋・－ ⇒ . ⸌
焙 89	焙 181	焙 187	焙 200	焙 208	焙 213	NewRor
排 181	排 206	排 208	排 207	排 211	排 215	NewUse

焙煎温度	00 180	01 92	02 93	03 103	04 114	05 123	06 130	07 136	08 141	09 146	10 151	11 156	12 160	13 165	14
	14 170	15 174	16 180	17 184	18 187	19 189	20 192	21 196	22 200	23 203	24 206	25 208	26 211	27	28
排気温度	00 227	01 187	02 179	03 178	04 179	05 175	06 179	07 183	08 186	09 189	10 191	11 193	12 196	13 199	14
	14 201	15 204	16 206	17 207	18 208	19 206	20 205	21 206	22 207	23 208	24 209	25 211	26 214	27	28

温度設定　投入⇒ 180　1ハゼ ⇒178 2ハゼ ⇒ 188	①	③
バルブ設定　全開⇒4'00" 蒸らし⇒ 1.0　1ハゼ ⇒4.0　2ハゼ ⇒ 7.5		
205（豆）　209（排気）　23:50（時間）　Best Point	②	④

十分な水分抜きをしてからじっくり芯まで火を通すことだ。シワを十分に伸ばさないと、香りの少ない重い味のコーヒーになってしまう。

＊　＊

ここでは極端にタイプの違う豆をそれぞれ煎ってみたが、ポイントは、両者ともに「1ハゼ前」の豆を見ることだ。つまり蒸らし状態（水分抜き）の豆を見比べれば、味が軽くなるタイプなのか重くなるタイプなのかがよくわかる。判断の基準は「色」と「膨らみ」、そして「黒ジワ」の3つだ。

パナマのような長体で平たい豆はよく膨らみ黒ジワがほとんど出ない。一方のタンザニアはずんぐりと丸くしまっていて、火の通りがわるい分だけ黒ジワの表出が激しい。このような豆は酸味が強く、重厚な味になる。味の重い軽いは、おいしさの評価ではない。単に味が濃く出るか薄く出るかの違いにすぎない。

焙煎記録カードの焙煎温度と排気温度を見ればわかるように、生豆投入後、釜の温度はいったん下がりその後上昇していくが、その上昇軌道は放物線を描くようにゆるやかに上がっている。

人によっては1ハゼが始まったら少し火力を下げ、2ハゼが始まると今度はバーナーを1本消し、忙しく火力を下げる者がある。おそらくは火力過多で、排気能力の高すぎる焙煎機を使っているのだろうが、火力はできるだけ一定にし、微調整はダンパーでやるようにしたほうがいい。

1ハゼ以降に火力を下げると、膨張している豆が縮み、煙や揮発成分が内圧によって外に出られなくなってしまう。いぶり臭の原因になるのだ。火力のアップダウンはできるだけおこなわないほうが理想なのである。バーナーの本数を増やしたり、排気用のファンを増設するのもいいが、その分、焙煎操作が煩雑になり、コントロールが効かなくなってしまっては元も子もない。

●コーヒー相場の話

コーヒーの国際相場はここ何十年も変わっていない。ひどいときはポンド50〜55セントなどという時もあったが、今はポンド70セントあたりをウロウロしている。コロンビアの生産農家を訪ねたとき、農園主は「80セントに上がってくれれば農園が荒廃しないで済むのだが……」と嘆いていた。

相場の低迷は一にも二にも生産過多が原因だ。ベトナムや中国といった新参のコーヒー生産国が相場の足を引っ張っている、と古参の生産国はやっかむが原因はそればかりではあるまい。生産国では農園の労賃が1日2ドル程度。相変わらず豊かさに見放されているが、カップ・オブ・エクセレンス（COE）のネット・オークションは1ドルから入札が始まる。スペシャルティコーヒーのマーケットが大きくふくらめば、貧しい生産国にも豊かさが巡ってくる。その日が来ることの遠からんことを心から祈っている。

4-6 煎り止めのこつ

焙煎の中で最も重要なのが煎り止めの技術だ。正確に煎り止めができなければ、味づくりの世界に参加することすらできない。何を基準にどのように煎り止めればいいのか。その方法を探ってみる。

■煎り止めの重要性

自分の狙ったとおりの焙煎度、それもピンポイントで煎り止めることができたら、どんなにすばらしいことか。だが実際は、微妙な煎りブレが起きるのがふつうで、ピンポイントなどは夢のまた夢、それほどご方便な具合にはなってくれない。焙煎技術を修得する上で、どうしてもクリアしなければいけないのは、どんな状況下にあっても正確に煎り止めるという技術だ。この技術が身につかないうちは、そもそも味づくりの世界に参加することができない。それどころか、この技術がクリアされない限り、火力やダンパーの調節という作業すらできなくなってしまう。

コーヒーの味を決定する要因の多くは焙煎度にある、とは再三述べてきた。煎り止めのタイミングによって焙煎度が少しでもずれてしまうと、そのコーヒーの味はいつもの味には決してならない。飲むたびにモカの味が違う、ブレンドの味が違うというのでは、プロとしては失格だ。

また正確な煎り止めができないと、火力調節やダンパー調節によってその味がどう変わったのかという検証が、そもそもできなくなる。味が変化した原因がつかめなければ、イメージどおりの味づくりなど絵に描いた餅だろう。

おさらいする意味で、コーヒーが煎り上がるまでの工程をここにザッと追ってみる。まず1回目のハゼだ。1ハゼが終わる前の段階の豆は、一般的に酸味がきつく渋味も抜けていないため、飲みやすいコーヒーにはならない。1ハゼが完全に終わった段階がミディアムローストで、そのまま順調に焙煎が進むと、およそ2分後に2ハゼが始まる。2ハゼからは中深煎り（シティ～フルシティ）の段階だ。

1ハゼの始めから終わりまでが約2分、2ハゼまでのインターバルが約2分、2ハゼの始まりから終わりまでがやはり2分という間隔で、2ハゼが終わるといよいよ深煎り（フレンチ～イタリアン）の領域に入り込む。深煎りに入ると、豆から油成分が出てきて、色が黒色を帯びるとともにツヤも出てくる。そして苦味も増してくる。

以上が大まかな流れだが、煎り止めのタイミングが取りにくくなるのは、後半の数分間に集中している。特に2ハゼの前後は味と色の変化が激しく、ほんの数秒手前にずれたり後ろにずれたりするだけで、味がまったく違ったものになってしまう。また焙煎途中の豆は、火を止めても釜や豆自体に余熱が残っているため、すばやく冷却しないと焙煎がどんどん進行してしまう。その余熱進行の分もあらかじめ計算に入れておかないと、正確な煎り止めはできない。

■正確な煎り止めの基準

さて「正確な煎り止め」を可能にするためには、焙煎中の何を基準に判断したらいいのか。その判断基準になりうる材料を以下に挙げてみた。

◎豆の温度
◎豆の色
◎香り
◎音

表22　パナマの焙煎過程表

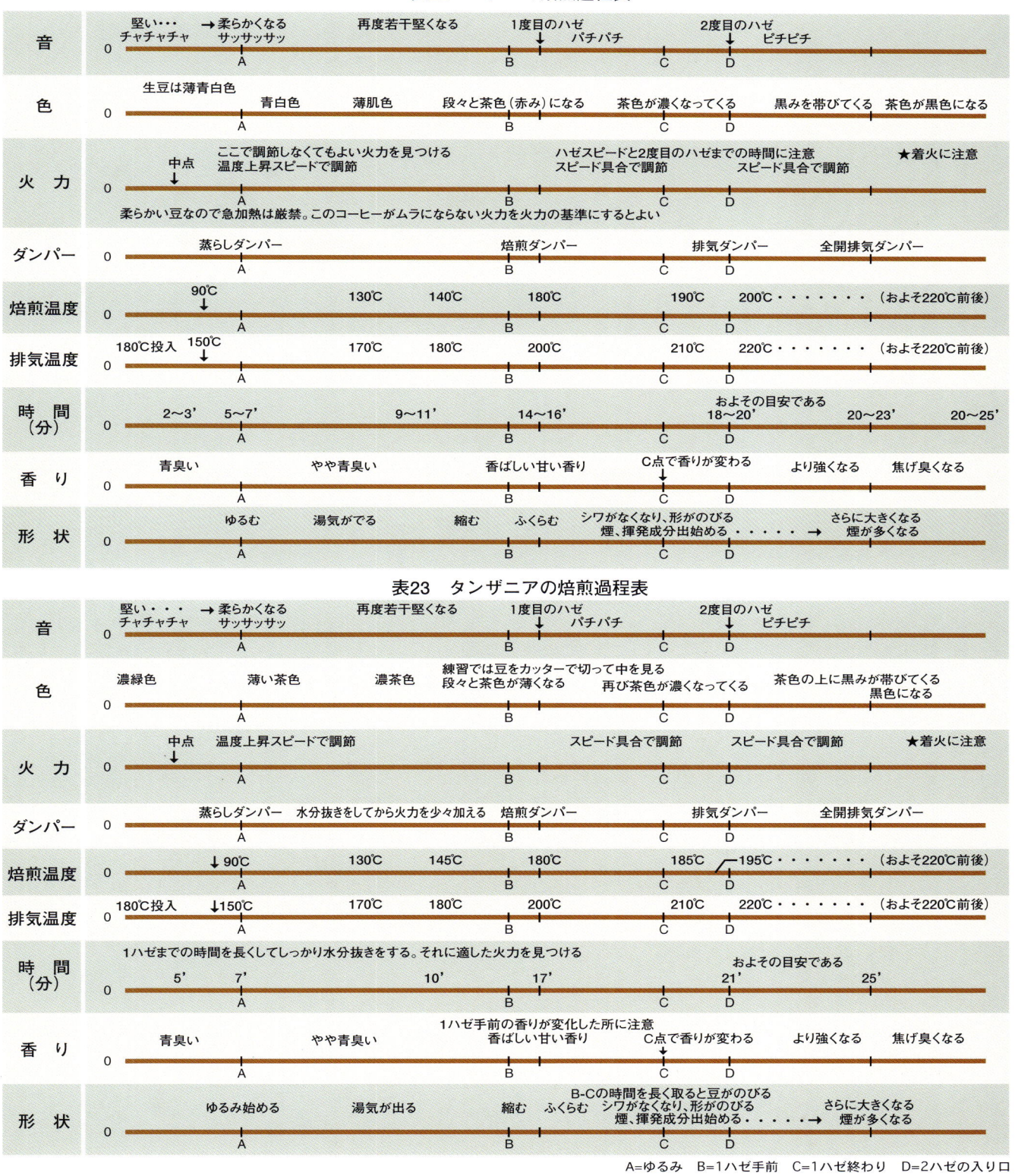

項目	内容
音	堅い・・・ チャチャチャチャ →柔らかくなる サッサッサッ　再度若干堅くなる　1度目のハゼ↓ パチパチ　2度目のハゼ↓ ピチピチ
色	生豆は薄青白色　青白色　薄肌色　段々と茶色（赤み）になる　茶色が濃くなってくる　黒みを帯びてくる　茶色が黒色になる
火　力	中点↓　ここで調節しなくてもよい火力を見つける 温度上昇スピードで調節　ハゼスピードと2度目のハゼまでの時間に注意 スピード具合で調節　スピード具合で調節　★着火に注意　柔らかい豆なので急加熱は厳禁。このコーヒーがムラにならない火力を火力の基準にするとよい
ダンパー	蒸らしダンパー　焙煎ダンパー　排気ダンパー　全開排気ダンパー
焙煎温度	90℃↓　130℃　140℃　180℃　190℃　200℃・・・・・・・（およそ220℃前後）
排気温度	180℃投入　150℃↓　170℃　180℃　200℃　210℃　220℃・・・・・・・（およそ220℃前後）
時　間（分）	2〜3'　5〜7'　9〜11'　14〜16'　およその目安である 18〜20'　20〜23'　20〜25'
香　り	青臭い　やや青臭い　香ばしい甘い香り　C点で香りが変わる↓　より強くなる　焦げ臭くなる
形　状	ゆるむ　湯気がでる　縮む　ふくらむ　シワがなくなり、形がのびる 煙、揮発成分出始める・・・・・→　さらに大きくなる 煙が多くなる

表23　タンザニアの焙煎過程表

項目	内容
音	堅い・・・ チャチャチャチャ →柔らかくなる サッサッサッ　再度若干堅くなる　1度目のハゼ↓ パチパチ　2度目のハゼ↓ ピチピチ
色	濃緑色　薄い茶色　濃茶色　練習では豆をカッターで切って中を見る 段々と茶色が薄くなる　再び茶色が濃くなってくる　茶色の上に黒みが帯びてくる 黒色になる
火　力	中点↓　温度上昇スピードで調節　スピード具合で調節　スピード具合で調節　★着火に注意
ダンパー	蒸らしダンパー　水分抜きをしてから火力を少々加える　焙煎ダンパー　排気ダンパー　全開排気ダンパー
焙煎温度	↓90℃　130℃　145℃　180℃　185℃　195℃・・・・・・・（およそ220℃前後）
排気温度	180℃投入　↓150℃　170℃　180℃　200℃　210℃　220℃・・・・・・・（およそ220℃前後）
時　間（分）	1ハゼまでの時間を長くしてしっかり水分抜きをする。それに適した火力を見つける　5'　7'　10'　17'　およその目安である 21'　25'
香　り	青臭い　やや青臭い　1ハゼ手前の香りが変化した所に注意 香ばしい甘い香り　C点で香りが変わる↓　より強くなる　焦げ臭くなる
形　状	ゆるみ始める　湯気が出る　縮む　ふくらむ　B-Cの時間を長く取ると豆がのびる シワがなくなり、形がのびる 煙、揮発成分出始める・・・・・→　さらに大きくなる 煙が多くなる

A=ゆるみ　B=1ハゼ手前　C=1ハゼ終わり　D=2ハゼの入り口
※A〜Dは103、105頁写真と対応している

◎豆の形
◎焙煎時間
◎豆のツヤ

この中で、一番重要で信頼できそうな材料は何だろう。

唐突だが、物理的には、「仕事の量は、物体に働いた力とその物体の動いた距離との積」ということになっている。すなわちコーヒーの焙煎に置き換えれば、温度（火力）と焙煎時間の関係で、簡単にいうと「高温で焙けば短時間、低温で焙けば長時間かかる」という相関関係になっている。

この「温度」と「焙煎時間」の関係に注目し、温度さえある程度固定できれば自動的に焙煎時間がはじき出され、煎り止めのタイミングがつかめそうな気がするが、ここでも、そうおあつらえ向きにはいかない。「時間」は1釜目、2釜目といった余熱の変化でも違ってくるし、夏と冬では基礎温度が違っている。また1回に焙煎する豆の量によっても違ってくる。同じ火力で豆が少量なら、当然ながら時間は短くなる。時間の要素だけを目安に煎り止めするのは当てにならない、ということがわかる。

「音」はどうか。たしかに1ハゼの音は「パチパチ」で2ハゼの音は「ピチピチ」といった違いは聞き分けられるが、これも小さい豆は早くハゼ、肉厚で大きな豆はなかなかハゼてくれない。また、ハゼる音も小さかったり大きかったり、豆によって千差万別。個体差がありすぎて平均値がとれず、基準になり得ない。

いいかげんタネ明かしをしてしまうと、いちばん重要なのは豆の「色」だ。なぜ色に信頼が置けるかというと、色だけはどんな変化があろうとも、必ずその色に到達するからだ。到達するまでの時間は異なっても、同じ色に到達するという事実は、どんなコーヒーであっても変わらない。もしそんなことはないというのなら、焙煎度（degree of roast）という概念そのものが意味を成さなくなってしまう。

もっともキューバやパナマといったコーヒーのように、焙煎過程が比較的素直でゆるやかに進行するものであれば、色づきの変化も標準的なものになるが、たとえばちょっと枯れたようなマンデリンの場合は、豆の色づき方も変則的で、最初は濃い色をしていても、豆が膨らんでくると灰色がかり、全体的に見ると色が薄くなってきたように見える。そしてもう一度茶色に色づくのである。

また深く煎り進んでいくと、豆の色は黒っぽくなってくる。この黒がどのくらい厚みをもった黒なのか、黒く見えても表面的なものなのか、時間はどのくらい経っているのか、単に色だけを見ても焙煎度の進行具合を測れないことがある。

多かれ少なかれ、どのコーヒーにもそうした変化はつきもので、色だけで判断すると、時に正確な煎り止めの時機を見誤ることもある。こんな時は、「時間」の助けが必要だ。どの色からどれくらいの時間が経ったのか、同じ火力であればどこまで焙煎が進んでいるのか、ある程度は予測がつく。

しかしそれとても副次的な判断材料にすぎず、煎り止めを瞬時に判断するには、やはり「色」が主たる基準となる。そして脇を固めるのが「形」と「ツヤ」だ。つまり最も重要なのは「色、形、

●エスプレッソバーの話

いわゆる“シアトル系”と称されるエスプレッソバーの一群がある。その代表でもあるスターバックスは70年代初頭に産声をあげるが、創業当時は米国西海岸シアトルの単なるガレージカンパニーに過ぎなかった。わずか5店舗の小さな会社が全米有数の企業に成長したのは、87年、ハワード・シュルツというやり手の起業家に買収されたのがきっかけだった。そして90年代に入ると驚異的な成長を遂げていく。

日本上陸は96年。銀座松屋通りの1号店は全フロア禁煙を謳って耳目を集めた。エスプレッソバー（コーヒーバーともいう）の売り物はダークローストコーヒーと呼ばれる深煎りのコーヒーだ。といってもフレンチやイタリアンではなくフルシティといったところか。私が、コーヒーの味と香りが最も豊かに花開く“2ハゼの世界”と呼ぶところの中深煎りの世界である。

アメリカでエスレッソバーを熱烈に支持したのは知的なヤングエリート層だった。それまでは1杯50〜75セントのアメリカンコーヒーを飲んでいた。浅煎りから深煎りコーヒーへと嗜好が移っていった現象を、米国のマスコミは“コーヒー・ルネッサンス”と呼んだ。

なぜルネッサンスが起きたのかには諸説あるが、80年代半ばに始まったアメリカの長期にわたる好景気に支えられたという事実は否定しがたい。消費意欲が高くなければ、1杯2ドルもするコーヒーがこれほど売れるはずがないからだ。それと商品や内装がおしゃれでトレンディでインテリジェンスを感じさせるところだろうか。

日本の喫茶店やレストラン⬉

ツヤ」で、それ以外の「豆の温度」や「香り」「音」「焙煎時間」は「色、形、ツヤ」で判断しきれないときに、副次的要素として判断を助ける役割にすぎない。ついでにいえば、この副次的要素の中に「煙の出方と量」を加えておくといい。深煎りの段階になると、煙の出方で焙煎の進行具合がある程度予測できるからだ。

■コーヒー豆の「ハゼ」

さてここで少しばかり寄り道をする。「コーヒー豆はなぜハゼるのか」という話だ。ほとんどのコーヒー豆はパチパチ、ピチピチと都合2回にわたってハゼる。もしもこのコーヒー生豆にバラツキがないと仮定すれば、理屈上は同じ条件下で焙煎しているのだから、釜の中の豆はぜんぶ同時にハゼて、そのハゼる音は「パチッ」の1回で終わるはずである。

ところが、どんなに粒が揃ったいい豆でも、ハゼは最低2分間は続く。そのことは何を意味するかというと、外見上バラツキがなさそうに見える生豆でも、ハゼる時間分だけバラツキがあるということを意味している。

キューバやコロンビアといった比較的品質の安定した豆は、ハゼがパチパチッと始まると次に一気にバーッとハゼて、徐々に小さな音になる。要するにクレッシェンドからデクレッシェンドに向かう。ところがモカのようなバラツキのある豆になると、一部が早いうちにパチッとハゼて、いよいよ1ハゼの始まりかと思うと当てが外れ、しばらく後にバチバチッとはじけることがある。そしてダラダラと長い時間ハゼている。つまりそれだけ豆のバラツキが大きい、ということになる。

ここで大切なのは、先にハゼた豆の焙煎がなるべく進まないような火力を見つけることだ。そうしないと、ハゼた時間分のムラが次の焙煎過程にまで持ち越され、外見上は煎りムラがあるように見えなくとも、実際は焙煎度の微妙に異なる豆が混在するという事態を招く。このようなコーヒーはどうしても味が重くなる。

さて豆がゆるんだり、縮んだり、膨らんだりするという「形」は比較的判断の目安になりやすいように思えるが、「ツヤ」に関してはどうだろう。このツヤは主にテカリと理解してもらったほうがわかりやすい。ふつうコーヒー豆は1ハゼが終わったあたりから油成分が豆の表面に出てきて、それに覆われるとテカテカと光ってくる。ニュークロップなどは油成分の出方が早く、その油脂分の量と滲み出してくるスピードも煎り止めの目安になる。

■煎り止めの練習法

煎り止めの目安になるのは「色、形、ツヤ」ということがわかった。わかったなら、色の変化や形の変化、ツヤの出具合がよく観察できる中煎り〜中深煎りの焙煎ステージで何度も練習してみることだ。

商品として最も売れ筋といえるこのステージでは、シワに覆われ表面に凹凸のあった豆もよく膨らみ、ツヤも出てくる。色もオレンジ色から茶色に変わり、それから徐々に黒っぽくなってくる。こうした変化が比較的わかりやすいのがこのステージだ。

これが深煎り以降になると、「色、形、ツヤ」によるチェックが効かなくなる。色で判断しようにも真っ黒になっているし、ツヤといっても違いのわかる段階はとうに過ぎて、油がまわったよ

➘に欠けているのはスターバックスに見られるようなブランド・ビルディング（ブランドづくり）の力と顧客本位という考え方だ。スターバックスでは、お好みであれば低脂肪や無脂肪のミルクに変えてくれたり温度や量の調整もしてくれる。シロップやホイップクリームの追加なども自由である。こうした姿勢が日本の飲食業全般に希薄なのだ。

またスターバックスの使用しているコーヒー豆が総じて良質なことも好感される要素の一つだろう。同社の生豆の買付基準はきびしく、スクリーンサイズも均一で15以上、欠点豆は徹底的に除外される。ただし抽出されたコーヒーに欠点がないわけではない。豆の質はいいのだが、アメリカから煎り豆を輸入している分、鮮度が今ひとつよくないのだ。この点だけが惜しまれる。

うな状態になっている。また2ハゼをすぎ、シワが伸びきって大きく膨らんでいるため、形の変化も見られない。要するに、この深煎りのステージでは煎り止めの練習にならないのだ。

豆の色をしっかり見きわめるためには何が必要だろう。それは次の2つだ。

1 色の記憶

2 サンプル

それを説明する前に、焙煎室の照明について少しふれる。焙煎室は明るくなくてはいけない。そして光源は蛍光灯ではなく白熱灯がいい。それも明るいレフランプならなおのことといい。レフランプというのは電球の内側にアルミニウムの反射鏡をつけ、光を広範囲に効率よくまわす電球のことだ。

なぜ蛍光灯がいけないのかというと、まず光に陰翳がつきにくく立体感が出ない。おまけにコーヒー豆の色が、どれも灰をかぶったように黒ずんで見えてしまう。影ができにくく、どの豆の印象ものっぺりしてくると、形の変化も見づらく、微妙な表面の凹凸がわからなくなる。

ここにコロンビアのニュークロップがある。なかなかシワが伸びにくい堅い豆で、焙煎する者にとっては手強い豆の一つだが、2ハゼの後半あたりになると、豆の表面にかすかな凹凸が残る。この凹凸をわざと残して煎り止めると、とてもバランスのいい味になるのだが、蛍光灯の下で見ると、この微妙な凹凸が識別できない。で、シワをピンピンになるまで伸ばしきってしまう。

焙煎の基本は豆のシワを伸ばし、十分に膨らませてやることにあるが、何でも彼でもシワを伸ばせばいいというものではない。コロンビアという豆はしばしばピンピンにしわ伸ばしをしてしまうと苦くなる傾向がある。こうした微妙な煎り止めの判断も、蛍光灯の下ではつい狂いがちになる。

さて話を戻すと、1の「色の記憶」、2の「サンプル」である。記憶なんて当てにならないと勝手に決めつけ、2の「サンプル」に信を置こうとする者が多いが、サンプルもけっこう当てにならない。焙煎度ごと、あるいは味の変化が激しい節目ごとのサンプルであれば、なるほど現物の色に近いことは近いが、当然のことながら、そのサンプルの色は煎り上がった直後の色ではない。

煎り豆は時間が経つと油成分が出てきて黒ずみ、地肌の色が見えにくくなる。また中煎り~中深煎りで落とした豆は、時間が経つにつれて色が沈み、湿気てくればなおのこと黒ずんでくる。同じコーヒーでも色が濃く見えてしまうと、そのぶん焙煎が進んでいると勘違いしてしまう。つまりサンプルの色にピタリと合わせていくと、焙煎度が知らぬ間に進んでしまうのだ。したがって、この経時変化分をあらかじめ差し引いておかないと、煎り止めの判断に微妙な狂いを生じることになる。

そんなときに必要となるのが色の記憶だ。バッハコーヒーでは通常、煎り終わった後すぐにハンドピックをする。それも1バッチ4kgほどのコーヒー豆だから、煎り終わったすぐの色をしっかりと網膜に焼きつけることができる。こうして煎り上がったコーヒーの色をしっかり身につけておけば、サンプルの色の経時変化をも見逃さなくなる。

●コーヒーと砂糖の話

コーヒー通はブラックで、などというが、ブラックにこだわるのは日本人くらいで、欧米でも産地でも砂糖やミルクはもちろんのこと、スパイスやリキュールを入れて飲むのがふつうだ。ブラックで飲むのはむしろ特殊な部類なのである。

さて砂糖についてだが、コーヒー向きとなればグラニュー糖が一番だろう。砂糖は精製純度が高いほどサッパリした甘さになるため、グラニュー糖がコーヒー向きであることは確かだろう。逆に黒糖とか和三盆糖といった強い個性をもつ砂糖は向かない。

砂糖には酸味や渋味をマスキング（覆い隠す）する作用がある。酸味の強すぎる浅煎りコーヒーなどに入れると、砂糖がほどよく酸味をやわらげてくれるというわけだ。一方で、砂糖ではなく塩を入れるという話もある。19世紀のフランスの文豪バルザックは『当代興奮剤考』という書物を著すほどコーヒー好きであったが、彼はコーヒーの中に粗塩を入れて飲んでいた。ためしに私も塩入りコーヒーを飲んでみたが、塩辛いどころか舌触りのなめらかなコーヒーに変身し、甘みさえ感じられたのである。バルザックの慧眼恐るべし、といったところか。

一方で、印刷物による色のサンプルを使うという手もあるが、これとても色分解によって人工的に創り出した色にすぎず、実際の色にピタリと合っているものは意外と少ない。それよりは煎り豆のサンプルを定期的に新しいものに換えてやることだ。

■豆の状態と煎り止めのポイント

「コーヒー豆はなぜハゼるのか」のところでも言及したが、どんなに粒が揃っている豆でも、実際に火を入れてみるとおよそ2分間にわたるハゼが起きる。つまり「2分間のハゼ＝2分間分のバラツキ」という話をした。

同じコーヒー豆の中にも、成熟度が高くやわらかくて、膨れあがりのいい豆もあれば、未成熟で含水量が多く伸びのわるい豆もある。ここで頭にとどめておいてほしいのは、最初にハゼて大きく膨らむ豆と、およそ2分後にようやくハゼる豆が、同じ釜の中にいっしょに同居しているという事実だ。

片や色も形もツヤもサンプルどおりに煎り上がった豆（仮にAとする）で、片やシワシワのままでセンターカットも伸びきらないままの豆（Bとする）。同じ火力と時間をかけても、これだけのバラツキになって現れてしまう。このようなバラバラの状態の豆を予定の焙煎度で上げるにはどうしたらいいのだろう。

たとえば色だけで煎り止めを決めていく場合、Aの色だけを見て決めると、Bの豆は2分間ずれているので、全体の焙煎度は思った以上に浅いものになってしまう。あるいはBの豆を見て、表面を覆う黒ジワから、てっきり焙煎が進んでいると勘違いし、その時点で煎り止めしてしまったら、さらに浅煎りのコーヒーにな

表24　煎り止めのポイント

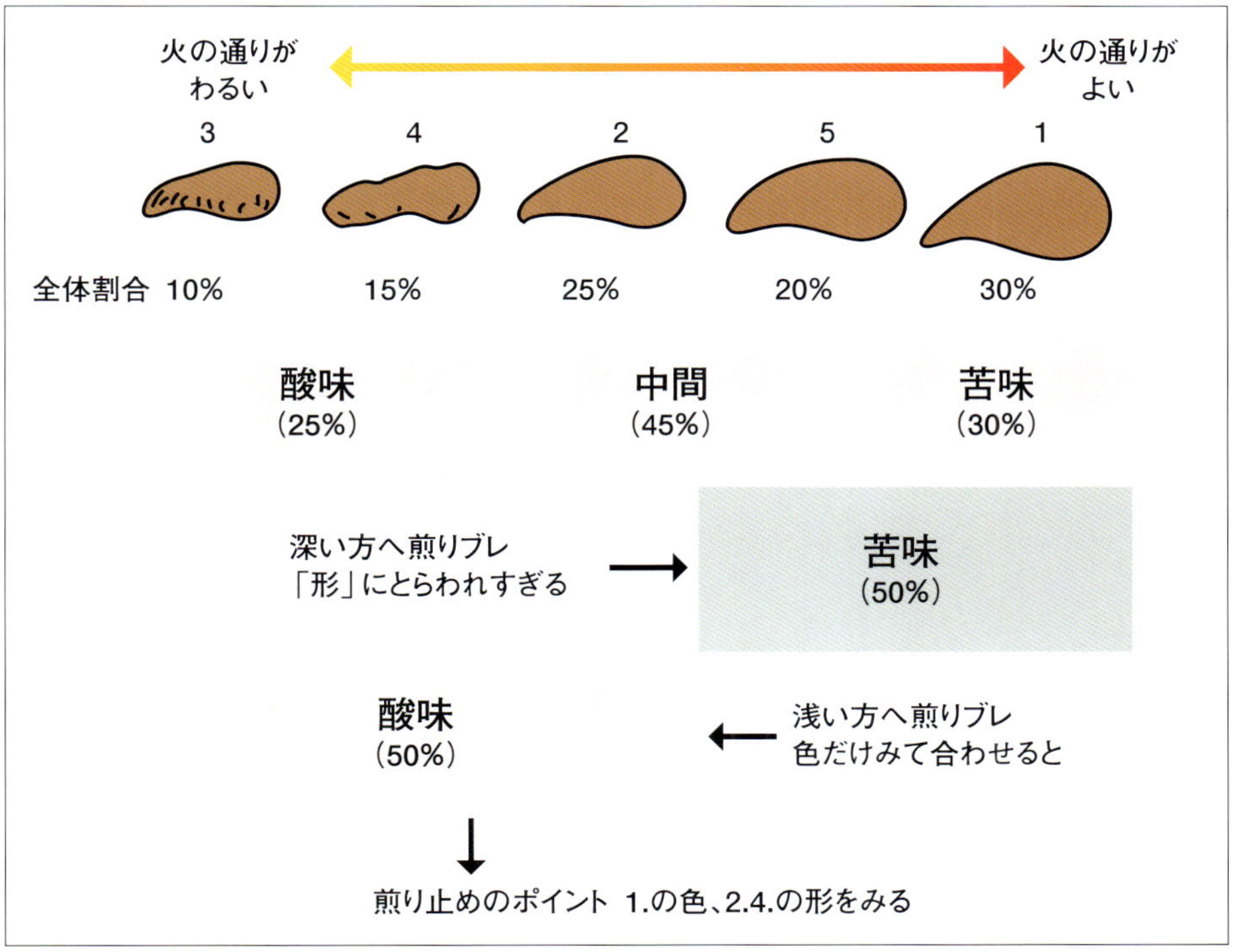

ってしまう。

考えてみればAとBとの間には、さまざまなグラデーションをもった豆が横たわっている。それは火の通りのわるい豆からよい豆までの濃淡であり、未成熟豆から成熟豆までの濃淡でもある。具体的なグラデーションの中身を模式的に描いたのが表24だ。

表の中で、煎られている状態の豆の形を1～5までのタイプに分けているが、同じ釜の中にこの1～5のタイプがごっちゃになって混ざっている、と考えたらいい。その中心となるのが1～3で、5は1と2の間に、4は2と3の間に中間タイプとして仮に当てはめてみたにすぎない。1～3は以下のような豆とする。

1 センターカットがくっきりとまっすぐに伸びている

2 センターカットはよじれ、シワが残り、やや寸づまりになっている

3 センターカットとシワの見分けがつかないほどシワシワになっている

この表を見てわかるのは、どのタイプの豆がどのくらいの割合で含まれているかによって、苦味と酸味との間を行ったり来たりする振り子が、大きく左右にブレることだ。

仮にテストスプーンで豆の色を見たところ、1と5を合わせた50％がすでに煎り止めの色になっている。ところが煎りの進行の遅れている234の豆もやはり50％を占めている。こうなると4が2に追いつく、あるいは5にたどり着くまで煎り止めを待っていたくなる。なぜなら、そのほうが味のバランスが格段によくなるからである。

繰り返しになるが、コーヒーは煎りが浅いほど酸味が強く、深くなるほど苦味が強くなる。苦味と酸味のバランスを考えれば、2が1、5と同じくらい進んだときに煎り止めすれば、3、4の25％が酸味、苦味と酸味のバランスのとれた中間2、5が45％、残り1の30％が苦味となる。

これはあくまで机上の論理で、実行するのはかなり難しいことだが、理想的には1と5が同じ色になったとき、すかさず4を見て、4が2と同じくらいに膨らみシワがなくなった状態で煎り止めすれば、理論上は味のブレがかなり少なくなっているはずである。しかし最も賢いのは、汗みずくになって理想の煎り止めを見つけることではなく、これほどまでバラツキのあるコーヒー豆なら最初から買わないことなのだ。

■煎り止めのストライクゾーン

さて、くだんの写真は煎り止めのポイントを仮にA～Dタイプ（システムコーヒー学参照）別に分けたものである。ヨコのA～Dがタイプ別で、タテの（イ）～（ハ）が許容できる煎り止めの範囲を表している。タテ3つのちょうど真ん中の（ロ）が理想のベストポイントで、その上の（イ）がやや煎り進んだ（深い）状態、下の（ハ）が煎りの遅れた豆（浅い）である。

写真上段の豆はたった数秒（5秒前後）煎りが深くなっただけだが、その深くなった分だけ苦味が増している。逆に下段の豆は数秒（やはり5秒前後）煎りが浅いため、わずかながらも酸味が勝っている。図式的には前出の表24と似通っており、煎り止めのポイントが上下に揺れ動くことで、苦味が強くなったり酸味が強

●コーヒーの賢い保存法

コーヒー豆を煎れば水分がみな飛んでしまう、と思われるかも知れないが、煎った豆でも水分は1～1.2％くらいは含まれている。脂肪分もものによるが1.9％くらいはある。それだけではなくタンパク質や炭水化物といった成分も含まれている。

このような煎り豆を保存するには、それなりの配慮が必要になってくる。紙袋のまま天井に近い部分や床に近い部分、流しの下に置きっぱなし、というのではどうしようもない。湿気の多いところでは、どんどん酸化が進んでしまうからだ。一般に温度が10℃上がると、酸化スピードは倍になるといわれている。よくお茶屋の店頭や豆売りショップの店先などにワゴンを出して、煎り豆を特売している店があるが、紫外線も直射日光もおかまいなし。やんわり指摘してやると、「ええーッ、知らなかった」と無邪気に驚く始末だ。このレベルが現実だろうと思えば、別段腹も立たないが、知らずに酸敗したコーヒーを買わされる客こそ哀れである。コーヒーは煎ってから2週間が限度。条件がよくても20日がせいぜいと覚えておいてほしい（常温保存の場合）。

中央のベストポイント（ロ）を挟んで、やや煎りの進んだ（イ）とやや煎りの浅い（ハ）がある。（イ）に傾くと2〜3割苦味が増え、（ハ）に傾くと微妙に酸味が勝ったような味になる。が、基本的には（イ）〜（ハ）を「ストライクゾーン」とし、煎り止めのベストポイントとして許容する。原理的にはAタイプの（イ）はBタイプの（ハ）に味や色合いが近くなる。

くなったりする。

煎り止めをピンポイントでおこなうのは至難の業、というより不可能だろう。で、私は（イ）～（ハ）までを許容できる範囲という意味で「ストライクゾーン」と呼んでいる。ストライクゾーンの範囲は焙煎度によっても異なるが、1ハゼ以降であれば、およそ15秒以内の範囲と理解しておけばいいだろう。

以上、煎り止めの技術について述べたが、いくぶん小難しい理屈に傾いてしまったことは否めない。が、この稿では、あえて理屈っぽく語ってみたのである。豆の外見上は同じような色に見えても、内実は相当なバラツキがあり、煎りの進んだものと遅れたものとの間には、「苦味派」と「酸味派」、そしてその「中間派」がバラバラに分布している。そのことを理解してもらうのが主眼のため、多少理屈っぽくならざるを得なかったのだ。

いずれにしろ基本は「色、形、ツヤ」の3要素だ。とりわけ大事なのは色で、めざす色になったら迷わず煎り止めることが肝心だ。初心者は形にとらわれるあまり、ついシワを伸ばしきるまで待ってしまう傾向があるが、これをやってしまうと煎りがどんどん前のめりに進んでしまう。あまり豆を見過ぎると、かえって弊害が出てきてしまうのだ。

まずは全体の色を大づかみに見て、すばやく煎り止め時機を判断する。それを繰り返すことで、「形」や「ツヤ」、その他の副次的要素も自在に使いこなせるようになる。そして最終的な味の判断は、カップテストに委ねるのである。

4-7 カップテストの方法

どんなに焙煎や抽出の技術が優れていても、カップに注がれた液体のクオリティがお粗末では意味がない。最後に問われるのはカップの中身。ここでは新旧のカップテストの方法を紹介する。

■コーヒーの味の最終チェック「カップテスト」

いかな高邁《こうまい》な理論を唱え、衆に優れた焙煎技術をもっていたとしても、最終的に問われるのは液体となったカップの中身である。その中身がひどくお粗末なものであったなら、理論もテクニックもたちまち色褪せてしまうだろう。

コーヒーの味を最終チェックする工程はカップテストである。しかし、ただ漫然とやればいいというものではない。

「このコーヒーは酸味が強く出すぎたな……」

と単に主観的な判断や感想をもらし、頭をひねっていても次なる焙煎の改善には結びつかない。

なぜ酸味が強く出すぎてしまったのか。その原因を突き止めるには、焙煎過程を一から辿っていかなくてはならない。そこで必要となるのが焙煎記録カード（１０４、１０６頁参照）である。焙煎記録がなければ、たとえ理想的な焙煎ができたとしても、次にどう煎ったら同じような仕上がりになるのか、まったくわからない。どこをどう変えたら、よくなったりわるくなったりするのか、客観的な検証ができないのである。

私は現在、「バッハグループ」という弟子たちの勉強会を主宰しているが、もし焙煎に関して疑問点があれば、生豆と焙煎豆の両方のサンプルに焙煎記録カード、カップテストカードを添付させた上で質問に答えている。こうすればどこに問題があるのか、たいがいは見つけ出すことができる。このように、カップテストは焙煎記録カードと組み合わされて初めて意味をもつものなのである。

■さまざまなカップテスト

さてカップテスト（カッピング、テイスティング、カップテイスティングともいう）といってもさまざまな方式がある。世界統一の国際ルールなど存在しないため、生産国も消費国も、あるいは企業や個人のレベルでも、それぞれお家の事情に合わせて独自の評価方式を用いている。ただ一般的には「ブラジル方式」がベースになっていて、多くはそのバリエーションと考えていい。

それではブラジル方式とはどんなものなのか、カップテストのようすをザッと眺めてみよう。

●ブラジル方式のカップテスト

まず焙煎したコーヒーを中細挽きにし、カ

表-25　生豆購入カップテスト用

目的　ストレート	焙煎度　4.0	2003 年　月　日	曜
コーヒー名　パナマ		焙煎経過	123456789日目
抽出方法　ペーパー	抽出温度　83℃	器具	10 g　150 mℓ

項目	1	2	3	4	5	備考
酸味				○		
苦味			○			
甘味				○		
香り					○	
渋味	○					
濃度			○			
リッチ（コク）				○		
バランス					○	

項目	1	2	3	4	5	備考
メロー					○	
ファーメント（醗酵臭）						ナシ
マスティ（カビ臭）						ナシ
アーシー（土臭）						ナシ
タング（舌をさす味）						ナシ
ダーティー						ナシ
バラツキ		○				

所見

表-26　従業員味覚訓練カップテスト用

氏名	2003 年		月		日		
コーヒー名　パナマ	目的　ストレート		焙煎度　4.0				
抽出方法　ペーパー			10 g　150 mℓ				
項目	1	2	3	4	5	6	備考
苦味			○				
酸味				○			
甘味				○			
渋味							ナシ
風味					○		
液体の色つや					○		
形状						○	
焙煎度				○			
所見							

ップに10g入れて150mℓの湯を注ぐ。コーヒー粉の焙煎度はアグトロン（Agtron65頁参照）の65程度というから、ほぼシナモンロースト（米国ではミディアム・ライト）といったところか。アグトロンというのは主に米国で用いられている焙煎度を示す指標で、特殊な色差計を使って焙煎度を計測する。

さて湯の表面に浮いていたコーヒー粉が沈んだらスプーンでかき混ぜ、香りを嗅ぐ。次いで泡を取り除き、テストスプーンですくい上げ、コーヒー液を口に含む。その際に欠点味を探す目的で、液を「ビーッ」という音とともに霧状にして口蓋に吹きつける。いささか上品さを欠く方式であるが、このやり方でないと異味、異臭をチェックできない。

こうした一連の官能審査によって格付けをしていくのだが、格付けの基本はソフト、ハード、リオの3つだ。ソフトはやわらかくて上品な酸味があり、濃厚なコクもある。ハードは柿渋のような渋味があり、リオはヨードフォルムあるいは石炭酸のにおいがする。この3つをさらに細分化したものは、すでに第1章で紹介済みだ。

以上がデグスタソンと呼ばれるブラジルの官能審査だが、最近になってこの方式に対して思わぬ逆風が吹き始めている。というのは、消費国（特に米国）の間から、

「ブラジルの評価基準では、コーヒーのおいしさにつながる風味の特徴やすばらしさがわからない」

という声が澎湃《ほうはい》として湧き起こってきたからだ。

消費国からの批判はわからないではないが、ブラジルの側にも言い分はある。なぜなら、ブラジル方式のカップテストは欠点味を探すことを主目的にしたもので、もともとコーヒーの個性やすばらしさを評価するシステムではないからだ。ブラジル方式のようなマイナス評

表27　焙煎技術カップテスト用

目的　ストレート		焙煎度　4.0　±				2003 年			月		日		曜
コーヒー名　パナマ						焙煎経過							123456789日目
抽出方法　ペーパー		抽出温度　83℃				器具							10 g　150 mℓ
項目	1	2	3	4	5	備考	項目	1	2	3	4	5	備考
苦味			○				芯残り						(全体的に) ナシ
酸味				○			芯残り						(はやいタイプ) ナシ
渋味						ナシ	芯残り						(おそいタイプ) ナシ
甘味				○			煎りムラ						(全体的に) ナシ
風味					○		煎りムラ						(一粒内に) ナシ
コク			○				液体の色つや					○	
なめらかさ				○			濃度			○			
バランス (まろやかさ)					○		燻臭						ナシ
所見													

図17　コーヒーテイスターのフレーバーホィール

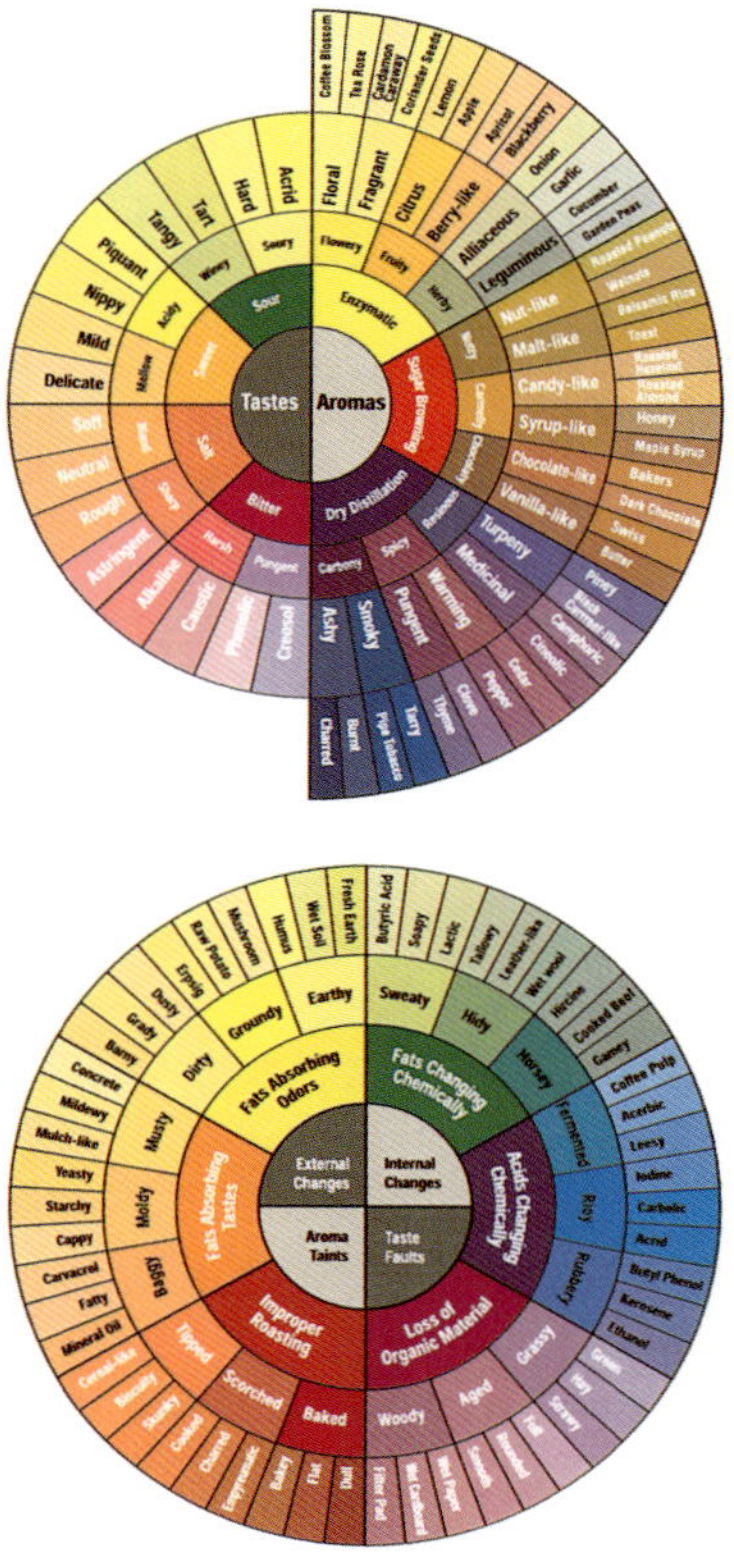

●これはコーヒーテイスターのフレーバーホイールというもので、コーヒーフレーバー（香味）を評価する表（上）と、フレーバーの汚損と欠陥を示す表の２枚がセットになっている。すべての香味用語はSCAAのカップテイスターの間で決められた呼称で、それぞれに厳格な定義づけがなされている。(http://www.scaa.org/index.cfm?f=h)

価によってコーヒーの欠点を探し、格付けする方式を「ネガティブ・テスト」といい、逆にプラス評価でコーヒーの特性を見いだし、個性を評価していこうとする方式を「ポジティブ・テスト」という。

どちらの方式もそれぞれの目的と用途をもってはいるが、スペシャルティコーヒーのような高品質コーヒーが登場してくる時代になると、今までのような欠点味を探しだすというマイナス評価の意義が薄れ、代わりにそのコーヒーの個性や香味を積極的に評価していこう、という考え方が主流になってくる。

ブラジルコーヒーの最大の輸入国であるアメリカが、ネガティブ・テストからポジティブ・テストへ移行しつつある現在、ブラジルも評価基準の大幅な見直しを迫られている。もっとも通常のコモディティコーヒーが国際取引市場の中で主力である以上、しばらくは試行錯誤を繰り返していくだろうが、「カップ・オブ・エクセレンス」（COE）の評価方式がブラジルの生産者グループの手によって初めて導入されたという事実を見れば、こうした変化の流れが着実に浸透しつつあることがわかる。

＊　＊

ブラジル方式の官能審査は、世界の不特定多数の消費国に過不足なく適用できるような普遍的な基準、ということができる。テスト焙煎の焙煎度がシナモンローストに設定されているのは、この焙煎度にしておけば浅煎りや深煎りにした際の味覚変化を確実に予測できるからだ。コーヒーは焙煎が進むほどに揮発成分が飛び、味が変わってしまう。だから成分の飛ぶ前の焙煎度、つまり浅煎りでテストするのである。

しかし実は別の要因もある。ブラジルコーヒーの最大輸入国はアメリカ。そのアメリカでは80年代に入るまでは浅煎りコーヒー、すなわちアメリカンコーヒーの全盛だった。生産国ブラジルが、テストローストを上得意であるアメリカの一般的な焙煎度に合わせようとするのは、ごく自然の成り行きであっただろう。当時のアメリカの煎り方がもっと深ければ、ブラジルのテストローストも深くなっていたはずなのだ。

ところで、バッハコーヒーは浅煎りから深煎りまでまんべんなく煎ったコーヒーを提供している。提供する側から考えると、ライトやシナモンローストでテストされたコーヒーを、たとえばフレンチやイタリアンローストにしてメニューに載せるのは、かなりの冒険といえる。なぜなら、浅煎りのときにたとえ風味がすばらしかったとしても、深煎りにした途端に味がスカスカになってしまった、ということはよくあるからだ。

だからカップテストというのは、ブラジル方式のように一律シナモンローストにするというのではなく、深煎りで出しているコーヒーであれば、やはり深煎りにしてテストすべきなのである。

たしかに生豆を浅煎りにしてテストローストすると欠点の味がよくわかることがある。未成熟豆などは深く煎ってしまうと、ふつうの豆と同様にのびて判別しづらくなるが、浅煎りだと外見上の生豆の組成がよく出るので判別しやすくなる。

バッハコーヒーでも新しいロットの生豆を初めて使うときは、まず浅煎りにしてカップテストをし、味が良好であれば予定どおりの焙煎度に煎り、そこでまたカップテストをしている。浅煎りでテストするメリットは十分にあるのだ。ただ、欠点の味がわかったからといって、その豆のすべてがわかったことにはならない。どんな豆でもカップテストする際には2ハゼまでもっていく、というのは、2ハゼに入って初めて豊かな香りとおいしさが前面に出てくるからである。

SCAA（アメリカスペシャルティコーヒー協会）の香味評価がアグトロン50前後（シティロースト）の焙煎度でおこなわれている事実を見ても、コーヒーの豊かな風味は2ハゼまで入らないと得られない、ということがようやく理解されてきたのだろう。

ここでSCAAのカップテストの手法とバッハコーヒーのそれとを比較してみる。

●SCAA方式のカップテスト

カップに中挽きにしたコーヒー粉（約8g）を入れ、粉を揺らせてその香り（フレグランス）を嗅ぐ。150㎖の湯（約90℃）を注ぎ、3分間蒸らしたら、ドーム状にふくらんだコーヒー粉の層をスプーンで割る。その際に、鼻をカップに近づけて立ちのぼ

①ポットの湯、②吐き出し用カップ、③コーヒー粉、④スプーン（バッハ専用の銀製のもの）、⑤スプーンを洗うグラスと少量の水

① コーヒー粉の香り（フレグランス）を嗅ぐ

② コーヒー粉に湯を注ぐ

③ 3分間ほど蒸らす

④ ドーム状になった粉のふくらみをスプーンで割り、香り（アロマ）を嗅ぐ

⑤ 攪拌し、泡をスプーンで取る

⑥ 水色を見る

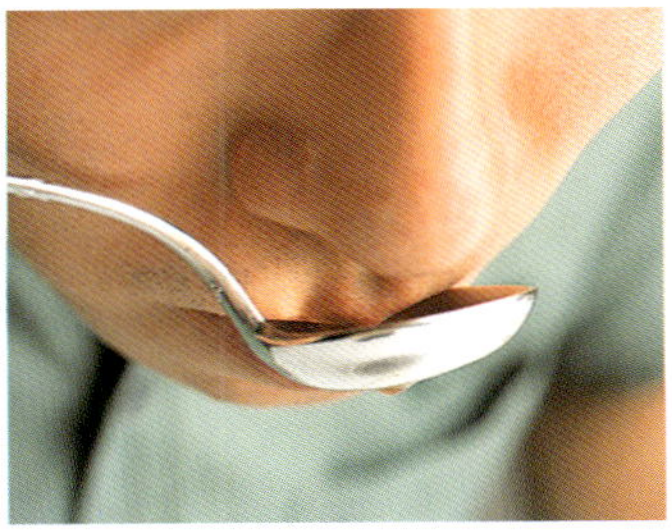

⑦ 口腔内に霧状に吹きつけるようにすすり込み、香味をチェックする

⑧ チェックした液体は吐き出し、次の検体に移る

ってくる香り（アロマ）を嗅ぐ。

次いでコーヒー液の上層部に残った泡をスプーンで取り去り、しばらく放置する。スプーンに液体を取り、口腔内に霧状に吹き付けるように音を立ててすすり込む。香味をチェックしたら液体は吐き出す。やや熱いとき、やや冷めたとき、冷めたとき、と順番に評価する。評価項目は以下のようなものである。

◎香りFragrance（コーヒー粉から立ちのぼるにおい）
◎芳香Aroma（コーヒー液のにおい）
◎甘さSweetness
◎さわやかな酸味Acidity
◎芳香Flavor
◎コクBody
◎あと味の印象度Aftertaste

●バッハコーヒー方式のカップテスト

中挽きのコーヒー粉10g、85℃前後の湯１５０㎖を用意し、通常のペーパードリップ方式で、1人前のコーヒーをたてる。抽出したコーヒー液をカップに注ぎ、テストスプーンでカッピングする。評価したら液体を捨て、次の検体に移る。

＊　＊

手短に追ってみれば、ザッとこんなものだが、これだけでもブラジル方式やＳＣＡＡ方式との違いは明らかであろう。その大きな違いは、

1　焙煎度は2ハゼ以上

①ペーパードリップでたてたコーヒー、②吐き出し用カップ、③テスト用カップ、④バッハ専用銀製スプーン、⑤スプーンを洗うグラスと少量の水

① 香り（アロマ）を嗅ぐ

② 水色（特にツヤ）を見る

③ 口腔内に霧状に吹きつけるようにすすり込み、香味をチェックする

④ カッピングした後の液体を捨てる

2　抽出器具を使う
3　チェック項目が少ない

といったところだろうか。

ブラジルのカップテストは欠点豆を含んだままテストする。それで輸出できる許容範囲かどうかを判断しているわけだが、バッハコーヒーは、あらかじめハンドピックをしてしまうので、欠点の味というのはほとんど出てこない。そのため、カップテストのチェック項目は少なくてすむのである。

欠点味のチェックより味のバランスを見る、というところに主眼を置いたほうが、営業面ではより実際的といえる。また特別な器具や設備を必要としないため、いつでもどこでも確実におこなうことができる、というのも強みのひとつだろう。カップテストは継続こそが大事なので、手軽にできることが一番なのである。

さてバッハのカップテストにおいて、初心者でも判断しなければならないのは以下の項目である。

◎苦味
◎酸味
◎甘味
◎渋味
◎風味
◎濃度

「風味」というのは「香り」と置き換えてもかまわないが、口に含んだときのものを指している。鼻で嗅いだときの香りと口に含んだときの香りは、明らかに違う。

「濃度」という表現は多少わかりにくいかも知れないが、実際、同じ分量の粉を使って同じ量を抽出しても、濃く感じるものもあればスカスカに感じるものもある。

SCAA方式の評価項目の中には「ボディ」というのがある。そのボディはコーヒー液を口腔中にそっとすべらせ、その触感覚で評価するものだが、私のいう「濃度」にいくぶんかは重なっている。濃厚さ、あるいは粘性といったものは、コーヒー液に含まれる油脂分や繊維分、タンパク質によって感じられるものなので、それらが溶け込んでいる量が少なければ味はスカスカに感じられる。

さて3方式を比べ最も違いの顕著なのは1の抽出器具を使う、という点だろう。ブラジル方式にしろSCAA方式にしろ、コーヒー粉にお湯を差すだけで、特定の抽出器具は使わない。不特定多数の企業や消費者向けのテストだから、当然といえば当然のことだが、この〝お湯差しテスト〟では、コーヒー粉に含まれるさまざまな味や香りはチェックできても、味のバランスまではわからない。

私は末端のユーザーにできるだけ近いレベルのカップテストを心がけたいと思っている。末端ユーザーと同じ飲み方でカップテストをしなければ、

「このコーヒーは、このローストに煎ると、こんな味がします」

と、客に向かって説明ができない。限られたお客相手の小規模経営の場合は、日頃使っている器具や方法でカッピングするのがいちばん理にかなっているのである。

第5章 珈琲の抽出

正しく焙煎した豆は正しく粉砕し、正しく抽出しなければならない。そこにはさまざまな「法則」とテクニックが存在する。「わるいコーヒー」を排し「よいコーヒー」を作るための理論と実践法を学ぶ。

5-1 コーヒー豆を挽く

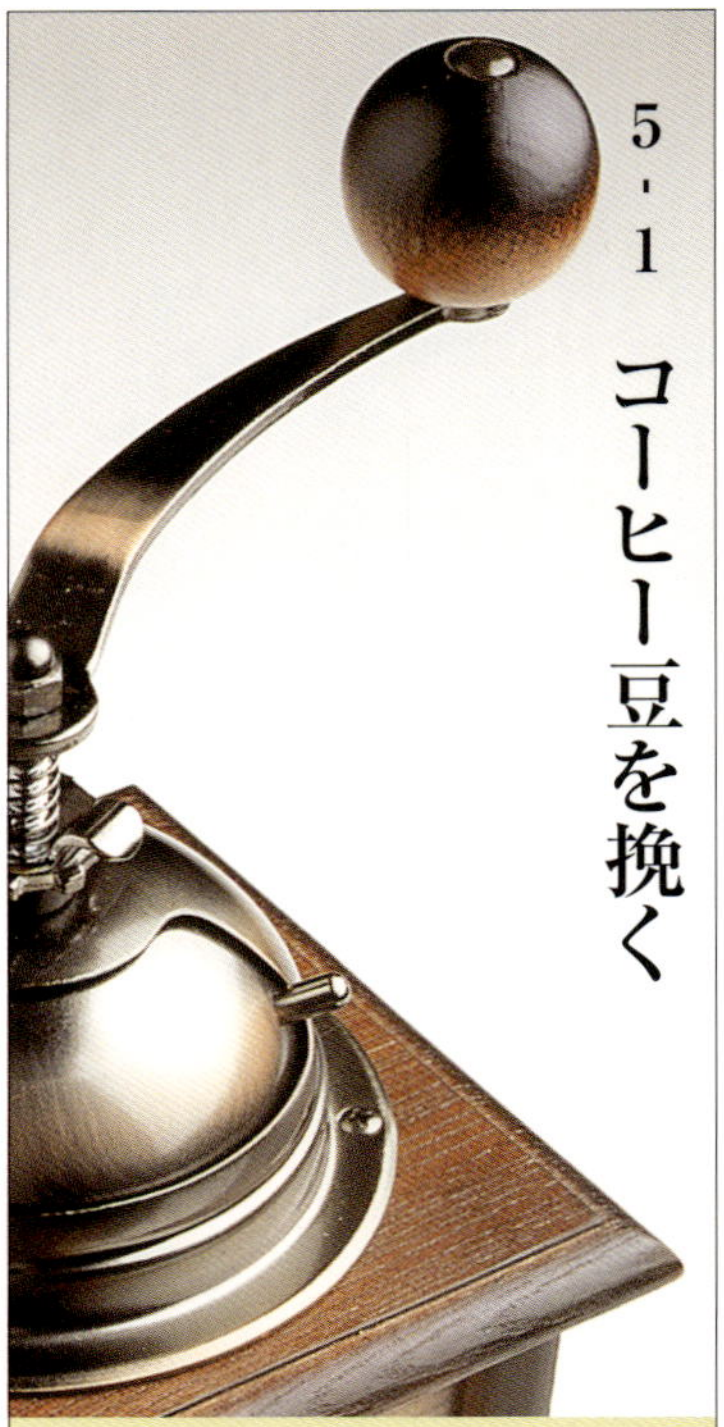

焙煎した豆はミルで粉に挽く。挽き方には石臼のようにすりつぶす方法と鋭い刃で切り刻む方法の2種類がある。上手に挽くポイントは、抽出器具に合わせて熱や微粉を出さずに均一に挽くことだ。

蕎麦好きとコーヒー好きはどこか似ている。知り合いの蕎麦好きは、好きが高じて手打ちにのめり込んだまではよかったが、取り寄せた蕎麦粉を使っての打ちたて、ゆでたてに満足できず、とうとう〝挽きたて〟に挑戦してしまった。わざわざ数十万円もする石臼を買い込み、自家製粉を始めてしまったのだ。これで挽きたて、打ちたて、ゆでたての〝三たて蕎麦〟ができあがり、客へのふるまい蕎麦としては最高のお膳立てとなった。

コーヒーに置き換えると、自家製粉はさしずめ自家焙煎に相当し、煎りたて、挽きたて、いれたての〝三たてコーヒー〟ができあがる。蕎麦にしろコーヒーにしろ〝三たて〟が尊ばれるのは、一にも二にも〝鮮度〟が重要視されているからである。

石臼で挽きたての蕎麦粉はしっとりとしていて高い香りを放っている。コーヒーも同じ。鮮度の高い豆を挽くと、あたり一面に特有のフレグランス（芳香）が充満する。逆に鮮度の落ちた粉は香りが失われ、場合によっては油脂分がまわって酸敗臭を放つものさえある。コーヒーも蕎麦も粉にしたとたんに空気との接触面が広がり、急速に酸化が進むためだ。いかに鮮度を保つかは、いかに酸化を抑えるのかと同義でもある。

■豆を挽くポイント

さてコーヒーはできるだけ豆の状態で保存し、抽出する直前に粉に挽く、ということの重要性はよくわかった。次はどんなミルでどのように挽くかである。コーヒー豆の正しい挽き方とは、ただ機械的に豆を放り込み粉にすることではない。ミルの性能や粉のメッシュ（粒度）の性格をよくわきまえ、挽いた粉がどのように抽出されるかをまずイメージする。ついでに残った粉の保存にまで気を配る。ここまでできて初めて正しく挽けた、といえるのである。

挽く際のポイントをまとめるとこうだ。

1 メッシュがバラつかないように挽く
2 熱を発生させない
3 微粉を出さない
4 抽出法に合ったメッシュに挽く

以下、具体的な解説を加えると、まず1のメッシュのバラツキを避けるという問題だ。本稿の中には〝バラツキ〟という言葉が頻繁に出てくる。焙煎においては生豆の大きさや含水量のバラツキをどうクリアするかが課題であったし、この「粉砕」の章ではバラツキのない挽き方が理想的なものとさ

手回し式のグラインディングミル（右、ザッセンハウス製）と電動式のグラインディングミル（左、デロンギ製）

れている。バラツキがもたらすものは味の不均一や不揃い。どの工程においてもバラツキを最小限にとどめようとしたのは、雑味のない均質でバランスのとれたコーヒー液が求められているからだ。

挽かれたコーヒー粉のメッシュが均一かどうかは、抽出されたコーヒー液が均質かどうかに直結する。言い換えれば、メッシュにバラツキがあるとコーヒー液の濃度にもまだらなバラツキが出てしまう。メッシュの違いは、コーヒーの味にどんな影響を与えるのだろう。

ここに基本的な法則がある。それは、

《細かく挽くほど苦味は強くなり、粗く挽くほど苦味は弱くなる》

という法則だ。

理由は簡単。細かく挽けば粉の表面積が大きくなり、そのぶん抽出される成分も多くなる。可溶成分が多くなれば液体の濃度は濃くなり、苦味も強くなる。逆に、粗く挽けば、粉の表面積は小さくなり、抽出される成分も少なくなる。当然ながら濃度は薄くなり、苦味は弱まる。苦味が弱まれば、代わりに酸味が顔を出す。

この基本法則を1に当てはめてみると、メッシュの大きな粉と小さな粉が混在することになれば、可溶成分の濃度がバラつくだけでなく、酸味と苦味が液体中にバラバラに抽出されることになる。透明感のない雑味の多いコーヒー液になるであろうことは容易に想像できる。

業務用の電動ミル（写真はボンマック製）

表28　メッシュによる味の変化

メッシュ	細挽き	粗挽き
粉の表面積	大きい	小さい
抽出成分	多い	少ない
濃度	濃いめ	薄め
苦味	強い	弱い

2は摩擦による粉砕熱の問題である。コーヒーに限らず蕎麦でも小麦でも、粉砕時に発生する熱は常に問題となっている。熱によって味と香りが著しく損なわれる、というのがその理由だ。蕎麦粉の製粉においてもロール挽きか石臼挽きかによって、粉の価値が天と地ほども違ってくる。悲しいかな機械によるロール挽きは、いわゆる〝粉焼け〟を起こすと信じられているからだ。そのことは必ずしも正しくはないが、熱をもたない石臼による製粉がプロの間で圧倒的な評価を得ているという事実は、どうにも動かしがたい。

摩擦による粉砕熱に関してはさまざまな研究がなされている。専門家によれば、金属摩擦面における瞬間的温度上昇は、ごくふつうの速度と荷重という条件下にあっても、金属の表面は局部的に500〜1000℃という高温になる、という。

コーヒー豆の粉砕に当てはめても、この現象は起こりうるが、どれほどの熱が発生するかはミルの構造によっても違ってくる。ミルによる〝粉砕〟には大きく二つの方法がある。一つは溝の刻まれた2枚の盤（臼）を回転させながら豆をすりつぶす方法grindingで、多く手廻しミルなどがこれに該当する。もう一つはグラニュレーターに代表されるもので、二本一対のロール（金属製の丸い回転軸）が互いに垂直に噛み合う鋭い刃をもっていて、コーヒー豆を日本刀で斬るように切断していく方法cutting。いわゆるカッティングミルがこれに当たる。

熱を出さないというのなら、素人目には豆をゆっくりすりつぶす手廻しミルに軍配が上がりそうに思えるが、実際は逆で、臼歯ですりつぶすタイプのほうが熱を発生しやすい。一方、グラニュレーターで粉末化させたコーヒーは粉砕熱の発生が最小限にとどまっている。すりつぶすという摩砕では当然ながら摩擦熱を帯びるが、鋭利なスティールカッターによる切断であれば、ほとんど熱が発生しないという理屈なのだ。

グラインディングミルとカッティングミルとの違いを比較すると以下のようになる。

【グラインディングミルの一長一短】

1 メッシュがバラツキやすい

2 摩擦熱が出やすい

3 微粉の出が少ない

【カッティングミルの一長一短】

1 メッシュが均一になる

2 摩擦熱が出にくい

3 微粉が出やすい

プロペラ状の金属の刃をモーターで回転させる家庭用の電動ミルは、通常、カッティングミルの部類に入り、粉のメッシュは時間で調整する仕組みになっている。つまり細かく挽きたければ長い時間をかけて挽くということだ。プロペラ式ミルは比較的安価で、機能性に富んでいるところが長所だが、メーカーによる品質格差も大きく、摩擦熱や微粉の発生を指摘する専門家もいる。

しかし熱の発生に関してあまり神経質になりすぎるのも考えものだ。理想的な挽き方は原始の昔の臼と杵による粉砕だ、などと言い出されたら、時間を何世紀ぶんも巻き戻さなくてはならない。これではさっぱりハカがゆかないだろう。

摩擦による粉砕熱の発生はミルの構造だけでなく、コーヒー豆の焙煎度によっても違ってくる。ごく浅煎りであれば、豆も堅いため摩擦熱は余計に発生するだろう。これが深煎りであれば、水分は蒸発し、指でつぶせるほどやわらかくなっているため、摩擦による負荷はさほどにはかからない。つまりコーヒー豆の焙煎度を度外視して、単純に摩擦熱だけを語ることはできないということなのだ。

それにいささか乱暴な言い方をすれば、飲む直前に挽くのであれば、どんなミルで挽こうがたいした違いはない、ともいえる。多くの大手コーヒーメーカーが熱の発生しにくいミルを使っているのは、いつ飲むのか判らない不特定多数の消費者を相手にしているからであって、その場で挽いて飲むのであれば、臼歯であろうがカット式であろうが、さほどの違いはないのである。

むしろ、粉砕時に発生する3の微粉のほうが問題で、ひとたびメンテナンスを怠ると、粘り気のある酸敗した微粉や油成分がミルの歯にこびりつき、硬化して歯の回転を妨げるだけでなく、ついには回転を止めてしまうこともある。もちろん大量の摩擦熱が発生するのはいうまでもない。

■微粉を出さない工夫

微粉は摩擦熱以上にコーヒー粉に悪影響を与える。抽出液を濁らせるにとどまらず、不快な苦味や渋味まで煮出してしまう。よくある微粉による弊害は、熱で帯電した微粉がミルの内部に付着したまま酸敗し、次に挽いた新しいコーヒー粉に混じってしまうことだ。これではいくら煎りたて、挽きたてであっても意味がない。

　微粉を出さない工夫としては、できるだけ微粉の発生が少ないミルを選ぶのと、ミルに付いた微粉はブラシでそのつどていねいに除去することだ。茶漉しで粉をふるうという奥の手もあるが、これはあくまで応急処置で、ミルの掃除こそまず第一に励行されるべきである。

　余談だが、自家焙煎店の中には、わざわざ〝粗挽きコーヒーの店〟と看板に謳っているところがある。コーヒー粉のメッシュを粗挽きにし、粉の量も2～3割多めにする。そしてドリップで点滴のようにゆっくり抽出するというわけだが、この方法だと明らかに味が安定し、まろやかさが増してくる。いわゆる舌ばなれのいい味に仕上がってくる。粉の形成する濾過層が厚みを増したぶんだけ、うまみ成分がより多く抽出されたということなのだろうが、細挽き粉ではこうはいかない。

　ましてや微粉混じりの粉では渋味やえぐみが目立った重いコーヒーになってしまう。粗挽きコーヒーという謳い文句は、いうならば、濁りのないすっきりした味わいのコーヒーを出しています、というサインなのである。

■タンニンの抽出を防ぐ

　コーヒーにはいろいろな成分が含まれているが、それらをすべ

図18　カッティングミル

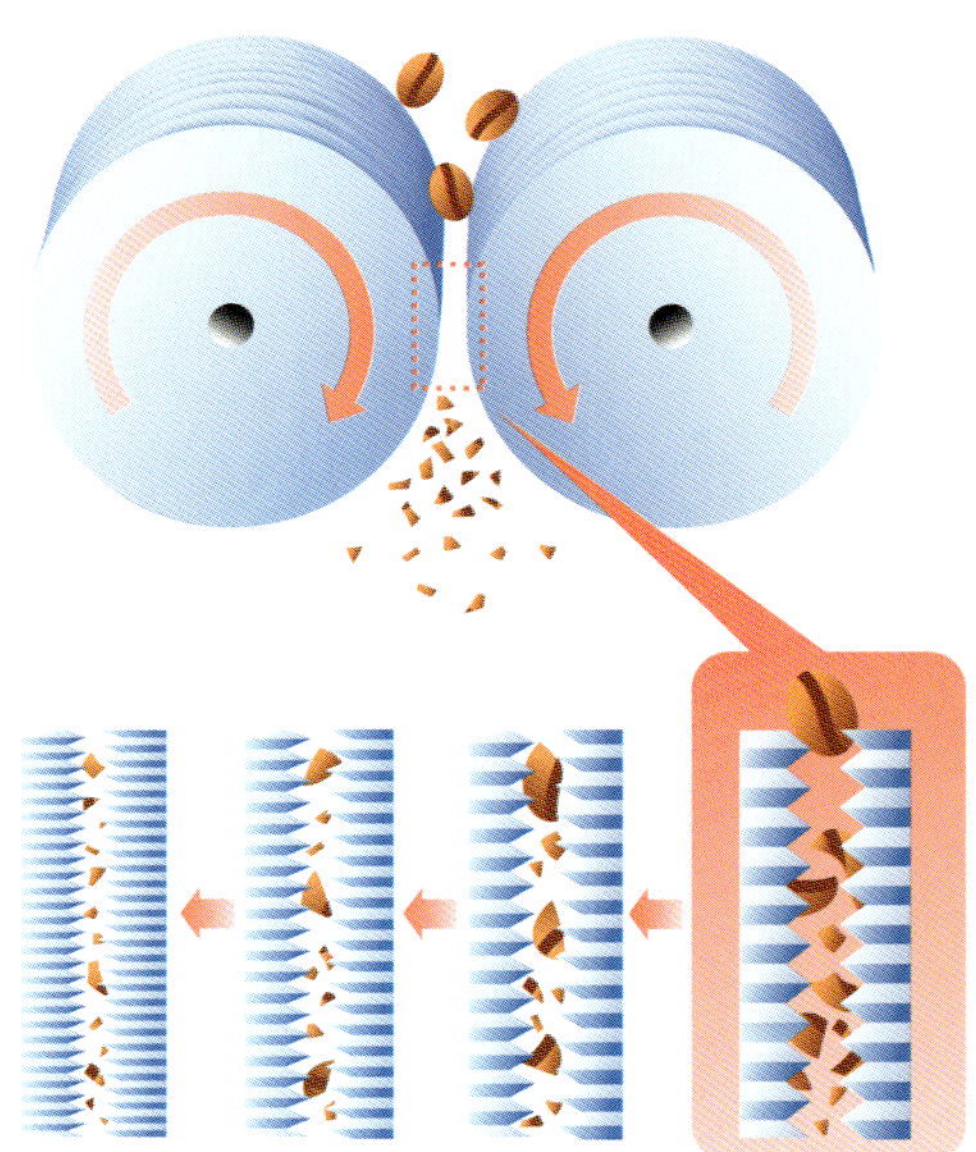

カッティングミルの構造。2本の溝を刻んだロールを逆方向に回転させ、その間をコーヒー豆が通過し、放射状にカットされながら次段に流れていく仕組み。

図19　グラインディングミル

臼歯式ともいわれ、溝を刻んだ2枚の臼を回転させ、その間に入ったコーヒー豆を細かくすりつぶす仕組み。

ミルの刃と歯

カッティングミルの刃

グラインディングミルの歯

細挽き

中細挽き

中挽き

中粗挽き

粗挽き

て抽出し切ってしまうわけではない。ふつう、可溶成分の抽出量は、
《コーヒー粉の量が一定であれば、メッシュと時間で決まる》
という法則がある。

メッシュが細かければ細かいほど、抽出時間が長ければ長いほど、粉の成分は多く抽出される。実験によると、ある一定量のコーヒー粉末に含まれるすべての抽出可能成分を取り出したら、最大約30％まで抽出可能だったという。ただし、これらがすべて望ましい成分であるとは限らない。コーヒーの中には抽出したい成分と、そうでない成分があって、抽出時間が長くなると悪い成分までいっしょに抽出されてしまうという弊害が出てくる。

抽出したくない成分の代表格はタンニンだ。タンニンは正確にはクロロゲン酸類と呼ばれ、コーヒーの生豆には8〜9％、煎り豆には4〜5％含まれている。カフェイン同様、焙煎によって分解される性質があり、イタリアンローストくらいまで深く煎り進めると90％近くなくなってしまう。

よく深煎りコーヒーは見るからに刺激が強く、浅煎りは刺激が弱いと勝手に思い込んでいる人がいるが、あれはまったくの勘違いだ。刺激が少ないからと就寝前に浅煎りコーヒーを飲めば、眼が冴えて眠れなくなるに決まっている。コーヒーは深煎りになればなるほどカフェインやタンニンが少なくなり、刺激は弱まるのだ。見た目の色に惑わされてはいけない。

さて招かれざる成分のタンニンだが、一言でいえば〝渋味〟の正体だともいえる。善玉コレステロールと悪玉コレステロールのように、量が少なければコーヒーの味に甘味やコクを与え善玉ぶりを発揮するが、粉のメッシュが細かく、抽出時間が長くなったりすると、とたんに悪玉ぶりを発揮し、渋味の勝ったコーヒーに変えてしまう。

タンニンの過剰抽出を防ぐには、
《コーヒー豆を粗めに挽き、やや分量を多くして、比較的低い温度（82〜83℃）でゆっくり抽出してやること》
が大事だ。

そう、このやり方は先に述べた〝粗挽きコーヒーの店〟のやり方と同じだ。おいしいコーヒーを抽出するための方程式は、タンニンの過剰抽出を防ぐ手だての一つでもある。

■抽出法に合ったメッシュ

最後は4にある「抽出法に合ったメッシュに挽く」という話だ。ここで思い出してほしいのは、
《細かく挽くほど苦味が強くなり、粗く挽くほど苦味は弱くなる》
という例の基本法則だ。これは湯にふれるコーヒー粉の表面積の変化によって起こる現象で、抽出器具と粉のメッシュの関係を例にとるとよくわかる。

たとえばエスプレッソコーヒーであれば、深煎りのコーヒー豆を細挽きにし、エスプレッソマシンを使って短時間に少量抽出する。できあがった液体は苦味の強いコーヒーである。同じ粉をペーパードリップで抽出したら、さてどうなるか。実際にやってみるとよくわかるが、フィルターは目詰まりを起こし、注いだ湯はなかなか下に落ちてくれない。抽出時間はいたずらに長引き、い

わゆる過剰抽出をきたしてしまう。

　ならば超粗挽き粉がいいのかというと、これも程度の問題で、粗すぎると湯があっさり落ちすぎてしまい、コーヒー粉のおいしさを表現する成分を十分に抽出しきれないうちに終わってしまう。とどのつまり、サーバーに落ちたのはシャバシャバした濃度の薄い液体ということになる。

　このように、それぞれの抽出器具には、その器具に合った粉の挽き方があって、ただ好き勝手に粉にすればいいというものではない。ペーパーフィルターの例でもわかるように、粉が細かすぎても粗すぎても具合はよくない。つまり中挽き～中粗挽き程度のメッシュが最適、ということになる。

　以下に粉のメッシュと抽出法との関係を記しておく。

●細挽き向き……イブリック（微粉末）、直台式エスプレッソマシン（イタリアではマキネッタと呼称）、エスプレッソマシン（極細挽き）

●中挽き向き……ペーパードリップ、ネルドリップ、サイフォン

●粗挽き向き……ウォータードリップ（極粗挽き）、パーコレーター（極粗挽き）

　ちなみにイブリックというのはトルコ式コーヒーに使われる器具で、長い柄のついた柄杓のような形をしている。そこにコーヒー粉と水、砂糖を同時に入れ、火にかける。いわゆるボイリング法（煮出し法）と呼ばれる抽出法に分類され、深煎りにした微粉末状のコーヒー粉を用いる。なぜ深煎りの粉なのかというと、浅煎りや中煎りの粉では高温でボイルしたときに渋味が強調されてしまうためだ。その点、深煎りであれば高温抽出でもすっきりした苦味のコーヒーに仕上がるのである。

　エスプレッソやトルコ式コーヒーに深煎りコーヒーを使うのにはもう一つの理由がある。深く煎るほど豆はもろくなり、そのぶん細かく挽きやすくなる、という点だ。これは蛇足だが、イタリア製のミルの中には、浅煎りコーヒーの粉砕を苦手とするものがある。もともと深煎りコーヒー用に作られたものだから、抵抗力の強い浅煎りコーヒーを挽くとすぐ故障してしまうのである。ミルの性能にもお国柄というものがあるようだ。

■ミルの掃除

　ミルの使用後には必ず掃除をしておくこと、とはすでに述べた。内部に付着した微粉をそのままにしておくと古くなって酸化し、次に挽いた新鮮なコーヒー粉の中に混じってしまう。だからブラシや刷毛《はけ》で微粉やシルバースキンを落とし、油成分などもきれいにぬぐい取っておくのだ。

　挽いた粉に異常なほどの微粉が出るようになったら、ミルの歯の摩耗をまず疑ってみるべきだろう。歯が磨り減ってくると、挽きムラや微粉、摩擦熱の発生を惹き起こす。家庭用の簡易ミルであれば、使う頻度が少ないため、歯が磨り減ることはまずないが、業務用の場合は売り物のコーヒーにたちまち悪影響を与えてしまう。すみやかに新しい歯に換えるか、研ぎ出しに出すべきであろう。

5-2
おいしいコーヒーをいれる条件

コーヒーの味は挽いた粉のメッシュや湯温、抽出スピードなどによっても変わってくる。味のブレの少ないおいしいコーヒーをいれるにはどんな条件をクリアすべきなのか、その方法を探ってみる。

■味の修正は可能か？

すでに第3章-2で「よいコーヒー」と「わるいコーヒー」の定義づけをした。もう一度おさらいをすると、「よいコーヒー」をつくるには4つの条件があった。

1 欠点豆のない良質の生豆
2 煎りたてのコーヒー
3 挽きたてのコーヒー
4 いれたてのコーヒー

つまり、《欠点豆のない良質の生豆に適正な焙煎をほどこし、煎り豆が新鮮なうちに正しく粉砕・抽出したコーヒー》を、私は「よいコーヒー」と定義した。あえて「うまい・まずい」という表現をさけたのは、個人の好ききらいに帰着してしまうような議論の立て方では客観性が保てない、と考えたからだ。

これは余談だが、

《「うまい・まずい」をいうなら「高い・安い」をいうな。「高い・安い」をいうなら「うまい・まずい」をいうな》

という言葉がある。なるほどそのとおりで、私は「うまいものに安いものなし」という考え方の持ち主だから、この言葉はとても気に入っている。

さて、ここではおいしいコーヒーのいれ方について述べるわけだが、この「おいしい」という表記は、あくまで「よいコーヒー」を提供した結果の「おいしい」であって、そうした手続きを踏んでいない、単なる個人的嗜好の範疇の「おいしい」ではないことを、ここであらためて確認しておく。

コーヒーの味というものは常にブレる危険性を孕んでいる。生豆の段階でブレることがあれば、焙煎で、粉砕で、そして抽出でブレる。この微妙なブレをそれぞれの段階において修正し、どんな条件下にあっても一定の味をつくり出す——プロに求められる能力はこうした「味の再現性」だ。「この味は偶然の産物で二度とつくれない」というのは素人芸なら感心されるかも知れないが、プロであれば完全に失格であろう。

ここで再度確認しておきたいのは、「抽出」に至るまで通過しなくてはならない味づくりのプロセスは何段階にもわたっている、ということだ。それらを順に並べるとこうなる。

1 生豆の特性（味）
2 ハンドピック（1回目）
3 焙煎
4 ハンドピック（2回目）
5 煎り豆の保存管理
6 ブレンディング
7 カッティング（粉砕）
8 抽出

この1～8までの順番の意味するところは、《上位プロセスのミスは下位プロセスでしか補えない》という原則なのだが、おわかりいただけるだろうか。

本来なら、完璧な焙煎をほどこし、3の段階までで9割方味のコントロールができた状態であれば一番効率がいいのだが、たまたま焙煎コントロールに失敗し、いつもの煎り止めのポイントよ

表29　コーヒーの味を決める要素

右の要素が変化した時の味の傾向	メッシュ	湯温	抽出量	抽出スピード
苦味	細挽き	高温90℃以上	少ない100㎖以下	遅い4〜5分以上
苦味と酸味	中挽き	中温82〜83℃前後	中庸120〜150㎖前後	中庸3〜４分前後
酸味	粗挽き	低温75℃以下	多い170㎖以上	速い2分以下

りも数秒先に進んでしまい、いわゆるオーバーローストになってしまったらどうする。その味のブレは、3以降の各段階でそれぞれ調整しなくてはならなくなる。たとえばフルシティローストで煎り止めるべきものをフレンチまでもっていってしまったとしよう。それを7と8で調節しようとすると、深く煎りすぎてしまったぶんだけ苦味はいつもより強くなっているはず。であるならば、これはホンの一例だが、7の段階では粉のメッシュをいくぶん粗目に挽いて苦味を弱め（メッシュを粗くすると酸味が強まり、苦味は弱まる）、さらに8では湯温をやや低めにし（湯温は低いほど酸味は強くなる）、抽出量を多くする（抽出量が多いほど酸味が強まる）といった微調整をほどこしてやる（表29参照）。

　こうした応急処置をほどこしたとしても、いつも出しているコーヒーの味と同じものには決してならない。あくまで緊急避難的な調整だから、破れた箇所の繕いはできても、縫合した痕跡はくっきり残っている、といった感じなのだ。つまり決して元どおりにはならない。そこで原則その2は《下位プロセスの補整だけでは上位プロセスのミスは相殺できない》ということになる。

　ブレの調整は下位プロセスになればなるほど大変になる。やらなければならない作業が幾何級数的に増えていくからだ。先ほどの応急処置の場合であれば、失敗した煎り豆が5kgなり10kgあったとしたら、その豆を使い切るまで、7や8で補整作業を繰り返さなくてはならない。10kgの豆を10g単位で消化するには1000回も調整抽出をおこなわなくてはならない勘定になる。ちょっと気の遠くなるような話である。

■抽出プロセスでの味のブレ

　味のブレは1〜8の各プロセスにおいても起こり得る。最後の抽出も例外ではないため、ここに抽出プロセスの中身を要素別に分類しておく。

1 粉のメッシュ（歩留まりにも影響するので、一定の規定があったほうがいい）

2 粉の量

3 湯の温度

4 湯の量（湯を注ぐときのリズムやテンポ、スピードが抽出時間に影響する）

5 時間

　理論上は、1〜5の各要素をきっちりクリアしていけば

表30　湯の温度と抽出

湯の温度	味の変化（ペーパードリップ）
88℃以上	湯温が高すぎ。泡が出て表面が割れる 蒸らしが不十分になる
87〜84℃ （浅煎り・中煎りに向く）	やや湯温高め 味が強く、苦味が立つ
83〜82℃ （すべての焙煎度に向く）	適温。バランスのとれた味わいに
81〜77℃ （深煎りに向く）	やや低め 苦味は抑えられるがバランスを欠く味に
76℃以下	低すぎ。うまみが十分に抽出できない 蒸らしも不十分に

味のブレは起こらないはずだが、厳密には4だけがコントロールしにくく、ブレの原因になりやすい。しかし現実問題として、味のブレ（主に苦味と酸味のバランスに狂いが生じる事態）はよほど許容範囲を越えたものでない限り、違いを違いとして認識できないため、些細なブレならよしとする、というのが常識的な考えであろう。

3の湯温だが、ペーパードリップの場合、注ぐ湯の温度が82～83℃が一番バランスのとれた味になる。それ以上だと角の立った味になりやすく、それ以下だとうまみ成分が十分に抽出できない。もちろん湯温はどんな抽出器具を使うかによっても異なるが（例＝エスプレッソは高温）焙煎したコーヒー豆の鮮度にも大きく影響される。

たとえば焙煎直後の豆。まだ盛んに炭酸ガスを発生していて、生きのいい若駒みたいに跳ね回っているような状態が続く。このような状態のコーヒー粉に90℃以上の湯を注ぐと通常の〝蒸らし〟状態がつくれず、泡を噴き出してしまうだけでなく味もわるくなる。焙煎したての豆をペーパードリップで抽出する場合は、80℃以下の低い温度でなだめすかすようにていねいにいれなくてはならない。

逆に焙煎後2週間以上（常温）経ってしまい、鮮度が失われてしまった豆は高温抽出してやらないといけない。酸敗寸前の豆は湯を一定時間フィルターの中に抱え込むホールディング力が弱まっているため、90℃以上の高温でないと味も香りも出ず、湯の味のほうが勝ったようなコーヒーになってしまうからだ。

ついでにいうと、湯温は豆の鮮度だけでなく焙煎度によっても多少変えたほうがいい。ごく一般的には、《深煎りはやや低温（75～79℃）か中温（80～82℃）で、浅煎りは中温かやや高温（83～85℃）で抽出する》

ということだ。このように〝湯温〟一つとってみても、「器具」「鮮度」「焙煎度」といった要素によって変わってくる。厳密な意味において味のブレを補整することがいかに大変な作業であるか、少しはおわかりいただけたかと思う。

■湯量のコントロール

湯温の次は比較的コントロールしにくい4の湯量についてだ。なぜコントロールしにくいのかというと、注ぐ湯柱の太さや注ぎ方などに不確定要素が多すぎるためだ。できるだけコントロールしやすくするには、確定要素を増やしブレを最小限にとどめてやればいい。

まずポットの湯量をいつも一定にしておく。湯量が少なすぎたり多すぎたりすれば、ポットを持って傾けたときの湯の出る角度や量が安定せず、湯を細く一定に注ぐことができなくなる。湯量を常に一定に保っていれば、いつも同じ角度で、同じ勢いの湯が出てくる。これだけでも均一な味に一歩近づいたことになる（図23・24）。

ポットの湯を一定量に保っておけば、抽出時の姿勢も安定する。湯がたっぷり入っていれば、その重さでつい前かがみになってしまい、そのままの姿勢で長時間作業を続ければ疲れだって倍増する。力学的にはいくぶん胸を張っているくらいが疲れにくい

図20　注ぎ口の湯

1回目の湯を粉に注ぐ前に、湯を少しシンクに捨てる。適正温度かどうかを見るためだが、ポットの注ぎ口部分に溜まっていた湯を捨てるという意味もある。この部分の湯は本体の湯よりも熱くなっていて、注ぐ際に少し暴れるのだ。

合理的な姿勢といえるだろう。

湯を入れたポットの重さはけっこうバカにできないもので、永年カウンター内で抽出作業にたずさわり、とうとう右肘が曲がったまま伸びなくなってしまったカウンターマンを私は知っている。また軽い腱鞘炎にかかる者もいるくらいだから、余計な負荷のかからない姿勢は、実はとても大事なことなのである。

ポット内の湯量と湯を注ぐ者の姿勢が一定してくると、鶴口状の注ぎ口から出る湯柱の太さも一定になる。湯柱の太さは直径2〜3mm、厳密には落としはじめが2mm、後半は3mmくらいが理想的だ。ただしこの太さは抽出する分量によっても異なり、4〜5人前の時は5〜7mmくらいになってもかまわない。ここでは少量抽出のときのみ細くする、という原則を覚えておこう。

ついでながら、注ぐ湯の中には空気が混じらないようにする、という点にも気をつけたい。イラスト図21にあるように、ポットから湯を注ぐとき、あまり高い位置から注ぐと湯柱の途中からよじれが生じる。よじれが起きると余分な空気が混じってしまい、コーヒー粉をハンバーグ状にして蒸らす際に、膨らんだ粉の表面からその空気が噴き出し、穴が開いてしまう。

穴が開けば粉の内側からは熱気が逃げ、外側からは冷気が入ってくる。結果、十分な蒸らし効果が得られず、うまみ成分も抽出しきれずに終わってしまう。だから、よじれる手前の、透明で筒状になった湯を粉面に垂直に落とすといい。粉面からの高さは3〜4cm（図22参照）。そして十分に蒸らす。抽出の成否はひとえにこの〝蒸らし〟の成否にかかっている。

以上、味のブレを引き起こすと思われる要素はできるだけ消去する、という話をした。消去したぶんだけ、結果的にブレの少ないコーヒーができるという考え方で、この考え方は焙煎から抽出までのすべてのプロセスにおよんでいる。

図21

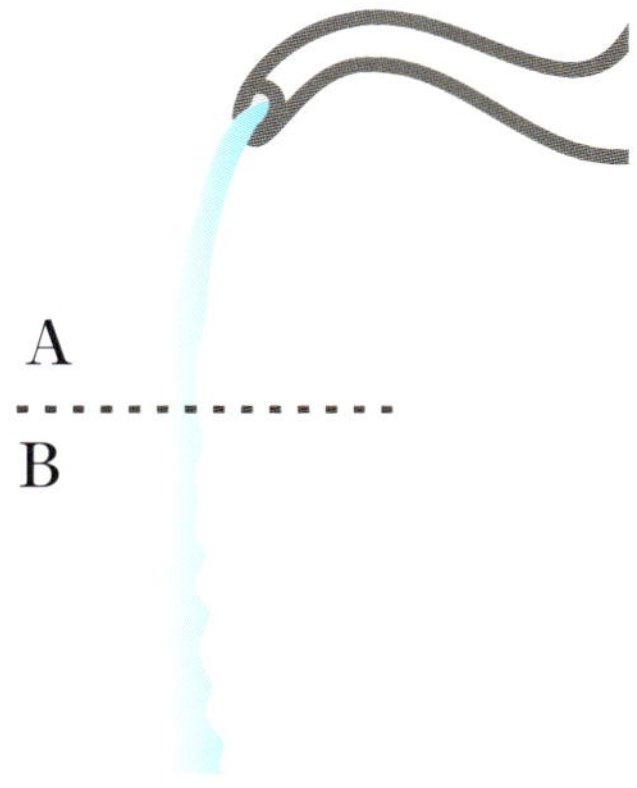

ドリッパーに注ぐ湯は空気が混じってよじれる手前（Aまで）の、太さが均一で透明な湯を注ぐ。

図22

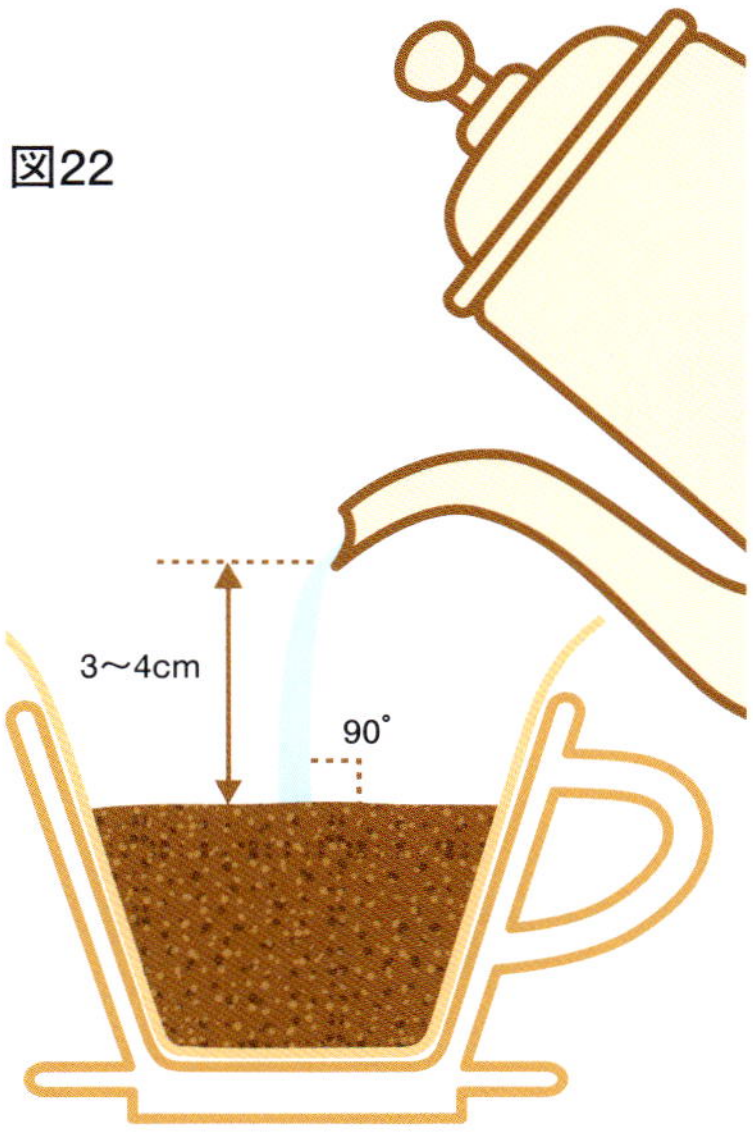

湯は粉面より3〜4cmの高さから、粉面に対して垂直に落ちるように注ぐ。

図23　ポットの湯量A

図24　ポットの湯量B

ポットの取っ手をもつ手の位置は、ポット内の湯の残量によって変えていく。湯が少なくなってきたら取っ手の下のほうを持ち（図23）、腕の曲がる動きをできるだけ小さくする。湯量が多い場合は逆にする（図24）。いずれにしろ、ポットの湯量はいつも一定にすることが大事だ。そうすれば持って傾けたときの湯の出る角度や量がいつも一定し、安定した抽出ができるようになる。

5-3 ペーパードリップの道具

ドリッパーに1つ穴や3つ穴があるのはなぜなのか。その内側に刻まれた溝は何のためにあるのか。ペーパーフィルターを正しく折るにはどうするのか。そんなさまざまな「ふしぎ」に科学的に答えてみる。

■ドリッパーの種類

ネルドリップをより簡便にしたものがペーパードリップだ。必要な道具はドリッパーという濾過器と使い捨てのペーパーフィルター、それに湯を注ぐポットと抽出液を受けるサーバーだ。

ドリッパーには陶製のものやポリカーボネート製、AS樹脂製のものなどがあるが、一番の違いは底に開いている穴の数による違いだろう。日本における歴史的な流れとしては、まず1960年代に入ってから国産の3つ穴式が世に出て、70年代に外国製の1つ穴式が入ってきた。そして両者が勢力を競い合いながら販路を拡大してきた、というのがごく大まかな流れである。

1つ穴式は旧西ドイツはメリタ夫人によって開発されたドリッパーで、1人分なら1人分、3人分なら3人分とあらかじめ使うコーヒー粉の量をきっちり量り、注ぐ湯の量まで計算しておく。注湯は基本的には1回きり。そのため、目詰まりを起こしやすい浅煎りコーヒーには向かず、ジャーマンローストという中深煎りのコーヒーを主に使う。深煎り好みのドイツ人にはぴったりのドリッパーで、通称メリタ式と呼ばれる。

対する3つ穴式は、さすがに日本人向けに工夫されている。穴が3つあるため、空気抜きが容易で、仮に1つの穴が目詰まりを起こしても、他の穴で補えるという利点がある。そのため浅煎りから深煎りまで、どんな焙煎度のコーヒーにも対応できる。また、粉の状態に多少のバラツキ（焙煎度や挽き方）があっても、抽出量を調節すれば、濃度の調整もできる。こちらはカリタ式と呼ばれている。1つ穴と3つ穴の間には、2つ穴（三洋産業のカ

① 1つ穴ドリッパー

② 2つ穴ドリッパー

③ 3つ穴ドリッパー

④ ドリッパーの内側に刻まれたみぞ（リブ）

⑤ ドリッパーの底穴にもある出っぱり（リブ）

フェックなど）もあって、それぞれ使い勝手が異なっている。

■リブの役割

私は、穴の数も重要な要素だとは思うが、むしろドリッパーの内側に刻まれた凹凸、すなわちリブ（rib）の高さのあるなしのほうが大事ではないのか、と考えている。

リブというのは肋骨の意で、豚のスペアリブのあのリブのことである。ドリッパーが普及し始めた頃は、まだリブの役割がわからず、ペーパーフィルターがずれないためのすべり止めといわれていた。しかしリブには別に大きな役割がある。

ペーパードリップの場合は、ペーパーの周囲をドリッパーの壁が覆っているので、注がれた湯に圧された空気の逃げ道が限られてしまう。布（ネル）ドリップの場合なら、ドリッパーという囲いがないため、空気はどこからでも抜け出せる。そして湯が滲みてくると、布そのものが皮膜となって保温するため、十分な蒸らし効果も得られる。

そのネルと同じ効果をペーパードリップで得るためには、リブを高くしてドリッパーとペーパーとの間に空気が抜け出せる十分な隙間を作ってやらなくてはならない。あらかじめ濡らしたペーパーを使ったり、リブが低すぎてドリッパーとペーパーが密着しすぎたりすると、空気の逃げ道が底に開いた穴だけに限られてしまう。その結果、抜けきらない空気が蒸らし状態の粉の表面を突き破り、火山の噴火のように噴き出してしまう。穴が開いてしまえば、冷たい空気が入り込み、せっかくの蒸らしができなくなる。リブはこの〝噴火〟を防ぐためについている。

図25

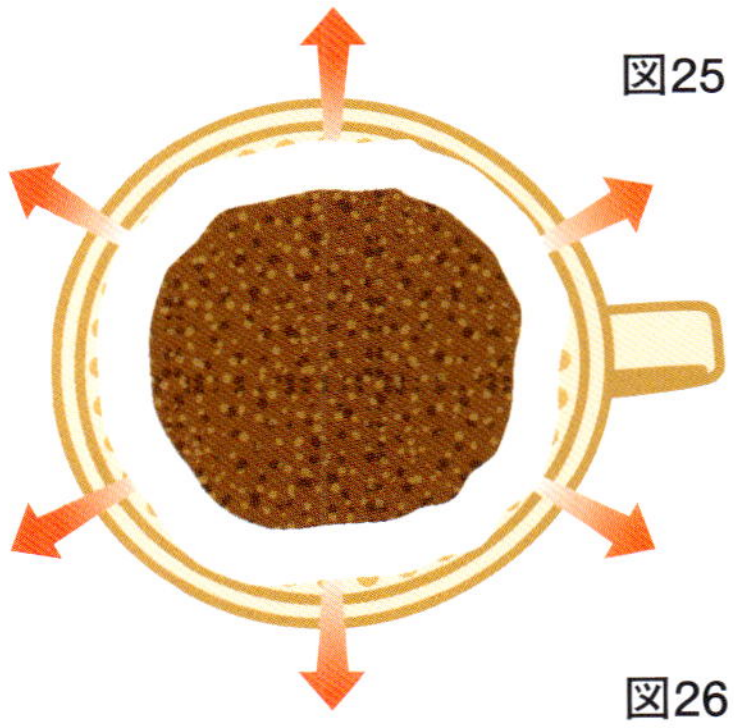

図26

ドリッパー内側のリブが高ければ、リブとペーパーフィルターとの間に空気抜きの隙間ができる。その隙間から湯に圧された空気が四方に逃げることができ、十分な蒸らしが可能になる。

図27

ペーパーフィルターを濡らしたり（昔はこう指導された）、リブの高さが十分でない場合は、ドリッパーとペーパーがピタリとくっついてしまい、空気抜きができなくなる。逃げ場を失った空気は、粉面から噴き出すことになる。

サーバー
耐熱ガラス製の底がフラットなものがいい。あらかじめ抽出する量はサーバーの目盛りを目安にする

ポット
デザインより使い勝手を優先すること。注ぎ口は細くないと「円を描くように」といった細かな動きができない

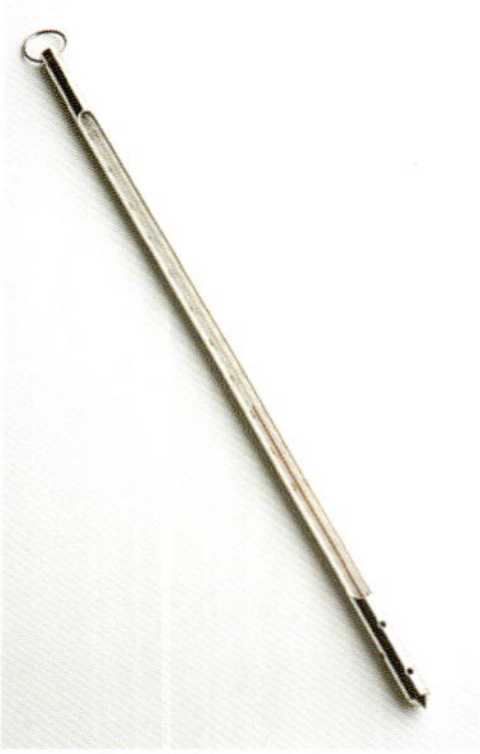

温度計
ペーパードリップ式の場合、湯の適温は82℃〜83℃。ポットの湯温をどうやったら適温に持っていけるのか、水温計を使いながらベストな方法を模索する。

メジャーカップ
抽出する杯数に応じて粉の分量と抽出量を調整する。1杯分=10g=150㎖、2杯分=18g=300㎖、3杯分=25g=450㎖

ペーパーフィルターの折り方

① 圧着してある側辺部の折りしろを内側に折り曲げる。

② 底辺部を側辺と互い違いになるように（山折りと谷折り）折る。

③ 側辺の圧着部を指で押しながら平らにする。

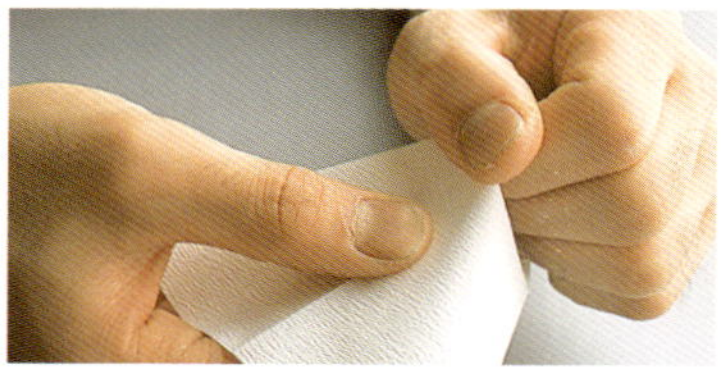

④ もう一方の側辺部も同様に指を押し当てて、平らにする。

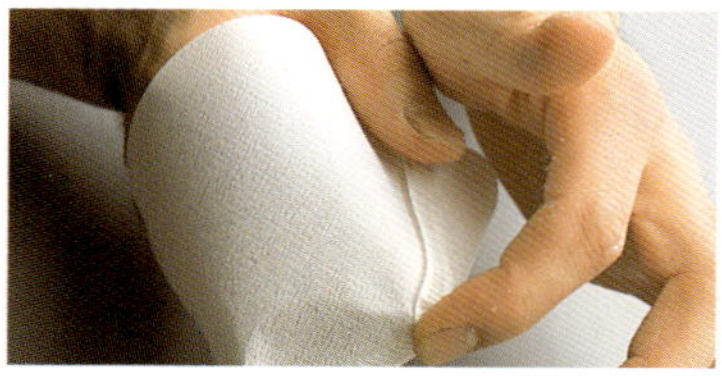

⑤ 親指と人差し指で底辺部の両隅を押さえツノ（角）を内側に折る。

⑥ 濾紙の内側に指を当てがい、手のひらに押し当てて形を整える。

私はメーカーと話し合い、リブに十分な高さをもたせた2つ穴式（カフェック）のドリッパーを共同で開発した。おかげで抽出スピードが一定し、なめらかな味のコーヒーができるようになった。

さてペーパーフィルターであるが、メーカーが違うと形や大きさ、材質に微妙な違いがある。最近は環境に優しいというエコロジカルなフィルター（さとうきびの絞りカスなどから作るものもある）も出ているが、ドリッパーと同じメーカーのものを使う、というのが基本だろう。メリタ式などはペーパーを選ばない、といわれているが、うまくフィットしないと抽出にブレが起きる場合もあるため、他メーカーのものを使うときは注意が必要だ。

かつてはペーパーの折りしろ部分に糊を使っていたり、紙を白くするために塩素で漂白していたこともあったが、今は機械圧着がふつうで、漂白も酸素漂白に変わっている。環境や健康への影響という面ではまったく心配は要らない。

5-4 ペーパードリップによる抽出

ペーパードリップの抽出が成功するか否かは、新鮮なコーヒー粉が用意された上で、十分な蒸らしがおこなわれ、堅牢な濾過層が作られるかどうかにかかっている。ここでは6つの抽出ポイントをまとめてみた。

ペーパードリップによる抽出が成功するか否かのポイントは、一にも二にも「蒸らし」の成功いかんによる。

ここで「蒸らし」と呼ぶ工程は厳密な意味における蒸らしではない。少量の湯を粉全体に滲み込ませ、しばらく置くことによって濾過層を形成し、湯が粉全体にまんべんなく行きわたるようにする。粉に湯が滲み込めば、多孔質の粉は膨張し、ちょうど蒸気で蒸されたような開いた状態になって、厚みのある濾過層を形成する。均質で効率のよい抽出をするには濾過層の形成という基礎工事が欠かせない。この基礎工事を一般に「蒸らし」と呼ぶのである。

もっとも濾過層をしっかり作るためには、焙煎してからさほど日の経っていない新鮮な豆を使わなくてはいけない。粉が新鮮なら湯を注ぐと同時に隆々と盛り上がり、ハンバーグのような濾過層を作ってくれる。古い豆を挽いた粉では、濾過層ができるどころか逆に陥没してしまい、すり鉢状のクレバスになってしまう。これでは濃度の薄い、水っぽいコーヒーができてしまう。おいしいコーヒーの条件は《煎りたて、挽きたて、いれたて》の〝3たてコーヒー〟にある、とはすでに述べた。そのことを念頭に、以下、ペーパードリップの抽出プロセスを順に追ってみる。

●抽出条件

- **コーヒー粉＝中深煎りブレンドコーヒー**
- **メッシュ＝中挽き**
- **粉の量＝2人分18g**
- **湯の温度＝83℃**
- **抽出量＝300㎖**

1 ペーパーフィルターをドリッパーにセットし、中挽きにしたコーヒー粉を入れる。ドリッパーを軽くふり、粉の表面を平らにする。粉の量は1人分が10g、2人分が18g、3人分を25gとする。1人分増えるごとに7～8g足していく計算だ。カップとサーバー、ドリッパーはあらかじめ湯煎しておくといい。

2 1回目の注湯。コーヒーポットの取っ手の上のほうを持ち、注ぎ口から湯を細く出す。湯は粉面より3～4㎝の高さから、粉面に対して垂直に落ちるように注ぐ。注ぐというよりむしろ置く、のせるといった感じが肝要。コーヒーの抽出においては、しばしば「のの字を書くように」とか「湯をのせるように」といった言い方がなされる。湯を細く出すには〝やかん〟では荷が勝ちすぎる。鶴口状のポットが必要とされる所以である。

3 湯をそっと注いでいくと、粉面はハンバーグ状にふくらんでくる。この際、湯の勢いが強すぎるとへこんでしまうこともある。写真のように粉が膨張した状態が「蒸らし」で、20～30秒ほどそのままにしておく。サーバーにはコーヒー液が数滴、最大でも薄く底を覆う程度の湯量が理想的だ。

4 蒸らしが終わったら2回目の注湯。湯が粉全体に行きわたるように、ポットを粉面に水平に保ち、「の」の字を書くように垂直に注ぐ（図28）。この際に注意すべきことは、ハンバーグ状になった濾過層の外側の周縁部には決して湯を注がないことだ。

5　新鮮なコーヒー粉ほどきめ細かな泡が立ち、粉面がせり上がってくるように豊かにふくらむ。ただし新鮮ではあっても、極端に浅煎りコーヒーの場合は、泡立ちがよいとはいえない。またコーヒー粉は古かったり、湯温が低すぎる場合は、ふくらまずに陥没してしまうこともある。

6　3回目の注湯。湯を足すときは、粉面がへこみ、湯が全部落ちきる手前でおこなうのが原則。いったんすり鉢状になってしまうと、濾過層の復元はむずかしくなる。コーヒーの成分のほとんどは3回目までの注湯で抽出されてしまう。これ以降の注湯は濃度と抽出量の調整だと思えばいい。抽出に時間をかけすぎると、味を損なう成分まで引き出してしまうので、4回目以降の注湯はできるだけスピーディに。

以上、抽出のポイントをまとめると、

1　新鮮なコーヒーを用いる
2　粉は適正メッシュに挽く
3　適正な湯温を保つ
4　十分に蒸らし、堅牢な濾過層を作る
5　濾過層の周縁部には湯を注がない
6　抽出はスピーディにおこなう

あらためていうまでもないが、ペーパードリップはコーヒーの粉に湯を通し、うまみ成分を抽出する方法である。そこには自ずと1～6の条件が求められてくる。

新鮮なコーヒーでないと湯を注いでもふくらまない、とは再三述べている。ふくらまなければ肝心の濾過層が作れず、エキス分の十分な抽出はできなくなる。

煎ったコーヒー豆の販売を生業《なりわい》にしていて、「新鮮なコーヒーでないとふくらまない」と公言するのはなかなか勇気が要るものだ。へたをすれば自分の首を絞めかねず、かといって公に宣言している以上、選挙公約みたいなもので、公約違反のような恥ずかしいマネはできない。自然と商売に身を入れざるを得ない、というわけである。

さて鮮度に次いで、コーヒー豆を適正なメッシュに挽くべし、と述べた。粉のメッシュに関しては、

《細かく挽くほど濃厚で苦味の強い味になり、粗く挽くほど苦味の少ないあっさり味のコーヒーになる》

という法則を思い起こしてほしい。メッシュが粗すぎると、湯はサッと落ちてしまい、エキス分が十分に抽出されないまま終わってしまう。逆にメッシュが細かすぎると目詰まりを起こし、抽出オーバーになりやすい。浸漬時間が長引けばタンニンが必要以上に抽出され、渋味の強調されたえぐいコーヒーができてしまう。適正なメッシュというのは、つまりペーパードリップには中

図28

湯は「のの字を書くように」細く注ぐ。そのためには「やかん」ではなく、鶴口状の注ぎ口をもった「ポット」が必要だ。

挽き~中粗挽きがふさわしい、ということなのである。

ついでに3の適正湯温についてもふれておこう。湯の温度に関してはこれまた法則があった。

《湯温が高ければ苦味が強まり（＝酸味が弱まり）、湯温が低ければ酸味が強まる（＝苦味が弱まる）》

というのがそれである。湯の温度が高すぎると、粉は急激に膨張し、次いで噴火するみたいに粉の表面にパックリ穴を開けてしまう。その穴からは蒸気が噴き出してくる。逆に湯温が低すぎると、粉はふくらまずにへこんでしまい、コーヒーのエキス分も抽出しきれないままに終わってしまう。

さて、5で濾過層の周縁部には決して湯を注がないこととしたが、このことはよくよく頭にたたき込んでおいてほしい。周縁部に湯をまわすと、濾過層を支えている柱の一角がくずれ、湯の通り道ができてしまう。特に周縁部は粉の量が少ないため、うまみ成分の抽出が不十分なまま湯が流れてしまい、結果的に濃度の薄まったシャバシャバのコーヒー液になってしまう。

6のスピーディに抽出を完了させろというのは、うまみ成分だけを抽出し、不都合な成分はできるだけ抽出しないようにするためだ。

以上のポイントを押さえながら適正な抽出をおこなえば、抽出し終わったフィルター内のコーヒー粉が、途切れ目のないきれいなすり鉢状になっているはずである。これは最後まで周縁部のコーヒー粉が濾過層を支えていた証拠で、逆にこのような形にならない場合は、注湯が一定していなかったという証拠になる。

①

②

③

④

⑤

⑥

5・5 ネルドリップによる抽出

ペーパードリップの原形がネルドリップだ。ネルでいれたコーヒーは味がまろやかになるという。ただ管理が少々めんどうなのが玉にキズ。プロ好みの抽出法といわれるが、扱いはいたって簡単だ。

ネルドリップでいれたコーヒーは味がまろやかになるという。それはコーヒー粉の作る濾過層がペーパーフィルターより厚くなるため蒸らしが十分に効き、さらに濾過スピードが均一でバラツキのない味に仕上がるためだ。一方、ペーパーフィルターの場合は、濾過層の厚みが薄くなりがちなので、粉の分量と抽出時間は厳密に計る必要がある。その意味ではむしろ、プロ向けと思われがちなネルドリップのほうが、素人には扱いやすいということもできる。

以下はネルドリップの抽出プロセスを追ったものである。

●抽出条件

・コーヒー粉＝中深煎りブレンドコーヒー
・挽き方＝中挽き
・粉の分量＝2人分18g
・湯の温度＝90℃
・抽出量＝300㎖

1　ネルフィルターにコーヒー粉を入れ、軽く振って粉の表面を平らにする。次いでスプーンの先で中央部分にくぼみをつける。こうしておくと粉全体に湯がまんべんなく滲み込んでくれる。

2　ポットの注ぎ口をできるだけくぼみの中心に近づけ、1回目の湯をゆっくりと細く注ぐ。粉の上にそっとのせるといった感じが大切で、そのためにもポットの注ぎ口は十分に細くなくてはならない。これが注ぎ口の太いやかんでは、渦巻き状に注ぐといった細かい動きができない。

3　湯を粉全体に滲み込ませる「蒸らし」によって、湯の通り道が一部に片寄らず粉全体に確保され、ムラのない均質な抽出ができるようになる。蒸らし時間は20～30秒。

4　2回目の注湯。ペーパーのときと同様、湯は「の」の字を書くようにゆっくり注ぎ、粉の周縁部、特にネルフィルターの生地には直接湯を当てないように気をつける。

5　ネルの場合はコーヒー粉の層が厚くなるため、蒸らしがゆっくりと効果的にできるという利点がある。また多少湯温が高くても、ドリッパーのような遮蔽物がないため、空気がどこからでも抜けられ、粉面に穴が開いたり割れたりすることもない。

6　3回目以降の注湯は細かい泡がたくさん出るように注ぐ。泡粒が大きいと湯温が高すぎ泡が少ないと湯温が低い（粉が古い場合もある）という証拠。そんなサインにも注意しながら湯を注ぐ。

＊　＊

ネルドリップは優れた抽出法だが、弱点が2つある。「はじめ」と「おわり」である。「はじめ」というのはおろしたての新品を使う際の心得のようなもので、これが少しばかりめんどうくさい。ネルフィルターには蛍光塗料や漂白剤、糊などが付着している場合があり、新品をおろす際には熱湯で煮沸する必要がある。

その際、コーヒーの出し殻といっしょに煮込んでしまうのがベストで、こうしておくとおろしたてでもコーヒー液にすぐ馴染んでくれる。

「おわり」には2つの意味がある。1つは文字どおり使い込んで起毛が抜け、抽出の用をなさなくなったときだ。ネルにしろペーパーにしろ、ドリップ方式で肝心なのは、湯をいかに一定時間抱え込めるかという点。この抱え込める時間が、ネルフィルターの使用頻度によって大きく変わってくる。

つまり使いはじめのフィルターは湯が早く落ち、目詰まりを起こしがちな使い古しのフィルターは、逆に湯を長く抱え込みすぎてしまう。これでは安定した抽出ができない。そして、もう1つの「おわり」は使った後の管理だ。ネルは使用後には必ず水洗いし、水を張った容器に入れて冷蔵庫に保管しておく。間違っても洗剤で洗い、天日乾燥させないこと。乾燥させるとネルに滲み込んだコーヒーの脂肪分が酸化し、悪臭を放つようになる。

このようにネルは使用前・使用後の管理が少しばかりわずらわしい。しかしそうした弱点を差し引いてもなお、ネルドリップは魅力があふれている。自家焙煎店の多くやコーヒーマニアがネルにこだわるのは、ネルの創り出す味の世界が独特で、時に繊細さや複雑精妙な味わいを感じさせてくれるからだ。その優位さに比べれば、手入れの煩雑さなど取るに足るまい。

ネルフィルターは片毛の綿ネルを使う。形は半円状の曲線を描いたものや靴下状のものまでさまざまで、市販品を使うもよし、自ら裁断した生地を縫い合わせるのもいい。一般に、平織りのほうを内側にし、起毛のあるほうを外に向けるが、逆がいいという説もある。

①

②

③

④

⑤

⑥

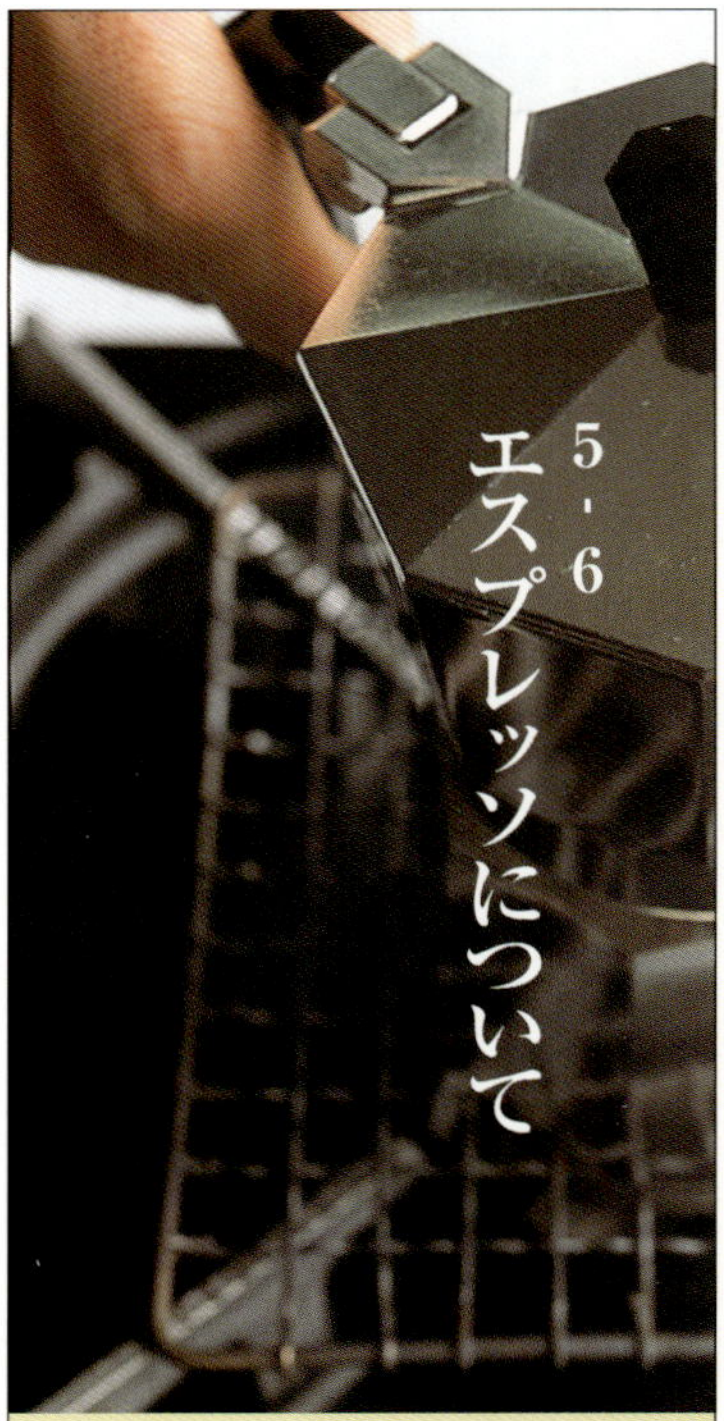

5-6 エスプレッソについて

エスプレッソコーヒーが家庭でも簡単に飲めるようになった。ここではイタリアの家庭で使われている「モカ」という直台式の器具と、マッキナという簡易エスプレッソマシンの使い方を紹介する。

■エスプレッソの抽出法

イタリアを旅行した経験のある者なら、バールで飲んだエスプレッソコーヒーに格別な思いを抱いたに違いない。ドゥミタスカップに注がれたわずか30㎖のドロリとした液体。ひとくちすするだけでコーヒーのエッセンスに口腔中が覆われたような感じがする。まるで神経を高ぶらせるリキュールや強壮剤を飲んだみたいで、明らかに慣れ親しんだドリップの味わいとは異なることがよくわかる。イタリア人にとってエスプレッソは欠くべからざる生活の一部で、なぜこのすばらしい飲み物が万人好みにならないのか、さぞふしぎに思っていることであろうが、その思いが天に通じたのか、この数年来、降ってわいたようなエスプレッソのブームが世界中を覆っている。アメリカ西海岸の〝シアトル系〟と呼ばれるコーヒーチェーンなどが火つけ役で、日本でもエスプレッソのバリエーションであるカフェ・ラッテやカプチーノがにわかに注目を浴びている。

若い女性の間で人気のカプチーノは、カプチン修道会士の着る修道服にその名をちなんでいる。カプチン修道会は清貧をもって鳴るフランチェスコ会から分派した組織で、薄いチョコレート色の修道服がトレードマークだ。カプチーノはカップッチョの愛称で親しまれ、イタリアの習慣ではもっぱら午前中に飲まれるものというが、外国人旅行者はそんなことにはお構いなし。昼食や夕食の後でも平気でこれを注文している。

さて、コーヒーの抽出法には大きく3つの方式がある。1つはドリップ方式、2つ目はトルココーヒーに代表されるボイリング

直台式用の中細挽き～細挽き。

エスプレッソ向きの豆
ケニア（上）やコロンビア（下）といった豆は大粒で肉が厚く堅い豆で、エスプレッソ用に深く煎っても豊かな味を残してくれる。

マシン用の極細引き。高圧で抽出するため、直台式よりも細かく挽くこと。

方式、そして3つ目がエスプレッソ方式だ。抽出方式のまるで異なるもの同士を同じ土俵にのせ、味の優劣を競っても仕方がない。それよりどんな方式なのか、その構造から説明してみよう。

エスプレッソは挽きたてのコーヒー粉（極細挽き）に高圧の蒸気を吹きかけ、瞬時に可溶成分を抽出するという方式で、同時に脂質分も乳化させ、焦がしたカラメルのようなアロマと独特のボディを生む。ドリップ式が濁りのない澄んだコーヒー液を理想とするなら、エスプレッソはクリーミーな泡で液面が覆われているのを理想とする。

コーヒー粉（1人分7g）はホルダーに盛られると平らに均され、粉をつき固めるタンパーという道具で均質に詰められる。手でつき固める圧力はおよそ20ポンド（約9kg）。しっかりマシンに装着したら、蒸気のスイッチを押す。すると90℃、9気圧の蒸気が噴出口からほとばしり、20〜25秒で抽出し終わる。1ショットの抽出量はおよそ30mℓで、2〜3mm程度のクレーマ（ムース状の泡）が液上を覆うように加減する。

これがエスプレッソマシンによる抽出だが、イタリアの家庭の多くでは「モカ」の愛称をもつ簡易エスプレッソ器具（マキネッタ）が使われている。モカは2室構造になっていて、下部のフラスコに入れた湯が沸騰すると、コーヒー粉を詰めたフィルター（バスケット）を通過し、上部ポットに噴出する仕組みになっている。これをもって、アメリカでは〝イタリア式パーコレーター〟と呼ぶという。たしかに圧力をかけない湯が中細挽きの粉にかかる仕組みであれば、厳密にはエスプレッソではなくパーコレータ

業務用エスプレッソマシン。セミオート、フルオートとある。

イタリアで「モカ」の愛称で呼ばれる簡易抽出器具。厳密にはエスプレッソとはいえない。

「マッキナ」と呼ばれる家庭用の簡易エスプレッソマシン。

●コーヒーの飲み方の伝播

エチオピアに自生していたコーヒーは、飲料になる前は食べ物として利用されていた。果実ごと砕いて油で練り、団子のようにされていたのである。このコーヒーがアラビアに伝わると、その種子を砕いて煮出したものに香料を加えた「サルタナコーヒー」なるものが生まれた。これが史上最も古いとされるコーヒーの飲み方である。

イブリックという名の柄杓のような器具で煮出したトルコ式コーヒーは、その伝統を今に残したもので、コーヒーは深煎りにされその液は濃厚でドロリとしている。イタリアではエスプレッソマシンでコーヒーをいれるが、これなどはベニスの商人によって伝えられたトルコ式コーヒーをマシン化したものといえるだろう。

焙煎度もトルコ式コーヒーよりは浅く、さらにフランスに伝わるとフレンチコーヒーと呼ばれ、これまた少しだけ浅煎りになる。以後、ドイツのジャーマンコーヒー、アメリカのアメリカンコーヒーと遠方へ伝播していくにしたがって煎り方が浅くなっていく。アラビアやトルコで飲まれていた頃のコーヒーには宗教的な意味合いも込められていた。そして薄くなるにつれて大衆的なお茶としての性格を強めていくのである。

③

①

④

②

●九州・沖縄サミット こぼれ話

2000年7月、九州の福岡、宮崎、そして沖縄本島において先進国首脳会議、いわゆるサミットがおこなわれた。九州の2県では外相、蔵相会議が、そして沖縄の名護市ではホスト役の森首相以下、アメリカのクリントン大統領やロシアのプーチン大統領など各国首脳が顔を揃えた。大阪の辻調理師学校から、沖縄サミットの晩餐会の締めくくりを飾るコーヒーを出してくれと依頼の連絡があったのは、サミットに先立つ4か月ほど前のことだった。沖縄における料理全般は辻調の管轄で、ビバレッジに関してはソムリエの田崎真也氏が担当したが、デザート部門は辻調の受け持ちだった。

突然のご指名でいささか面食らったが、バッハのコーヒーをサミット参加国の首脳たちに飲んでもらうことは、このうえない名誉だった。さっそくサンプルづくりが始まった。基本はブレンドであったため、いろいろな豆の配合を試し、苦味の強いものや抑えたものなどいくつかのサンプルを作ってみたが、いったいどのような味が平均的に好まれるのか見当もつかなかった。で、数種類のサンプルの一つにバッハの売れ筋ナンバーワンのバッハブレンドを加え、大阪の辻調に送った。

辻調では専門の先生方が何度も試飲を繰り返し、最終的にどのコーヒーを出すべきか検討したが、結果的に選ばれたのは既存のバッハブレンドであった。先生方のテストによると、このバッハブレンドが“最も インターナショナルな味”だったそうだ。

首脳たちの晩餐会は沖縄県那覇市の首里城で開かれた。沖ーに近いが、そこそこの風味と濃度でエスプレッソらしさを味わうことはできる。

　エスプレッソにはエスプレッソ用に焙煎したコーヒーが必要で、昔は炭化寸前のイタリアンローストが使われていたが、最近では本場イタリアでも相当焙煎が浅くなっていて、フルシティ〜フレンチローストが一般的になってきた。また、アラビカ種100%のエスプレッソは少なく、ほとんどのバールでロブスタ種入りのものを出している。

　良質のロブスタ種は2級品のアラビカ種より好ましい、とするブレンダーもいるほどだから、イタリア人にとってのロブスタは、世間がいうほど悪者扱いされているわけではなさそうだ。しかしここではロブスタはひとまず脇に置き、洗練された味のアラビカ100%でエスプレッソを味わってみることにする。

　それともう一つ。ふつう、エスプレッソ用のコーヒーにはブレンドコーヒーを用いるが、配合のバランスによっては雑味に感じる場合もあるため、ここではケニアやコロンビアを使い、すっきりした単味のエスプレッソをためしてみた。すでに学んだように、ケニアやコロンビアのような大粒で肉が厚く、堅い豆（Dタイプの特徴）は、深煎りにこそ本領発揮の舞台があり、エスプレッソ用には恰好のコーヒーということができる。

●抽出条件

・抽出器具＝マキネッタ（通称モカ）
・コーヒー粉＝中深煎りのケニア
・粉の挽き方＝中細挽き
・粉の量＝15ｇ（3人分）
・抽出量＝90㎖（〃）

1　バスケット部分に粉（3人分＝15g）を入れ、タンパーの代わりにメジャーカップの底を使い、いくぶんつき固めるように軽く押さえる。マシンの場合には強めにプレスするが、直台式のマキネッタでは粉を均一に均すような感じで軽く押す。

2　下部のフラスコに熱湯（3人分＝100㎖）をいれる。熱湯を使うのは、水から加熱した場合、沸騰するまでに時間がかかり、エキス分を瞬時に抽出することができないためだ。

3　粉を詰めたバスケットを2のフラスコにセットする。

4　両手を使って上部ポットを下部のフラスコにセット。すき間を作ると蒸気や湯がもれるので、しっかりと締めつける。コンロ上に鉄網をのせて安定をよくし、器具をのせ、一気に強火で沸騰させる。湯が上部ポットに上がりきったら、細かい泡が消えないうちにカップに注ぐ。

➘縄料理をベースにした豪華なメーン料理の後は、いよいよデザートである。デザートには抹茶風味のブラマンジェ、泡盛の古酒、コーヒー＆紅茶といったものだった。

　米国のクリントン大統領はコーヒー嫌いとして知られ、私は飲まれることはないと最初から期待していなかったが、あにはからんや、イタリアやドイツの首相たちが九谷焼のカップでおいしそうにコーヒーを飲んでいるのを見て興味がそそられたのか、ついにバッハブレンドを口にしたのである。この様子はモニターテレビで見られるようになっていて、後で逐一知らせてもらったのである。

　私がひとつだけ自慢なのは、バッハブレンド以外の料理やデザートは首脳たちのために特別につくられたものだが、このコーヒーはいつでも手に入れて飲める、特別につくられたものでも何でもない、ごくふつうの市販品ということだ。私にはそのことが何にも増して嬉しい。

5-7 その他の抽出器具

最近注目を浴びているのがコーヒープレス。またパーコレーターにはいまだ根強い人気があり、サイフォンも新機軸の加熱法で復活を期している。それぞれの抽出の仕組みと長所短所を占ってみる。

　ドリップ式以外にも、コーヒーにはさまざまな抽出法がある。変わったところではイブリックという独特の道具を使ってコーヒーを煮出すトルココーヒーがあり、さらにはダッチコーヒーの愛称で親しまれるウォータードリップ（水出し）式のコーヒーもある。ここでは比較的ポピュラーなサイフォン、パーコレーター、コーヒープレスを取り上げてみる。

●サイフォン

　サイフォンは真空濾過式と呼ばれる抽出法で、1840年、英国人技師ロバート・ナピアーの手によって考案されたといわれている。

　抽出の仕組みは簡単だ。フラスコに湯を入れて熱し、沸騰したところでコーヒー粉を入れたロートを差し込む。出口をふさがれた湯はパイプを通ってロート内に入り、コーヒーの粉と混ざって成分が抽出される。湯がほとんどロート内に送られたところで火からおろすと、フラスコ内は真空になり、フィルターに濾過されたコーヒー液が一気にフラスコ内に落ちるという仕組みだ。

　コーヒー抽出のプロセスが文字どおりガラス張りで、外からすべての工程を観察できるところにこの抽出法のおもしろさがある。一時期、喫茶店でもてはやされた理由は、ドリップ式と比べ演出が華やかなうえに、作業手順をマニュアル化してしまえば、だれであっても均質な抽出が可能になるという点にあった。ただドリップ式に比べて味がやや平板になる傾向は否めない。また高温抽出になりがちなので、苦味やえぐみが出やすいというマイナ

表31　器具別抽出条件

器具による傾向	メッシュ	湯温	抽出量	抽出スピード
エスプレッソ	細挽き	高温	少ない	速い
ペーパードリップ	中挽き	82～83℃	中庸	中庸
ネルドリップ	中～粗挽き	高温	少ない	遅い

通常のサイフォン

熱源にハロゲンスポットヒーターを使った5連のサイフォン（ラッキーコーヒーマシン製）

ス面も抱えている。
さらに器具の手入れが煩雑で破損しやすい点もネックとなり、徐々に姿を消しつつあるが、最近では、熱源にハロゲンスポットヒーターを使ったニュータイプも登場してきており、復権が待たれている。

●パーコレーター

日本では比較的馴染みのうすいコーヒー器具だが、アメリカでは19世紀の西部開拓時代から使われていて、１９５０年代にはめざましい勢いでアメリカの家庭に浸透していった。コーヒーと湯をセットして火にかけておくだけ、という簡便さは他の器具にないもので、手軽さだけからいっても、もっと見直されていい器具といえる。

使い方はこれまた簡単だ。まずバスケットに極粗挽きのコーヒー粉を入れる。粉の量は1人分10g強。次にポットにセットしたバスケットの下部より1cmほど下まで湯を入れ、火にかける。湯が沸騰すると蒸気圧で中央の管をのぼり、上部に噴出する。対流を起こした湯はバスケット内のコーヒー粉の上に落ち、そこで成分が抽出される。

蒸気圧を利用するところは、簡易エスプレッソ器具のマキネッタに似ているが、異なる点が一つある。パーコレーターの場合は、抽出されたコーヒー液がバスケットの孔からポット内に落ち、再び押し上げられて粉に滲み込む。つまり1回で抽出が終わるのではなく、火からおろさない限り絶えずコーヒー液が循環していることだ。火にかける時間が長くなれば、その分だけ煮つめたような濃いコーヒーになってしまう。抽出オーバーにならないためには、沸騰してから2〜3分で火からおろすといい。

パーコレーター

●コーヒープレス

フレンチプレスともいう。最近注目されている器具で、量販店やコーヒーチェーンの店頭などでも売っている。新顔かというとそうではない。日本ではメリオールとかハリオールといった商品名ですでに販売されていた。もっとも主に紅茶用と謳われていたから、コーヒー用としては新顔といえるかも知れない。欧米での普及率が高く、特にフランスの家庭ではほとんどこの器具を使っているという。

急速に普及した理由はやはり簡便さにある。中挽き〜中粗挽きのコーヒー粉と湯（90〜95℃）を入れ、スプーンで軽くかき混ぜる。蓋をポットにはめ、プレスのつまみを引き上げたままで4分ほど蒸らす。次にポットのハンドルを押さえ、ゆっくりとプレス（押し下げる）すればでき上がりだ。

サイフォンのように撹拌する必要がないため、苦味の素であるタンニンが出にくく、粉の量とメッシュ、湯温をマニュアル化すれば均質で安定した味が作れる。難があるといえば、ドリップ式に比べ、コーヒー粉の鮮度が確認しづらい点だ。ドリップ式であれば、粉のふくらみ具合で鮮度のよしあしがわかるが、湯に浸漬させてしまうこの器具では、そこまでは判別できない。

コーヒープレス

カフェ・バッハの歩み

■自家焙煎を始めた理由

カフェ・バッハは最初から自家焙煎をやっていたわけではない。本格的な焙煎を始めたのは75年の1月からで、それ以前はふつうの喫茶店、そのもっと前は戦前から営業していた大衆食堂だった。

なぜ自家焙煎を始めたのか、とよく人に聞かれるが、大きな理由の一つは焙煎業者の配達してくれるコーヒーの質にバラツキがありすぎたからだ。コーヒーというものは煎り上がった瞬間から劣化が始まり、いかに新鮮なうちに飲み切るかで勝負が決まってしまう。もちろん新鮮なうちに飲むのが一番いいわけで、私はいつも新鮮なコーヒーを手に入れたいと願っていた。業者が古くなったコーヒーばかり持ってきたわけでは決してない。問題なのは、煎りたてのコーヒーを持ってくることもあれば古くなったコーヒーを持ってくることもあり、鮮度にいつもバラツキがあったことなのである。

当時、コーヒーの鮮度など話題にのぼることすらなかった。社会一般の関心がなければ、業者は平気な顔をして古くなったコーヒーを届けるだろうし、それを受け取る喫茶店主も酸敗寸前のコーヒーに何らの疑問をもつこともなかった。無知とはいえ、実に素朴でのどかな光景であった。

自家焙煎を始めた理由の二つ目は、ヨーロッパにあるようなカフェをめざしたかったからだ。ヨーロッパに行くと、多くの町には中央広場があり、その片隅には必ず名のあるカフェがある。ゲーテが通ったというローマの「カフェ・グレコ」、サルトルやボーヴォワールが文学や芸術について語り合ったパリの文学カフェ「カフェ・ドゥマゴ」。ドゥマゴのテラス席には、いったいどれだけ多くの有名人が陣取ったことだろう。カフェは一杯のコーヒーを介して人と人との出会いの場を提供するだけでなく、文化の発信基地でもあった。

翻って日本の喫茶店を見ると、人と人との出会いの場というカフェの本質とは別に、まずはコーヒーを売ることがすべてに優先されていた。しかし店主のコーヒー豆に関する知識は総じて貧寒たるもので、鮮度のよしあしすら見分ける眼を持たなかった。いってみれば、日本の喫茶店は焙煎業者のコーヒーをせっせと売るための出先機関に甘んじていたのである。

私の店をパリのカフェ・ドゥマゴに擬せるつもりなどさらさらない。ドゥマゴと

沖縄サミットにコーヒーを提供したのを記念して、毎年7月に開かれる「沖縄サミットフェア」のお菓子。コーヒーに合うお菓子にも力を入れている。

いえば芸術家の住む町として知られるサンジェルマン・デ・プレにあるが、私の店は労働者の街といわれた台東区山谷のど真ん中にある。芸術家の街どころか細民の街といったほうがいいくらいだ。ところがこの街には芸術的香気はなくとも人と人とのすばらしい出会いがある。たとえ貧しくとも心のきれいな人たちがいっぱいいる。山谷は妻文子の生まれ育った街なのだ。そしてその街の住人たちは、カフェ・バッハの大事なお客さまなのである。私はそこに暮らす労働者のオアシスになるようなカフェをつくりたかった。

■お手本はドイツにあった

コーヒーの焙煎はまったくの自己流だった。当時、日本にはコーヒーのスタンダードというものがなく、世に言う浅煎りのアメリカンコーヒーが一世を風靡《ふうび》していた。浅く煎りすぎているためか、日本の喫茶店にはコーヒーの香りがしなかった。私は自分でスタンダードをつくろうと心に決めた。

お手本はドイツ（旧西ドイツ）にあった。当時、ドイツのコーヒーは世界一といわれ、ドリップ式コーヒーの最高峰にあった。私の心の内なる声も、いつしか「ドイツに見習え」とリフレインのように繰り返していた。私はドイツ行きを夢見るようになった。１９７８年、初めての渡欧。３週間かけて旧東西両ドイツ、オーストリア、ベルギーを廻った。

私の舌を驚かせたのは、南ドイツに国境を接するオーストリアはザルツブルグのごくふつうの立ち飲みスタンドだった。それは西ドイツのコーヒーメーカー「エドショー」の直営店であった。エドショーは「チボー」「ヤコブス」と並ぶ西ドイツ３大メーカーの一つ。当時、この３社だけで、西ドイツのコーヒー市場の８割を占有していた。そのエドショーがオーストリアまで進出していたのだ。

エドショーのコーヒーは噂に違わずすばらしいものだった。日本円にして１杯60円そこそこの立ち飲みスタンドのそれが、私の舌と鼻を驚喜させ、記憶の奥底にしっかりとその味を刻み込ませた。エドショーのコーヒーのアグレッシブな香りときたら、数ブロック先から感知できるほどだった。煎り豆には欠点豆がひとつもなく、粒が揃い、味が整っている。焙煎度はいわゆるジャーマンローストと呼ばれる中深煎りで、日本的な薄味アメリカンに慣れた舌には、カンフル剤を打たれたような強烈な印象を与えた。

しかし私はエドショーのコーヒーの味に驚喜したことはあっても、決して圧倒されたわけではなかった。なぜなら、私もエドショーと同じようなコーヒーを作っていたからだ。連れのS氏はエドショーのゴールドブレンドを飲んだ時、私に向かってこう叫んだものだ。

開店して35年。看板も2代目となり
店の顔として親しまれている。

「これって、バッハブレンドの味とおんなじだよ！」

■当時の日本の焙煎事情

当時、ブラジルなどコーヒー生産国の輸出するコーヒーは欧州向け（ヨーロッパ・プリパレーション）以下、スカンジナビア諸国向け、一般向けと大きく3つのタイプに分かれていた。日本に入ってくるコーヒーは自然乾燥をほどこした一般向けのもので、異物や欠点豆がいっぱい混じっていた。一方、旧西ドイツの買い付けるコーヒーは水洗式の〝ディスボルバード〟と呼ばれる高級品が中心だった。質的にも日本のコーヒーをはるかに上回っていたのである。

そしてその良質なコーヒーを焙煎する機械が西ドイツの誇る「プロバット」という世界的な名機だった。しかし、ことは良質な豆を優秀なマシンで焙煎していた、という単純な図式ではなかった。これは聞いた話だが、日本の某焙煎業者がプロバットを輸入した時、西ドイツから焙煎指導者がやってきたという。据え付けの完了したマシンで、まず日本の焙煎技術者が試運転を兼ねて焙煎し、煎り上がった豆を誇らしげに差し出したところ、くだんのドイツ人技術者はこんなふうに叫んだという。

「生だ、生だ！」

もちろん生ではなかったが、西ドイツの技術者が生煎りと感じるくらい、日本におけるローストの度合は浅かった。揚げ句は、さらに湯で薄めるという日本式のアメリカンコーヒーを店で出していたのである。たしかに当時のコーヒーは黒ジワがたくさんあって、豆の表面はでこぼこしていた。飲めば渋味やえぐみが舌を刺した。ここまで浅煎りが徹底されていては、コーヒーの持ち味を発揮させようにも、させどころがなかった。

日本のコーヒーが浅煎りに傾いていたのは、緑茶や紅茶の影響ばかりとはいえないだろう。そこには焙煎業者のご都合主義的な考え方が色濃く反映していた。ひとつは深く煎れば歩留まりがわるくなり、儲けが薄まってしまうことだ。また深く煎るとガスの出が激しくなり、パックしづらくなった。煎り上がったすぐのものをパックできないとなれば流通が成り立たなくなる。

さらには深く煎る技術が乏しいことに加え、深煎り時に発生する煙や臭いの対策が未整備だった。浅煎りにしておけば、そのぶん公害対策費が余分にかからずに済む。また浅煎りであれば欠点豆が目立たないという思わぬ利点もあった。

アメリカンコーヒー流行の背景には、こんなお家の事情があったわけだが、私は自分で焙煎することによって、流行に乗ることなく理想のコーヒーを追い求めることができた。そのめざす方向が間違っていなかったことをエドショーのコーヒーが証明してくれた。欧州視察旅行の土産物は、旅行カバンいっぱいに詰め込んだコーヒー豆だった。その量は優に20キロは超えていた。

カフェ・バッハでは常時20数種類のコーヒーを用意している。一番の人気は“バッハブレンド”。初めて来店する方から常連の方まで幅広い人気がある。

■焙煎技術の重要性

欧州旅行から持ち帰ったコーヒー豆は、形状やサイズごとにすべて1粒1粒選り分けた。そしてどの豆がどんな味になるのか、カップテストはもちろんのこと精緻な分析を加えた。そこで判ったのは、ドイツのコーヒーの味を支えていたのは、日本人にはお馴染みのブラジルやコロンビアといった豆ではなく、ケニアの豆ということであった。当時の日本には、アフリカ圏のコーヒー豆情報はほとんど入ってこなかった。

数次にわたるヨーロッパ視察を終えた私は、80年代に入ると次なる関心を生産国へと向けるようになった。廻った国は50余か国。まだ見ぬ国といえばブルーマウンテンで有名なジャマイカくらいなものだろう。ドイツの影響なのか、アフリカにはいくどとなく足を運んだ。とりわけケニアの精製技術やパーチメントの乾燥技法を目の当たりにした時は、その管理のすばらしさに舌を巻いた。

私は小著の中で、初めて「システムコーヒー学」という考え方を披露させてもらったが、すでに20年以上前から、A〜Dタイプに色分けする方法を実際の焙煎に生かしてきた。そしてコーヒーの味を決定するのは産地銘柄などではなく焙煎度だ、ということもある明瞭さをもって認識していた。

その確信を育てたのは、日本で流行した浅煎りのアメリカンコーヒーとドイツで飲まれていたジャーマンローストのコーヒーだった。この対照的な焙煎度をもったコーヒーの味の違いが、私にある「法則」をつかむヒントを与えてくれたのである。その意味で、ドイツへの旅は私のコーヒーづくりの原点であり、出発点となった。

私はよくよくドイツという国に縁があるようだ。幼児期には札幌のドイツ系ミッションスクールに通い、青春期は60年安保とバッハの音楽に明け暮れた。そしてコーヒー屋になって初めての洋行がドイツで、めざす目標もドイツはエドショーのコーヒーだった。

ところが、今のドイツのコーヒーには往時の勢いが感じられない。エドショーもチボーに吸収され、コーヒーも豆ではなく粉で売られるようになった。粉で売るのなら、豆の粒を揃えたり、色合いを揃える必要もない。誤解を恐れずに言ってしまえば、いくらでもごまかしが利く。

ドイツに追いつけ追い越せ——この言葉こそ、30年来私を叱咤してきた内なる声であった。その声が消え消えになろうとしている今、私は来し方の山の遙かなることを、今さらながらに想うのである。

カフェ・バッハのスタッフと。
2003年7月撮影。

日本におけるスペシャルティコーヒーの展望

国際市場における品質改良運動の始まり

　２００３年４月の日本スペシャルティコーヒー協会（会長ＵＣＣ上島珈琲株式会社社長上島達司氏。以下、ＳＣＡＪと略す）発足を受け、同年７月、その設立レセプションが東京・お台場のホテル日航東京においておこなわれた。登録会員数は輸出入業者から個人の会員までおよそ４００余社（７／17日現在）。当日はＳＣＡＡ（米国スペシャルティコーヒー協会）やＳＣＡＥ（欧州スペシャルティコーヒー協会）の関係者、ならびに在京コーヒー生産国の大使館関係者らも多数参加し、盛況のうちに会を終えた。

　同協会の会員となった私（バッハコーヒー代表・田口護）は、後日、表敬訪問も兼ねて港区浜松町にあるＳＣＡＪの本部を訪れ、事務局長の河合哲也氏とスペシャルティコーヒーの現状と将来について語り合った。会談の冒頭、河合さんは、

「この協会は単なる高品質コーヒーを販売普及させるための宣伝窓口ではない」

　と前置きしたうえで、

「世界的な規模で広がりつつあるこの運動の本質は、国際市場におけるコーヒーの品質改良運動ということがまず言えます。ただしそれだけにはとどまらない。富める消費国と貧しい生産国との間には、相変わらず南北問題と呼ばれる経済格差が横たわっている。この経済格差の解消に少しでも役立ちたいというのが協会の趣旨でもあり、さらには環境保護といったエコロジー的な側面も併せもっている。いうならばグローバルな〝世直し運動〟といってもいい」

　と語った。河合さんの言葉を借りるなら、国際コーヒー市場の現状は、悲しいかな《悪貨が良貨を駆逐する》というものだという。小規模生産者がいくら良質なコーヒーを作ろうとしても、市場の知識に疎かったり流通システムが歪んでいたりして、時には仲買業者に生産コストを下回る価格で買い叩かれてしまう。加えて、国際相場における生豆価格の長期低迷が追い打ちをかける。

　生産農家が金づまりに陥れば、肥料も除草剤も買えず、農園は急速に荒廃していく。そしてコーヒー豆の質はどんどん落ちていく。生産意欲どころか債務の罠にはまって廃業する農家だって出てくるだろう。

　そうした立場の弱い小規模コーヒー生産者に対して、良質なコーヒーを作れば、国際相場に関わらず、それなりの対価を払いましょう。必要に応じては代金の前払いもいたしましょう。あるいはまた長期契約にも応じましょう、といった支援がなされれば、生産者の自立と生活環境の改善が図られ、結果的に高品質コーヒーの生産へとつながっていく。つまり《良貨が悪貨を駆逐する》方向へと転換し、さほど遠くない将来に、堅固な高品質コーヒーの市場が形成されるかもしれない。スペシャルティコーヒーを主軸にしたこの世界的な運動は、こんな青写真を描いている。

　運動の柱となっているキャッチフレーズは、

１　サスティナビリティ（Sustainability）

２　トレーサビリティ（Traceability）

　という２つの言葉だ。

日本スペシャルティコーヒー協会
事務局長
河合哲也氏

1は「持続可能性」と訳すのだろうか。つまり生産者側にあっては、今年も来年も、そしてまたその翌年も高品質のコーヒーを作り続け、消費者側は公正な対価を払ってそれを買い続ける。今年は良質なものができたけれど、来年の品質までは保証できない、というのでは意味がない。継続してよいコーヒーを作り、そして買うという関係。この互いにフェアーな関係が持続されることが望ましい、とするのが1である。

2はたびたび耳にする言葉だが、ここでは「産地履歴」と訳すことにする。フランスのAOC（原産地統制呼称）ワインのように、コーヒーの品種から精製法、栽培地の自然環境、農園名、栽培者名に至るまで、すべての出所を明らかにしよう、というのがこのトレーサビリティの趣旨である。

このような運動が起きてきた背景には、ブラジル方式（＝Negative account欠点チェック方式）に代表される生産国側の格付けを国際取引の指標にしている限り、いつまで経っても高品質コーヒーの市場はできあがらないだろう、という消費国側のあせりといらだちがある。

コーヒーをネガティブに評価するのではなく、コーヒーがもつすばらしい味や風味をポジティブに評価していく。こうした新しい評価基準を市場に導入することで、コーヒーの品質を全体的に底上げしていく。具体的にはSCAA、SCAE、SCAJの3極が中心となり、品質向上運動の輪を世界的に広げていこう、というのがこの運動の狙いのようだ。

高品質＝高級ブランド化の危惧と問題点

「心配なのは、このスペシャルティコーヒーが一種の〝レアー（rare）もの〟として市場に流れてしまうことです。スペシャルティコーヒーが珍品というとらえ方をされてしまうと、本来の目的である《良貨が悪貨を駆逐する》という運動につながらない」

と河合さんはいい、一部の者にしか口にできないような〝高級ブランド品〟と見なされることを最も危惧している。

そうした兆候はすでに見られるようだ。というのは、カップ・オブ・エクセレンス（第1章‐6参照）のインターネットオークションにおいてエルサルバドル産のスペシャルティコーヒーが、ポンド（＝454g）当たり14ドルという超高値をつけるといったことが現実に起きているからだ。コマーシャルコーヒー（コモディティコーヒー）の国際相場における平均取引価格はポンド当たり60セントがせいぜい。それと比べると、いかに高い値でセリ落とされたかがわかるだろう。これではまさしく特別な人たちやマニアのためだけの珍品の類になってしまう。

河合さんの説明によると、世界のスペシャルティコーヒーのおよそ50%が日本の業者にセリ落とされているという。日本はアメリカ、ドイツに次ぐ世界第3位のコーヒー消費国。圧倒的なマーケットボリュームとバイイングパワーを誇っている。しかし、それらスペシャルティコーヒーが日常的に私たちの目にふれることはほとんどない。日本市場のほとんどがコモディティコーヒーで占められ、スペシャルティコーヒーが占める割合はまだ微々たるものだからだ。

もっともネット・オークションに出品されるスペシャルティコーヒーの量からしてわずかなもので、ある特定銘柄をセリ落としたとしても、確保できるのはせいぜい30〜40袋（1袋＝60kg）といったところだ。これなら私たちのような零細の自家焙煎店でも買えないことはない。その意味では、インターネット・オークションでコーヒー豆を売るというシステムは画期的なものといえる。

バッハコーヒー＆グループ代表
田口　護

つい数年前までは、買いたい生豆があっても小ロットでは買えない現実があった。しかし今では、栽培農園やロットまで自分で指定し、しかも商社や生豆問屋を通さずに買うことができるようになった。問屋でさえ持っていないコーヒーを手にできるというのは、やはり画期的なことだろう。

ただ問題がないわけではない。スペシャルティコーヒーをカップ・オブ・エクセレンスのコンペティションにかけ、国際インターネット・オークションを通じて販売するというシステムは、高品質コーヒーを検証するにはよいシステムといえるが、スペシャルティコーヒーを世の中に広めるシステムとしては粗が目立つ、といわざるを得ない。簡単にいってしまえば、コーヒーの絶対量が少ないため、まとまった量の確保ができず、翌年物の確保もおぼつかない、ということだ。

どんなにすばらしいコーヒーでも、同じものが継続的に入手できなければ、そのコーヒーを贔屓にしてくれた客に対して失礼だし、不誠実だ。河合さんがサスティナビリティ（持続可能性）の重要性を唱えているのは、まさにそのことであろう。しかし、この運動が始まってまだ間もないことを思えば、多少の欠陥は大目に見てやるべきだろう。

河合さんも、

「最初はニッチ（niche）なものでも、それがお客様に支持されて積み重なれば必ず量的拡大を生む。量的拡大は更なる質的向上を生む」

とし、今でこそスキ間産業的なマーケットも、将来的には質量ともに拡大され、自分のほしいコーヒーを安定して買えるようになるとしている。それまでは長い目で見守ってほしい、ということらしい。

本当の高品質コーヒー時代の到来

私は今春（２００３年4月）、アメリカ東海岸のボストンで開催されたＳＣＡＡの第15回大会を視察し、カッピングやロースティングのスキル・ビルディングに参加してきた。河合さんに聞いたところでは、このボストン大会の最大のスポンサーの一つはダンキンドーナツなのだそうだ。ファストフードのドーナッツチェーンでさえ本物のコーヒーに目覚め、実際に客数を伸ばすという実績を示している。

「どんな業態であっても関係ない。高品質のコーヒーを提供すれば、必ずやお客さまにわかってもらえる……という、いわば哲学というか信念みたいなものなんです。こういう考え方を持てるかどうかに、すべてがかかっている」

と河合さんはいう。まったく同感である。私もその信念を支えに、30年間コーヒー屋をやってきた。しかしここで多少憂慮しているのは、スペシャルティコーヒーだけがすべてで、その他のコーヒーは取るに足らないもの、という単純な図式でとらえられてしまうことだ。私はコモディティコーヒーの中でも最上級の豆を買い、欠点豆を除去し、粒を揃えてきた。手前味噌ながら、私が使っているコーヒーをＳＣＡＪの香味審査にかけたとしたら、おそらくすべての豆においてスペシャルティコーヒーのレベルに達しているだろう。

河合さんもいっている。

「スペシャルティコーヒーとコモディティコーヒーは決して対立する概念ではない。コモディティコーヒーをさらに精製し、立派なコーヒーを出そうとしているなら、これはもうまぎれもないスペシャルティコーヒー運動の一つです」

米国クヌッセンコーヒーのエルナ・クヌッセン女史がスペシャルティコーヒーの概念を提唱してからおよそ30年。また米国ＳＣＡＡの設立に遅れること20年。今、ようやく日本における高品質コーヒー時代の幕が開こうとしている。

（注）日本におけるスペシャルティコーヒーの概念・定義については、現在SCAJテクニカルスタンダード委員会が検討しており、年内（2003年）には答申案が提出される予定です。

珈琲用語解説

あ

●アグトロン（Agtron）
アメリカで用いられている焙煎度の指標。最も浅煎りの#100から最も深煎りの#25まであり（65頁参照）、「焙煎度はアグトロン50前後で」というふうに数値で表示する。Agtron M-Basicという特殊な色差計で測定する。

●アラビカ種
ロブスタ種（正しくはカネフォーラ種）、リベリカ種と並ぶコーヒーの三大原種の一つ。原産地はエチオピアで、三原種の中では品質が一番よい。主に高地で栽培されている。

●アンウォッシュト・コーヒー
非水洗式コーヒーのこと。ナチュラル、自然乾燥式ともいう。

●ヴェルジ
緑色の意味から未成熟豆を指す。味も青臭く、気分がわるくなるほどイヤな味をもたらす。生豆をエイジングして枯らすのは、このヴェルジ対策だともいわれている。

●ウォッシュト・コーヒー
水洗式で精製されたコーヒーのこと。異物や欠点豆の混入が少なく、精製度が高い。現在ではブラジル、エチオピア、イエメンなどを除くほとんどのアラビカ種生産国がこの方式を採っている。

●エイジング
水分を抜くため、あるいは熟成味を出すため、生豆を一定期間、定温倉庫で寝かせること。焙煎が比較的容易になり、コーヒーの味にまろやかさが出るとされているが、一般的には生産国・消費国共に「酸味と香味が損なわれてしまう」という共通の認識を持っている。

●オールドクロップ
収穫されてから2年以上経った含水量の少ない生豆のこと。当年もののニュークロップや前年もののパーストクロップと対比される。

か

●カフェイン
コーヒー豆、茶葉、カカオ豆などに含まれるアルカロイド（窒素を含む塩基性化合物）。ニコチン、モルヒネなどと同様、興奮、強心、利尿作用がある。アラビカ種には約1％、ロブスタ種には2％、インスタントコーヒーには3〜6％含まれている。

●カップ・オブ・エクセレンス（COE）
1999年にブラジルで初めて催されたスペシャルティコーヒーの品評会で、現在、グアテマラやパナマ、ニカラグアといった国々にまで広まっている。国内および国際審査員による厳正な審査によって「最高の中の最高のコーヒー（COE）」が選ばれ、公開の国際インターネット・オークションを通じて世界中に販売される。

●欠点豆
生豆中に混入している不完全豆のこと。発酵豆、死豆、黒豆、未成熟豆、カビ臭豆などがある。焙煎の前後に欠点豆をハンドピックしないとコーヒーの味に悪影響を与える。

●コロンビアマイルドコーヒー
ニューヨーク取引所におけるコーヒーの産地別取引4タイプのうちの一つで、コロンビア、ケニア、タンザニア3国のコーヒーの総称。高品質の水洗式アラビカ種を示し、他に水洗式のアザーマイルド、非水洗式のアンウォッシュト・アラビカ、ロブスタの3タイプがある。コーヒー先物取引ではこの4タイプが対象となる。

●コモディティコーヒー
定期市場で取引の対象になっている通常一般のコーヒー。コマーシャルコーヒーともいう。

さ

●サビ病
雨期に多発するコーヒーの葉の病気。葉孔に付着し、菌根をのばして斑点を広げる。伝染率が高く、かつてセイロン（現スリランカ）やインドネシアのアラビカ種が全滅し、耐病性のあるロブスタ種が普及するきっかけとなったのは有名な話。

●スクリーン
生豆を大きさによって分類する際に使う穴の開いたふるいのこと。穴の大きさの単位は64分の1インチで、スクリーン18なら豆の短径が64分の18以上の豆が残り、スクリーン17以下の豆がふるい落とされることになる。スクリーンナンバーは大きいほど大粒になる。

●スペシャルティコーヒー
現在のところ、厳密な定義がなく、その基準は各国のスペシャルティコーヒー協会に準じている。大まかにいうと、「際立つ風味と印象度のすばらしさで評価される高品質コーヒー」のことで、かつてグルメコーヒー、プレミアムコーヒーと称されていた高品質コーヒーもスペシャルティコーヒーの概念の中に包摂されつつある。

●シェードツリー
コーヒーの樹を直射日光から守るため、コーヒーの樹間に植える木で、一般にはバナナやマンゴーが使われる。かつてはコーヒーが霜や病虫害でダメージを受けた際のリスクヘッジ（危険分散）としても利用された。

●精製
収穫したコーヒーチェリーの外皮、果肉、内果皮（パーチメント）、シルバースキン（銀皮）などを除去し、生豆を取り出す作業のこと。大きく水洗式と非水洗式の2方式がある。

●霜害
降霜によって起こるコーヒーの被害。1975～76年、ブラジル・パラナ州における50年ぶりの大霜害では9億1500万本のコーヒー樹が全滅。当時世界のコーヒー生産量の3分の1（2500万袋）を生産していたブラジルは、820万袋まで生産量を落とした。国際市場での生豆価格も史上空前の高値を現出、ポンド60セント前後の価格が3ドル36セントまでハネ上がった。

た

●ダブル焙煎
文字どおり二度煎りのこと。焙煎の途中（多くは1ハゼ前）で一度釜から豆を出し、冷却してから2度目の焙煎をおこなう。用途はさまざまだが、乾燥ムラをなくしたり、硬質豆のシワをのばしたりするためにおこなう。豆面はよくなるが、いくぶん味が平板になる傾向がある。

●タンニン
俗にタンニンと呼ばれるが、コーヒーに含まれているものは一般にクロロゲン酸類と呼ぶ。簡単にいうと〝渋味〟で、コーヒーの場合は過剰抽出になると顕著に出てくる。タンニンには胃液の分泌を促したり、活性酸素を消去するという働きがある。

●チャフ
生豆の表面に付いている微塵のこと。生豆に火を入れると、チャフやシルバースキン（銀皮）がはがれ落ち、サイクロン（集塵機）に集められたり煙道に付着する。特に非水洗式のブラジルやマンデリンなどに多く、焙煎の早い段階（生豆投入後3～4分前後）でダンパーを約1分間ほど全開にし、飛ばしてやるといい。

●トレーサビリティ
(traceability)

BSE問題や食肉の虚偽表示などを契機に提唱された食べ物の安全性を保証するシステム。食品の「履歴情報遡及」とか「産地履歴追跡」などと訳され、コーヒーの場合も、産地の自然環境や品種、精製法、農園名、生産者名などの情報開示が求められるようになってきた。

な

●生豆（なままめ）
コーヒーチェリーを精製加工し、商品として通用するようにしたコーヒーの種子。「なままめ」か「きまめ」かという議論があるが、きまめの「き」は生そば（本来は十割そばのこと）などの「き」で、純粋で混じり気のない状態をいい、なままめの「なま」は生魚や生野菜の「なま」で、加熱していない状態をさす。したがってコーヒーの場合は、「なままめ」と読むのが正しい。

●南北問題
コーヒーは南北両回帰線内の「コーヒーベルト」と呼ばれる地域で生産されているが、この地域の多くは開発途上国で、累積債務や深刻なインフレに苦しんでいる。南の貧しい生産国と北の豊かな消費国。この南北間の経済格差をなくそうと、今、公正な貿易をめざす「フェアトレードFair Trade」運動がヨーロッパを中心に広がっている。

●ニュークロップ
当年ものコーヒー豆。新豆。含水量が多く、概ね濃い緑色をしている。コーヒーの構成成分も豊富で、味や香りの個性がハッキリ出る。欧米では「New Crop Only」といって、当年ものだけで作ったコーヒーを最高としている。

は

●パーチメント
コーヒーの内果皮。果肉とシルバースキン（銀皮）との間にある茶褐色の薄皮。パーチメントが付いたままのコーヒーをパーチメントコーヒーという。風味劣化が少ないため、産地の多くではパーチメントコーヒーの状態で取り引きされ、貯蔵される。

●ピーベリー

丸豆のこと。コーヒーの果実には通常2つの種子が入っているが、発育不全で時に1つしか入っていないものもある。これがピーベリーで、形が丸いため丸豆ともいう。産地によってはピーベリーだけを集め、出荷しているところもある（ジャマイカのハイマウンテン・ピーベリーなど）。

●フラットビーン

平豆。ふつうのコーヒー豆のことで、果実中に向かい合わせで2つ入っていて、相接する面が平らなことから平豆と呼ぶ。丸豆（ピーベリー）と対比される。

●フェアトレード（Fair Trade）

北半球の豊かな消費国が南半球の貧しい生産国に対して、ただ資金援助をするのではなく、適正な価格で商品を取り引きし、貧しい生産者の持続的な生活向上をめざす消費者運動。コーヒーや紅茶、ココア、バナナ、砂糖といった農産物が対象になっている。1960年代からヨーロッパを中心に広まり、国際的なネットワーク組織ができつつある。

ま

●マラゴジッペ

ブラジル原産のアラビカ種の一変種。発見された場所がバイア州マラゴジッペ地方だったことから名づけられた。豆の大きさがスクリーン19以上の大粒豆で、エレファントビーンズと呼ばれることもある。外見は立派だが、やや大味と評される。

●メッシュ

コーヒー粉の粒の大きさを均一にするためのふるいのこと。またはその目の大きさをいう。転じて、コーヒー粉の粒の粗さ（粒度）をメッシュと呼ぶようになった。

●モノカルチャー

単式農法のこと。植民地時代の名残で、単一もしくは少数の一次産品に依存する経済構造。発展途上国に多く見られ、コーヒーではアフリカ中央のザンビアやブルンジなど、紅茶ではスリランカなどが典型的なモノカルチャーの国とされる。

ら

●リオ臭

ブラジルのリオデジャネイロ周辺で収穫されるコーヒーの刺激的なヨード臭のこと。この地方の土壌はヨード臭が強く、収穫時に実を土の上にはたき落とすため、独特の臭みが付着してしまう。一部の国や地域で伝統的に珍重する風があるが、リオ臭のするコーヒーは日本や欧米などではきらわれている。

●リベリカ種

コーヒー三大原種の一つ。西アフリカはリベリアの原産で、果実はアラビカ、ロブスタよりも大きく、低地産で、環境適応性も高い。病虫害にも強く、苦味が強いのが特徴だが、現在は西アフリカの一部の国（スリナムやリベリア、コートジボアールなど）だけで生産されている。

日本には明治期、インドネシアから持ち帰った苗が小笠原諸島に試植されたことがあったが、今ではまったく流通していない。

●ロブスタ種

アフリカはコンゴ原産の原種。アラビカ種に比べ病虫害（特にサビ病）に強く、環境適応性が高いため、低地栽培もできる。特有のロブ臭（焦げた麦のようなにおい）がするため、ストレートでは飲めないが、液量が取れるうえに価格も安い（アラビカ種の3分の1〜2分の1）ため、缶コーヒーやインスタントコーヒーに多く用いられる。かつてはインドネシアが最大のロブスタ生産国であったが、現在はその地位をベトナムに明け渡している。アラビカ種に比べると品質は劣るが、工業用コーヒーには不可欠で、コーヒー産業全体から見ると欠かすことのできない品種とされている。

●ロースト8段階

日本では主にライト〜イタリアンまでの8段階の焙煎度が使われているが、別に日本電色工業製の測定器で測った明度（L値）を使う場合もある。たとえばシナモンならL値25以上27未満、といった具合だ。米国ではアグトロンが普及しつつあるが、カラースケールなどによる世界基準の確立が急がれる。

コーヒーレシピ表

カフェ・バッハで供されている主なコーヒーレシピを紹介。抽出はすべてペーパードリップでおこなったもの。メッシュ、抽出の詳細は5章‐1〜4までを参照のこと。

アイスコーヒー

使用コーヒー	深煎りコーヒー（イタリアンブレンド、アイスブレンドなど）
メッシュ	中細挽き
使用量 （メジャースプーン）	1人分=1.2杯 2人分=2杯
抽出量	1人分=サーバー1目盛り 2人分=サーバー2目盛り
外材料（1人分）	シュガーシロップ・適量（シュガーシロップの作り方　水640mlをミキサーに注ぎ攪拌し、 グラニュー糖1kgを加えて3〜5分回す。）　ミルク・適量　氷・グラスいっぱい
使用カップ	グラス、ミルクピッチャー、シロップピッチャー、ストロー
作り方	1　グラスに氷をいっぱいにし、水けをきる。 2　抽出したコーヒーをそのままグラスにあけ、マドラーで攪拌する。 3　ミルク、シュガーシロップを添える。
注意点	氷の攪拌は縦に氷を持ち上げるように回すと、氷がとけにくい。 シュガーシロップのでき上がりは少し濁っているが、すぐに透明になる。保存は冷蔵庫で。 水と砂糖の分量はそれぞれ半量にしても可。

ハニー・コールド

使用コーヒー	深煎りコーヒー（イタリアンブレンドなど）
メッシュ	中細挽き
使用量 （メジャースプーン）	1人分=1.2杯 2人分=2杯
抽出量	1人分=サーバー1目盛り 2人分=サーバー2目盛り
外材料（1人分）	はちみつ・大さじ1 ミルク・適量　氷・グラスいっぱい
使用カップ	グラス、ミルクピッチャー、ストロー
作り方	1　グラスに氷をいっぱいにし、水けをきる。 2　抽出したコーヒーが温かいうちに、はちみつを溶かす。 3　2を1のグラスに注ぎ、ミルクを添える。
注意点	コーヒーが熱いうちにはちみつを溶かしておく。 バッハコーヒーでは氷を入れたグラスとはちみつを溶かしたコーヒーは別に供している。

アインシュペンナー（ウインナーコーヒー）

使用コーヒー	中深煎りコーヒー（バッハブレンド、フレンチブレンドなど）
メッシュ	中細挽き
使用量 （メジャースプーン）	1人分=1.2杯 2人分=2杯
抽出量	1人分=サーバー1目盛り 2人分=サーバー2目盛り
外材料（1人分）	グラニュー糖・小さじ2〜3、ホイップクリーム・適量、 スプレーチョコ（カラー）・適量
使用カップ	クリームでふたをするのに適したもの
作り方	1　抽出したコーヒーを再加熱する。 2　温めたカップにグラニュー糖を入れ、コーヒーを注ぐ。 3　攪拌し、クリームをコーヒーを覆う程度にのせ、表面をスプレーチョコで飾る。
注意点	コーヒーは熱く、クリームは冷たくを大切に。 ホイップクリームは、全乳脂肪40％前後のものを使用。泡立ては手でも、ハンドミキサーでも可で、 角が立つ程度が目安となる。香り付けにブランデーやキルシュヴァッサーを2〜3滴たらしても。

カフェ・オ・レ

使用コーヒー	深煎りコーヒー（イタリアンブレンドなど）
メッシュ	中細挽き
使用量 （メジャースプーン）	1人分=1.2杯 2人分=2杯
抽出量	1人分=サーバー1目盛り 2人分=サーバー2目盛り
外材料（1人分）	牛乳・100～120ml
使用カップ	カフェ・オ・レ用の大振りなカップ。
作り方	1　小鍋に牛乳を沸かし、温めたカップに注ぐ。 2　抽出したコーヒーは再加熱し、牛乳の上から注ぐ。カップの8分目が目安。
注意点	カップの容量によってコーヒーと牛乳の量を加減する。 牛乳を加熱するときできる膜は茶こしなどで取り除く。

ホット・モカ・ジャバ

使用コーヒー	深煎りコーヒー（イタリアンブレンドなど）
メッシュ	中細挽き
使用量 （メジャースプーン）	1人分=1.2杯 2人分=2杯
抽出量	1人分=サーバー1目盛り 2人分=サーバー2目盛り
外材料（1人分）	チョコシロップ・大さじ1、ホイップクリーム・適量 削りチョコ・適量
使用カップ	クリームでふたをするのに適したもの
作り方	1　抽出したコーヒーは再加熱する。 2　温めたカップにチョコシロップを入れ、コーヒーを注ぐ。 3　攪拌して、クリームをコーヒーを覆う程度にのせ、削りチョコをふる。
注意点	コーヒーは熱く、クリームは冷たくを大切に。ホイップクリームは、全乳脂肪40％前後のものを使用。 泡立ては手でも、ハンドミキサーでも可で、角が立つ程度が目安となる。 チョコシロップは、市販品でも、板チョコを溶かしてもよい。

シナモン・コーヒー

使用コーヒー	深煎りコーヒー（イタリアンブレンドなど）
メッシュ	中細挽き
使用量 （メジャースプーン）	1人分=1.2杯 2人分=2杯
抽出量	1人分=サーバー1目盛り 2人分=サーバー2目盛り
外材料（1人分）	グラニュー糖・大さじ1、ホイップクリーム・適量、シナモンパウダー・適量、 レモンピールまたはオレンジピール・1かけ、シナモンスティック・1本
使用カップ	クリームでふたをするのに適したもの
作り方	1　抽出したコーヒーは再加熱する。 2　温めたカップにグラニュー糖を入れ、コーヒーを注ぐ。 3　攪拌して、クリームをコーヒーを覆う程度にのせ、シナモンパウダーをふる。 4　クリームの頂上にピールをのせ、シナモンスティックを添える。
注意点	コーヒーは熱く、クリームは冷たくを大切に。 ホイップクリームは、全乳脂肪40％前後のものを使用。泡立ては手でも、ハンドミキサーでも可で、 角が立つ程度が目安となる。

■参考文献
『プロが教えるこだわりの珈琲』　田口 護、NHK出版
『コーヒー味わいの「こつ」』　田口 護、柴田書店
『コーヒー自家焙煎技術講座』　田口 護・柄沢和雄（共著）、柴田書店
『コーヒーの事典』　日本コーヒー文化学会編、柴田書店
『ブレンドNO.1』（雑誌）柴田書店
『茶の世界史』　角山 栄、中央公論新社
『コーヒーが廻り世界史が廻る』　臼井隆一郎、中央公論新社
『別冊サライNO.13大特集・珈琲』　小学館
『日本コーヒー史』　日本コーヒー史編集委員会編、
全日本コーヒー商工組合連合会
『イタリア 味の原点を求めて』　バートン・アンダーソン、白水社
『コーヒー鑑定士検定教本』　全日本コーヒー商工組合連合会
『コーヒー＆エスプレッソの技術教本』　旭屋出版
『月刊　喫茶店経営1984年7月号』　柴田書店
『コーヒー・カップテイスターのハンドブック』　東京穀物商品取引所

■スタッフ
取材＆文　嶋中 労
撮影　髙橋栄一
生産国写真撮影　田口 護
アートディレクター　山崎信成
デザイン＆DTP　ydoffice（室岡ゆづる）、hirotaS 廣田武志
イラスト　森田秀昭
校正　川島智子
編集　佐野朋弘
取材協力　UCC上島珈琲株式会社
株式会社ウエシマコーヒー（UC）
ラッキーコーヒーマシン株式会社
日本スペシャルティコーヒー協会
米国スペシャルティコーヒー協会
株式会社ユニカフェ
株式会社大和鉄工所

田口 護の珈琲大全
2003（平成15）年11月15日　第1刷発行
2015（平成27）年 4 月25日　第9刷発行

著者　田口 護

発行者　溝口明秀
発行所　NHK出版
〒150-8081　東京都渋谷区宇田川町41-1
電話　0570-002-144（編集）　0570-000-321（注文）
ホームページ　http://www.nhk-book.co.jp
振替　00110-1-49701
印刷・製本　図書印刷

ISBN978-4-14-033193-4　C2077　Printed in Japan